Walter Alt

Numerische Verfahren der konvexen, nichtglatten Optimierung

Walter Alt

Numerische Verfahren der konvexen, nichtglatten Optimierung

Eine anwendungsorientierte Einführung

B. G. Teubner Stuttgart · Leipzig · Wiesbaden

Bibliografische Information der Deutschen Bibliothek
Die Deutsche Bibliothek verzeichnet diese Publikation in der Deutschen Nationalbibliographie; detaillierte bibliografische Daten sind im Internet über <http://dnb.ddb.de> abrufbar.

Prof. Dr. Walter Alt
Geboren 1951 in Zweibrücken. Von 1972 bis 1976 Studium der Mathematik und Informatik an der Universität des Saarlandes, Saarbrücken. Von 1977 bis 1979 Wissenschaftlicher Assistent am Mathematischen Institut der Universität Bayreuth. 1979 Promotion. Von 1979 bis 1994 Akademischer Rat am Mathematischen Institut der Universität Bayreuth. 1991 Habilitation. Seit 1996 Professor für Angewandte Mathematik an der Friedrich-Schiller-Universität Jena.
Forschungsschwerpunkte: Nichtlineare Optimierung, optimale Steuerung.

1. Auflage Oktober 2004

Lektorat: Jürgen Weiß

Der B. G. Teubner Verlag ist ein Unternehmen von Springer Science+Business Media.
www.teubner.de

Umschlaggestaltung: Ulrike Weigel, www.CorporateDesignGroup.de
Gedruckt auf säurefreiem und chlorfrei gebleichtem Papier.

ISBN-13: 978-3-519-00513-1   e-ISBN-13: 978-3-322-80083-1
DOI: 10.1007/ 978-3-322-80083-1

Vorwort

Das Gebiet der Optimierung gewinnt aufgrund der zahlreichen Anwendungen in Naturwissenschaften, Wirtschaftwissenschaften und Technik eine immer größere Bedeutung. Entsprechend groß ist der Umfang der dazu entwickelten mathematischen Theorien und Software. Daraus ergibt sich die Notwendigkeit, interessante Teilgebiete der Optimierung in möglichst kompakter Form zu behandeln, dabei aber eine mathematisch fundierte Darstellung anzustreben und die Implementierung von Optimierungsverfahren sowie die Lösung anwendungsrelevanter Probleme ausreichend zu berücksichtigen. Der vorliegende Text behandelt das Teilgebiet der konvexen, nichtglatten Optimierung.

In der *konvexen, nichtglatten* Optimierung betrachtet man das Problem, ein Minimum einer *konvexen* Funktion zu berechnen, die *nicht überall differenzierbar* ist. Auf eine solche Aufgabenstellung führt beispielsweise die Berechnung von Ausgleichsgeraden zu Messdaten, wenn man anstelle der Summe der Fehlerquadrate den maximalen Fehler minimiert. Weitere interessante Anwendungen gibt es im Zusammenhang mit kombinatorischen Optimierungsproblemen, der Optimierung von Stabwerken, bei Optimierungsproblemen mit Gleichgewichtsrestriktionen oder im Zusammenhang mit Scheduling-Problemen.

Da das Ziel der Optimierung die Lösung von Anwendungsproblemen ist, stellen wir Optimierungsverfahren in den Vordergrund, die sich im praktischen Einsatz bewährt haben. Die erforderlichen mathematischen Resultate zur Begründung der Verfahren und für die Konvergenzuntersuchungen sind so aufbereitet, dass nur Grundkenntnisse der Analysis und der linearen Algebra vorausgesetzt werden. Damit ist das Buch für Studierende und Dozenten der Wirtschaftsmathematik, der Mathematik, der Technomathematik, aber auch der Physik, der Wirtschaftswissenschaften und der Ingenieurwissenschaften verständlich. Die behandelten Optimierungsverfahren sind so dargestellt, dass der Leser in der Lage ist, einfache Versionen selbst zu implementieren. Zahlreiche numerische Beispiele demonstrieren die Anwendung der Verfahren.

Nach einer Einführung in das Thema des Buches stellen wir im zweiten und dritten Kapitel die erforderlichen Grundlagen der konvexen Optimierung bereit. Als erstes numerisches Verfahren betrachten wir im vierten Kapitel das Subgradientenverfahren. Zur Konstruktion von Verfahren mit besseren Konvergenzeigenschaften benötigt man approximative Ableitungen konvexer Funktionen, die wir im fünften

Kapitel untersuchen. Basierend auf den theoretischen Resultaten dieses Kapitels diskutieren wir im anschließenden sechsten Kapitel die Grundlagen von Bundle-Verfahren am Beispiel eines approximativen Abstiegsverfahrens. Zwei in der Praxis bewährte Verfahren zur Lösung konvexer, nichtglatter Optimierungsprobleme, ein Bundle-Verfahren und ein Bundle-Trust-Region-Verfahren, werden in den beiden letzten Kapiteln behandelt, in denen wir auch noch kurz auf weitere Entwicklungen der hier vorgestellten Verfahren eingehen. Ergänzendes Material zum Buch, beispielsweise eine PDF-Datei mit allen Abbildungen des Buches in Farbe, wird auf der Web-Seite

```
www.minet.uni-jena.de/~alt
```

des Autors zur Verfügung gestellt.

Das vorliegende Buch entstand aus Vorlesungen, die ich an der Friedrich-Schiller-Universität Jena gehalten habe. Wesentliche Grundlagen für diese Vorlesungen und damit auch für dieses Buch waren die Arbeiten [36], [47], [38], [37] und [39] von Prof. em. Dr. Jochem Zowe, Universität Erlangen-Nürnberg, und Dr. Helga Schramm, Siemens AG München, denen deshalb mein besonderer Dank gebührt. Herrn Prof. Dr. Bernd Luderer, TU Chemnitz, danke ich für seine Anregung und Ermutigung, dieses Buch zu schreiben. Mein Dank gilt auch den Studenten meiner Vorlesungen, die durch Fragen und Anmerkungen zu Verbesserungen des Manuskripts beigetragen haben; besonders erwähnen möchte ich dabei Nils Bräutigam, Dieter Lindig, Patrick Petroschka und Andreas Schröder. Herrn Jürgen Weiß in Leipzig danke ich für die sehr angenehme und konstruktive Zusammenarbeit bei der Vorbereitung und Durchführung des Buchprojekts.

Jena, im August 2004   *Walter Alt*

Inhaltsverzeichnis

Notationen

$\mathbb{R}^n$	n-dimensionaler Euklidischer Raum (S. 11)
$\mathbb{R}^n_+$	$\{x \in \mathbb{R}^n \mid x \geq 0\}$ (S. 25)
$\overline{\mathbb{R}}$	$\mathbb{R} \cup \{+\infty\}$ (S. 32)
$\|\cdot\|$	euklidische Norm (S. 11)
$\langle \cdot, \cdot \rangle$	Skalarprodukt im $\mathbb{R}^n$ (S. 11)
$[x, y]$	Verbindungsstrecke von $x, y \in \mathbb{R}^n$ (S. 11)
$f_e(x)$	Erweiterung einer konvexen Funktion f (S. 32)
∇f	Gradient von f (S. 17)
$f'(x, d)$	Richtungsableitung von f (S. 17, 43)
$f'_\varepsilon(x, d)$	ε-Richtungsableitung von f (S. 89)
$\partial f(x)$	Subdifferential von f (S. 41)
$\partial_\varepsilon f(x)$	ε-Subdifferential von f (S. 81)
$B(x, r)$	offene Kugel mit Radius r um x (S. 12)
$\overline{B}(x, r)$	abgeschlossene Kugel mit Radius r um x (S. 12)
$\text{int}\, A$	Inneres der Menge A (S. 26)
$\text{cl}\, A, \overline{A}$	Abschluß der Menge A (S. 26)
$\text{co}\, A$	konvexe Hülle der Menge A (S. 27)
$\text{bd}\, A$	Rand der Menge A (S. 30)
$H_{s,r}$	Hyperebene (S. 25)
$P_C(x)$	Projektion von x auf C (S. 28)
$\text{Conv}\,\mathbb{R}^n$	Menge der konvexen Funktionen auf $\mathbb{R}^n$ mit Werten in $\overline{\mathbb{R}}$ (S. 33)
$\text{dom}\, f$	Definitionsbereich der Funktion f (S. 33)
$\text{epi}\, f$	Epigraph der Funktion f (S. 33)
$N(f, r)$	Niveaumengen der Funktion f (S. 33)
$K(C, x)$	von $C - x$ erzeugter Kegel (S. 58)

$N(C, x)$ Normalenkegel an C in x (S. 59)

K^* Dualkegel von K (S. 59)

Nb.   Abkürzung für "unter der/den Nebenbedingung/en" (S. 13)

1 Einführung

In diesem einführenden Kapitel werden grundlegende Begriffe wie Konvexität und einfache Optimierungsaufgaben vorgestellt.

1.1 Konvexe Mengen und Funktionen

Mit $\mathbb{R}^n$ bezeichnen wir den n-dimensionalen euklidischen Raum, wobei wir, falls nicht anders angegeben, die euklidische Norm

$$\|x\| = \sqrt{\sum_{i=1}^{n} x_i^2} \quad \forall\, x = (x_1, \ldots, x_n)^{\mathsf{T}} \in \mathbb{R}^n$$

und das Skalarprodukt

$$\langle x, y \rangle = \sum_{i=1}^{n} x_i y_i \quad \forall\, x, y \in \mathbb{R}^n$$

benutzen. Mit x_i bezeichnen wir die Komponenten eines Vektors $x \in \mathbb{R}^n$, d.h., der Index der Komponente wird tiefgestellt. Wenn wir mehrere Vektoren betrachten, benutzen wir die Schreibweise x^j für die einzelnen Vektoren. Bei Folgen von Vektoren bezeichnen wir die Folgenglieder beispielsweise mit $x^{(k)}$ und die Folge mit $\{x^{(k)}\}$. Den Nullvektor im $\mathbb{R}^n$ bezeichnen wir mit 0_n.

Definition 1.1.1: Die Menge $C \subset \mathbb{R}^n$ heißt *konvex*, falls mit $x, y \in C$ auch die *Verbindungsstrecke*

$$(1.1) \qquad\qquad [x, y] := \{(1 - \alpha)x + \alpha y \mid 0 \le \alpha \le 1\}$$

zu C gehört. $\diamond$

Abb. 1.1 veranschaulicht die Situation.

Beispiel 1.1.2: Die konvexen Teilmengen von $\mathbb{R}$ sind, neben $\mathbb{R}$ selbst, die Intervalle, beispielsweise das abgeschlossene Intervall $[a, b]$ oder das offene Intervall $]a, b[$ mit $a, b \in \mathbb{R}$. $\diamond$

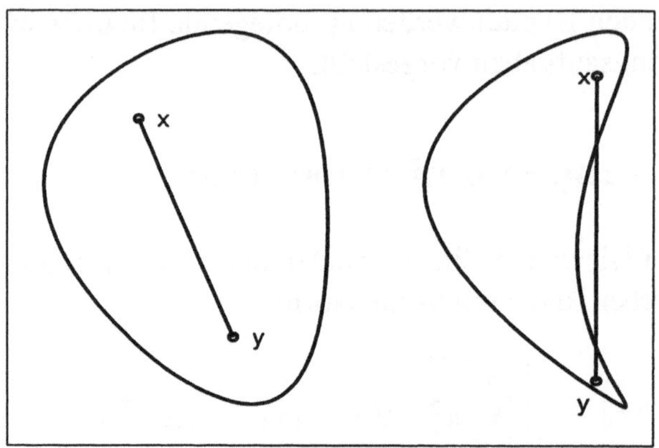

Abbildung 1.1: Konvexe und nicht konvexe Menge

Beispiel 1.1.3: Für $x \in \mathbb{R}^n$, $r > 0$ und eine beliebige Norm $\|\cdot\|$ auf dem $\mathbb{R}^n$ sind die offene Kugel um x mit Radius r,

$$B(x, r) = \{y \in \mathbb{R}^n \mid \|x - y\| < r\},$$

und die abgeschlossene Kugel um x mit Radius r,

$$\overline{B}(x, r) = \{y \in \mathbb{R}^n \mid \|x - y\| \leq r\},$$

konvexe Mengen. $\Diamond$

Wir nennen eine *Funktion* $f \colon \mathbb{R} \to \mathbb{R}$ *konvex*, wenn der Graph von f unterhalb der Verbindungsstrecke zwischen den Punkten $(x, f(x))$ und $(y, f(y))$ liegt (siehe Abb. 1.2). Formal definieren wir dies wie folgt.

Definition 1.1.4: Ist $C \subset \mathbb{R}^n$ eine nichtleere, konvexe Menge, dann heißt die Funktion $f \colon C \to \mathbb{R}$ *konvex*, wenn

$$(1.2) \qquad f((1 - \alpha)x + \alpha y) \leq (1 - \alpha)f(x) + \alpha f(y)$$

für alle $x, y \in C$ und alle $\alpha \in \,]0, 1[$ gilt. $\Diamond$

Beispiel 1.1.5: Die durch $f(x) = x$, $f(x) = x^2$ und $f(x) = |x|$ definierten Funktionen $f \colon \mathbb{R} \to \mathbb{R}$ sind konvex. Die Funktion

$$f \colon \mathbb{R}^n \to \mathbb{R}, \quad f(x) = \sum_{i=1}^{n} x_i^2 = \langle x, x \rangle = \|x\|^2,$$

ist konvex. Ist $\|\cdot\|$ eine beliebige Norm auf $\mathbb{R}^n$, dann ist die Funktion $f \colon \mathbb{R}^n \to \mathbb{R}$ mit $f(x) = \|x\|$ konvex. $\Diamond$

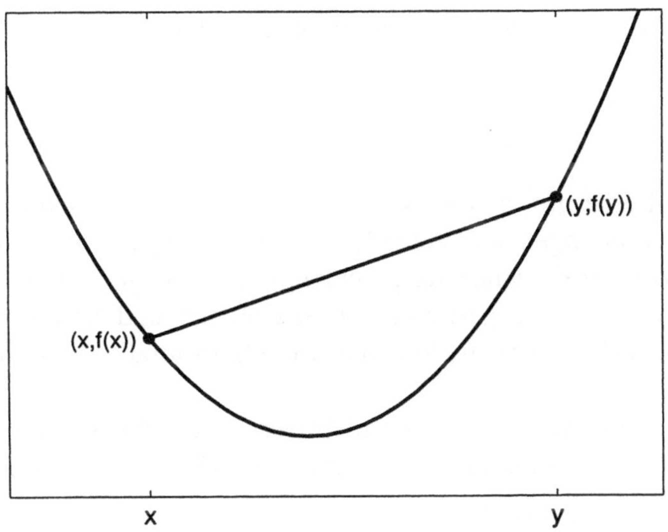

Abbildung 1.2: Konvexe Funktion

Konvexe Mengen und Funktionen werden in den folgenden Kapiteln ausführlicher behandelt. Insbesondere werden wir Stetigkeits- und Differenzierbarkeitseigenschaften konvexer Funktionen untersuchen, die im Zusammenhang mit konvexen Optimierungsaufgaben benötigt werden.

1.2 Konvexe Optimierungsaufgaben

Problemstellung

Eine konvexe Optimierungsaufgabe wird durch eine konvexe Menge $C \subset \mathbb{R}^n$, die *zulässige Menge*, und eine konvexe Funktion $f \colon C \to \mathbb{R}$, die *Zielfunktion* oder *Kostenfunktion*, definiert. Die Aufgabe besteht darin ein Minimum der Funktion f auf der zulässigen Menge C zu berechnen, was wir in der Form

$$\text{(P)} \qquad \min_{x \in C} \; f(x)$$

schreiben. Die Menge C kann Nebenbedingungen (Restriktionen) definieren, die in der Regel durch Gleichungen und Ungleichungen definiert werden. Ist $C = \mathbb{R}^n$, dann spricht man von einer *Optimierungsaufgabe ohne Nebenbedingungen* oder einer *unrestringierten Optimierungsaufgabe*.

Bezeichnung: Als Abkürzung schreiben wir „Nb." für „unter der/den Nebenbedingung/en". $\Diamond$

Beispiel 1.2.1: Wir betrachten das Optimierungsproblem

$$\text{(LP)} \quad \min c^{\mathsf{T}} x$$
$$\text{Nb. } Ax = b, \ x \geq 0_n,$$

wobei $c \in \mathbb{R}^n$, A eine $m \times n$-Matrix und $b \in \mathbb{R}^m$ ist. Da die Zielfunktion linear ist und die Nebenbedingungen durch eine lineare Abbildung definiert werden, handelt es sich um ein *lineares Optimierungsproblem*. Die zulässige Menge von (LP), $C = \{ x \in \mathbb{R}^n \mid Ax = b, \ x \geq 0_n \}$ ist eine konvexe Menge, und die Zielfunktion ist als lineare Funktion auch konvex. Es liegt daher ein Spezialfall von (P) vor. $\diamond$

Beispiel 1.2.2: Ist die Menge $C \subset \mathbb{R}^n$ nichtleer, abgeschlossen und konvex und ist $z \notin C$, dann wird durch $\min\limits_{x \in C} \|x - z\|$ ein konvexes Optimierungsproblem definiert. Die Lösung des Problems ist die eindeutig bestimmte Projektion von z auf C (vgl. Abschnitt 2.2). $\diamond$

Die durch (P) definierte Minimierungsaufgabe wird durch die folgende Definition präzisiert.

Definition 1.2.3: Ein Punkt $x^* \in C$ heißt *(globaler) Minimalpunkt von f auf C* bzw. *(globale) Lösung des Problems* (P), falls

$$f(x) \geq f(x^*) \quad \forall\, x \in C$$

gilt. Ist x^* Lösung von (P), dann heißt $f(x^*)$ *Optimalwert* oder *Minimalwert* oder *Minimum von f*. $\diamond$

Ein Punkt $x^* \in C$ heißt *lokaler Minimalpunkt von f auf C* bzw. *lokale Lösung des Problems* (P), falls es ein $r > 0$ gibt mit

$$(1.3) \qquad\qquad f(x) \geq f(x^*) \quad \forall\, x \in C \cap B(x^*, r).$$

Wie die Funktion $f(x) = \sin(x)$ zeigt, kann eine nicht konvexe Funktion mehrere lokale Minimalpunkte haben. Bei konvexen Optimierungsaufgaben sind alle Lösungen global. Ist nämlich $x^* \in C$ ein lokaler Minimalpunkt von f, d. h., es gibt ein $r > 0$ mit (1.3), dann folgt für einen beliebigen Punkt $y \in C$, $y \neq x^*$, mit $\bar{t} := \frac{1}{2} \min\{1, r\|y - x^*\|^{-1}\}$ wegen der Konvexität von C, dass $x^* + \bar{t}(y - x^*) \in B(x^*, r) \cap C$ ist, und wegen (1.3) gilt

$$f(x^*) \leq f\big((1 - \bar{t})x^* + \bar{t}y\big) \leq (1 - \bar{t})f(x^*) + \bar{t}f(y),$$

also $f(x^*) \leq f(y)$.

Ebenso einfach sieht man, dass die Lösungsmenge von (P) konvex ist. Sind nämlich x, z Lösungen von (P), dann sind beide Punkte globale Lösungen. Daher ist $f(x) = f(z)$, und für beliebiges $t \in [0, 1]$ gilt

$$f\left((1 - t)x + tz\right) \leq (1 - t)f(x) + tf(z) = f(x).$$

Also ist auch $(1 - t)x + tz$ Lösung von (P). Zusammenfassend haben wir gezeigt:

Satz 1.2.4: *Die Menge $C \subset \mathbb{R}^n$ sei nichtleer und konvex, und $f: C \to \mathbb{R}$ sei konvex. Dann ist jede lokale Lösung des Optimierungsproblems (P) ein globaler Minimalpunkt von f auf C, und die Menge der Lösungen von (P) (Minimalpunkte) $\{x \in C \mid f(x) \leq f(y)\,\forall y \in C\}$ ist konvex.* $\diamond$

Beispiel 1.2.5: Die Funktion $f: \mathbb{R} \to \mathbb{R}$ mit

$$f(x) = \begin{cases} 0 & \text{für } x \in [-1, 1], \\ |x| - 1 & \text{sonst,} \end{cases}$$

ist konvex, und jedes $x^* \in [-1, 1]$ ist globaler Minimalpunkt von f. $\diamond$

Existenz und Eindeutigkeit von Lösungen

Beispiel 1.2.5 zeigt, dass konvexe Optimierungsaufgaben nicht immer eine eindeutige Lösung haben. Um die Eindeutigkeit einer Lösung zu garantieren, benötigt man die stärkere Forderung der *strikten* Konvexität der zu minimierenden Funktion.

Definition 1.2.6: Ist $C \subset \mathbb{R}^n$ eine nichtleere, konvexe Menge, dann heißt die Funktion $f: C \to \mathbb{R}$ *strikt konvex* auf C, wenn (1.2) für alle $x, y \in C$ mit $x \neq y$ als strikte Ungleichung erfüllt ist, d. h., wenn

$$f((1 - \alpha)x + \alpha y) < (1 - \alpha)f(x) + \alpha f(y)$$

für alle $x, y \in C$, $x \neq y$, und alle $\alpha \in\,]0, 1[$ gilt. $\diamond$

Anschaulich bedeutet dies, dass mit $z_\alpha := (1 - \alpha)x + \alpha y$ die Punkte $(z_\alpha, f(z_\alpha))$ für alle $\alpha \in\,]0, 1[$ „strikt unterhalb von $[(x, f(x)), (y, f(y))]$" liegen (vgl. Abb. 1.2).

Beispiel 1.2.7: Die Funktion $f(x) = x^2$ ist strikt konvex. Die Funktion $f(x) = |x|$ und die Funktion aus Beispiel 1.2.5 sind konvex, aber nicht strikt konvex.

Die Funktion $f: \mathbb{R}^n \to \mathbb{R}$, $f(x) = \|x\|^2$, ist strikt konvex. Die Funktionen

$$f_\infty: \mathbb{R}^n \to \mathbb{R}, \quad f_\infty(x) = \max_{i=1,\ldots,n} |x_i| = \|x\|_\infty,$$

$$f_1: \mathbb{R}^n \to \mathbb{R}, \quad f_1(x) = \sum_{i=1,\ldots,n} |x_i| = \|x\|_1,$$

sind konvex, aber nicht strikt konvex (Aufgabe 1.2). $\diamond$

Satz 1.2.8: *Die Menge $C \subset \mathbb{R}^n$ sei nichtleer und konvex, und $f \colon C \to \mathbb{R}$ sei strikt konvex. Falls eine Lösung des Optimierungsproblems (P) existiert, ist sie eindeutig bestimmt.* $\diamond$

Beweis: Der Punkt $x^* \in C$ sei Minimalpunkt von f auf C. Nach Satz 1.2.4 ist x^* globaler Minimalpunkt. Ist $y \in C$ ein beliebiger Punkt mit $f(y) = f(x^*)$, dann ist auch y globaler Minimalpunkt von f auf C, und da C konvex ist, gilt $z := \frac{1}{2}(x^* + y) \in C$. Wäre $y \neq x^*$, so würde die strikte Konvexität von f wegen $f(x^*) = f(y)$ implizieren $f(z) < \frac{1}{2}(f(x^*) + f(y)) = f(x^*)$, im Widerspruch zur Optimalität von x^*. Also muss $y = x^*$ sein, und für $y \in C$, $y \neq x^*$, ist $f(y) > f(x^*)$. $\square$

Für den Beweis der Existenz einer Optimallösung kann man den Satz von Weierstraß benutzen. In leicht abgeschwächter Form lautet der Satz:

Satz 1.2.9: *Die Menge $C \subset \mathbb{R}^n$ sei abgeschlossen, und $f \colon C \to \mathbb{R}$ sei stetig. Weiter sei C beschränkt oder es gelte $\lim_{\|x\| \to \infty} f(x) = +\infty$. Dann hat das Problem*

$$\text{(P)} \qquad \min_{x \in C} \; f(x)$$

(mindestens) eine Lösung. $\diamond$

Beweis: Ist $\{x^{(k)}\}$ eine Minimalfolge, d. h., es gilt $\lim_{k \to \infty} f(x^{(k)}) = \inf_{x \in \mathbb{R}^n} f(x)$, dann ist diese Folge nach Voraussetzung beschränkt. Daher gibt es eine konvergente Teilfolge $\{x^{(j)}\}$ mit Grenzwert $\bar{x} := \lim_{j \to \infty} x^{(j)}$. Wegen der Abgeschlossenheit von C und der Stetigkeit von f gilt dann

$$\inf_{x \in \mathbb{R}^n} f(x) = \lim_{j \to \infty} f(x^{(j)}) = f(\bar{x}) \,,$$

d. h., $\bar{x}$ ist Lösung von (P). $\square$

Beispiel 1.2.10: Für die Funktion $f \colon \mathbb{R} \to \mathbb{R}$, $f(x) = x^2$, sind die Voraussetzungen von Satz 1.2.9 erfüllt. Für die Funktion $f \colon \,]0, +\infty[\,\to \mathbb{R}$, $f(x) = 1/x$, sind die Voraussetzungen von Satz 1.2.9 nicht erfüllt. Das Problem (P) hat für diese Zielfunktion keine Lösung. $\diamond$

Optimalitätsbedingungen

Bei der Lösung von Optimierungsproblemen spielen Optimalitätsbedingungen eine wichtige Rolle. Zur Herleitung solcher Bedingungen setzen wir der Einfachheit halber voraus, dass f eine auf dem ganzen $\mathbb{R}^n$ definierte, konvexe Funktion ist.

Definition 1.2.11: Existiert für die Funktion $f \colon \mathbb{R}^n \to \mathbb{R}$ und $x, d \in \mathbb{R}^n$ der Grenzwert

$$f'(x, d) := \lim_{t \downarrow 0} \frac{f(x + td) - f(x)}{t},$$

dann heißt $f'(x, d)$ *Richtungsableitung von f im Punkt x in Richtung d.*

Die Funktion f heißt *in x richtungsdifferenzierbar*, wenn die Richtungsableitung $f'(x, d)$ für alle $d \in \mathbb{R}^n$ existiert. $\diamond$

Bemerkung: Da der Grenzwert für $t \downarrow 0$ betrachtet wird, handelt es sich eigentlich um eine rechtsseitige Ableitung. Der Beweis des folgenden Satzes zeigt, dass es in der konvexen Optimierung sinnvoll ist, diesen einseitigen Grenzwert zu betrachten.

Ist f in x differenzierbar und bezeichnet $\nabla f(x)$ den Gradienten von f in x, dann ist $f'(x, d) = \langle \nabla f(x), d \rangle$ für alls $d \in \mathbb{R}^n$. $\diamond$

Beispiel 1.2.12: Für die Funktion $f \colon \mathbb{R} \to \mathbb{R}$, $f(x) = |x|$, gilt

$$f'(0, 1) = \lim_{t \downarrow 0} \frac{|t1|}{t} = 1 = \lim_{t \downarrow 0} \frac{|-t1|}{t} = f'(0, -1),$$

d. h., f ist im Punkt 0 in Richtung ± 1 differenzierbar. Für $x > 0$ ist f differenzierbar und $f'(x, 1) = \langle \nabla f(x), 1 \rangle = 1$, $f'(x, -1) = \langle \nabla f(x), -1 \rangle = -1$. Für $x < 0$ ist f ebenfalls differenzierbar und $f'(x, 1) = \langle \nabla f(x), 1 \rangle = -1$ $f'(x, -1) = \langle \nabla f(x), 1 \rangle = 1$. $\diamond$

Zur Charakterisierung einer Lösung x^* von (P) zeigen wir:

Satz 1.2.13: *Ist $C \subset \mathbb{R}^n$ konvex, $f \colon \mathbb{R}^n \to \mathbb{R}$ konvex auf C und ist f in $x^* \in C$ richtungsdifferenzierbar, dann sind die folgenden Aussagen äquivalent:*

(i) x^* ist Lösung von (P);

(ii) $f'(x^*, x - x^*) \geq 0$ für alle $x \in C$. $\diamond$

Beweis: „(i) $\Rightarrow$ (ii)" Für beliebiges $x \in C$ ist wegen der Konvexität von C auch $x^* + t(x - x^*) \in C$ für alle $t \in [0, 1]$. Wegen der Optimalität von x^* ist daher $f(x^* + t(x - x^*)) \geq f(x^*)$ für alle $t \in [0, 1]$, und damit auch

$$\frac{f(x^* + t(x - x^*)) - f(x^*)}{t} \geq 0 \quad \forall t \in \,]0, 1].$$

Für $t \downarrow 0$ erhalten wir $f'(x^*, x - x^*) \geq 0$.

„(ii) $\Rightarrow$ (i)" Ist $x \in C$ beliebig, dann gilt wegen der Konvexität von f auf C

$$f\left(x^* + t(x - x^*)\right) \leq f(x^*) + t\left(f(x) - f(x^*)\right)$$

für alle $t \in [0, 1]$ und daher

$$\frac{1}{t}\left(f\left(x^* + t(x - x^*)\right) - f(x^*)\right) \leq f(x) - f(x^*)$$

für alle $t \in {]0, 1]}$. Mit $t \downarrow 0$ erhalten wir

$$0 \leq f'(x^*, x - x^*) \leq f(x) - f(x^*).$$

Da $x \in C$ beliebig war, folgt $f(x) \geq f(x^*)$ für alle $x \in C$. $\square$

In Kapitel 3 werden wir weitere Optimalitätsbedingungen diskutieren. Der erste Teil des Beweises benutzt „Variationen" $x^* + t(x - x^*)$ der Optimallösung x^*. Man nennt die Bedingung (ii) daher auch *Variationsungleichung*. Ist x^* innerer Punkt von C, dann ist die Bedingung (ii) äquivalent zu

$$f'(x^*, d) \geq 0 \quad \forall d \in \mathbb{R}^n.$$

Ist f darüber hinaus in x^* differenzierbar, so erhalten wir

$$f'(x^*, d) = \nabla f(x^*)^\mathsf{T} d \geq 0 \quad \forall d \in \mathbb{R}^n,$$

was äquivalent zur bekannten Charakterisierung $\nabla f(x^*) = 0_n$ für ein Minimum einer konvexen, differenzierbaren Funktion ist.

Beispiel 1.2.14: Wie in Beispiel 1.2.12 betrachten wir die Funktion $f(x) = |x|$. Ist $C = \mathbb{R}^n$ und $x^* = 0_n$, dann gilt

$$f'(x^*, d) = \lim_{t \downarrow 0} \frac{|td| - 0}{t} = |d| \geq 0 \quad \forall d \in \mathbb{R}.$$

Daher ist $x^* = 0$ globaler Minimalpunkt von f. $\diamond$

Anwendungen

Wir betrachten noch zwei einfache Anwendungen, die auf konvexe Optimierungsaufgaben führen.

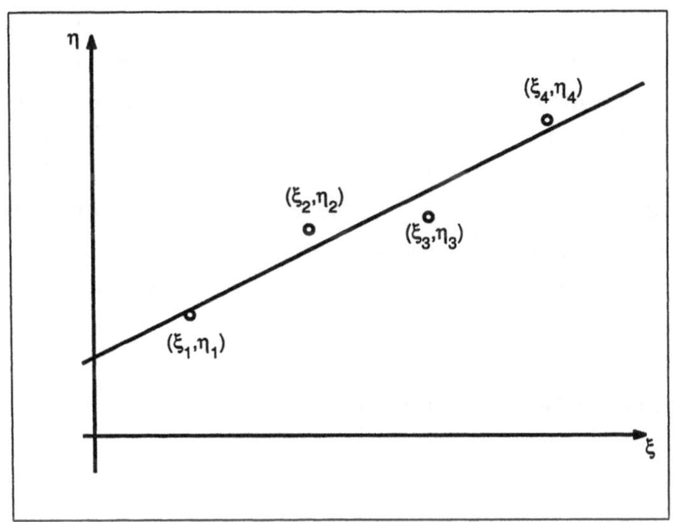

Abbildung 1.3: Lineare Regression

Beispiel 1.2.15: Bei einem Experiment werden zu Werten ξ_i, $i = 1, \ldots, m$, Werte η_i gemessen. Bei exakter Messung würde zwischen den ξ- und den η-Werten ein linearer Zusammenhang $\eta(\xi) = x_1\xi + x_2$ bestehen. Da aufgrund von Messfehlern nicht alle Werte exakt auf einer Geraden liegen, möchte man $x = (x_1, x_2)^\mathsf{T} \in \mathbb{R}^2$ so bestimmen, dass die zugehörige Gerade „optimal" zu den Messwerten passt (vgl. Abb. 1.3). Dazu minimiert man beispielsweise die Summe der Fehlerquadrate in den Messpunkten, d. h., man minimiert die Zielfunktion

$$f(x_1, x_2) = \sum_{i=1}^{m} \left(x_1\xi_i + x_2 - \eta_i\right)^2 .$$

Die Funktion $f\colon \mathbb{R}^2 \to \mathbb{R}$ ist ein Polynom vom Grad 2 und konvex und differenzierbar auf $\mathbb{R}^2$. Mit $C = \mathbb{R}^2$ ist dann ein konvexes Minimierungsproblem vom Typ (P) zu lösen. In manchen Anwendungen möchte man die Summe der Fehlerbeträge

$$f_1(x_1, x_2) = \sum_{i=1}^{m} |x_1\xi_i + x_2 - \eta_i|$$

(L^1-Norm) oder die maximale Abweichung

$$f_\infty(x_1, x_2) = \max_{i=1,\ldots,m} |x_1\xi_i + x_2 - \eta_i|$$

(L^∞-Norm) minimieren. In beiden Fällen ist die Zielfunktion wieder konvex (Aufgabe 1.2), aber nicht überall differenzierbar. $\diamond$

Beispiel 1.2.16: Ein Kaufmann verkauft n Produkte. Bei einer Bestellung muss er jeweils entscheiden, welche Menge x_i er von Produkt i einkauft. Die Bestellmengen fassen wir in einem Vektor $x = (x_1, \ldots, x_n)^\mathsf{T}$ zusammen. Die Lieferung der bestellten Mengen ist mit verschiedenen Kosten verbunden. Für die Gesamtkosten $f_1(x_1, \ldots, x_n)$ steht in der Regel nur ein Maximalbetrag c_1 zur Verfügung. Daher muss die Bedingung $f_1(x_1, \ldots, x_n) \le c_1$ beachtet werden. Weitere Bedingungenen von diesem Typ ergeben sich beispielsweise durch beschränkte Lagerkapazitäten oder durch beschränkte Liefermöglichkeiten. Insgesamt seien m Restriktionen

$$f_i(x_1, \ldots, x_n) \le c_i, \quad i = 1, \ldots, m,$$

einzuhalten. Um einen Bestellvektor zu berechnen, der alle Restriktionen erfüllt, kann man die Zielfunktion

$$f(x) = \max_{1 \le i \le m} \left(f_i(x) - c_i \right)$$

minimieren, also das Minmax-Problem

$$\min_{x \in \mathbb{R}^n} f(x) = \min_{x \in \mathbb{R}^n} \max_{1 \le i \le m} \left(f_i(x) - c_i \right)$$

lösen. Jede Lösung x^* dieses Problems mit $f(x^*) \le 0$ ist ein Vektor, der alle Restriktionen erfüllt. Wenn die f_i konvexe Funktionen sind, dann ist auch die Zielfunktion konvex. $\diamond$

Weitere Anwendungen im Zusammenhang mit kombinatorischen Optimierungsproblemen findet man in Schramm [37], im Zusammenhang mit semidefiniten Optimierungsproblemen in Helmberg/Oustry [15], im Zusammenhang mit dynamischer Optimierung und optimaler Steuerung in Loewen [28], im Zusammenhang mit der Optimierung von Stabwerken in Achtziger [1, 2], Zowe et al. [48], Zowe et al. [49], im Zusammenhang mit Optimierungsproblemen mit Gleichgewichtsrestriktionen in Outrata et al. [32] und im Zusammenhang mit Scheduling-Problemen in Achtziger/Zimmermann [3].

1.3 Warum spezielle Verfahren?

Wie die einfache Funktion $f(x) = |x|$ zeigt, müssen konvexe Funktionen nicht auf dem gesamten Definitionsbereich differenzierbar sein. Es gilt aber (siehe Hiriart-Urruty/Lemaréchal [16], Theorem IV. 4.2.3)

Satz 1.3.1: *Ist $C \subset \mathbb{R}^n$ eine konvexe Menge und $f\colon C \to \mathbb{R}$ eine konvexe Funktion, dann ist f auf dem Inneren von C fast überall (d. h. bis auf eine Lebesgue-Nullmenge) differenzierbar.* $\diamond$

In der konvexen Optimierung nennt man eine nur fast überall differenzierbare Funktion auch *nichtglatte* Funktion (engl. nonsmooth function).

Wie wir noch zeigen werden, ist f auf dem Inneren von C richtungsdifferenzierbar (siehe Satz 2.8.5). Man könnte deshalb oder aufgrund von Satz 1.3.1 vermuten, dass Verfahren für differenzierbare Optimierungsprobleme auch im allgemeinen konvexen Fall anwendbar sind. Dies ist jedoch in der Regel nicht richtig. Dazu betrachten wir das Gradientenverfahren zur Berechnung eines lokalen Minimums einer differenzierbaren Funktion $f \colon \mathbb{R}^n \to \mathbb{R}$, bei dem man im einfachsten Fall folgendermaßen vorgeht:

Verfahren 1.3.2: Gradientenverfahren
Wähle einen Startpunkt $x^{(0)} \in \mathbb{R}^n$; setze $k := 0$.

1. Berechne $\nabla f(x^{(k)})$.

2. Abbruchkriterium: Falls $\nabla f(x^{(k)}) = 0_n$, dann stoppe das Verfahren.

3. Berechne zu $d^{(k)} = -\nabla f(x^{(k)})$ eine Schrittweite $t_k > 0$ durch Lösung des eindimensionalen Minimierungsproblems $\min_{t \geq 0} h(t) := f(x^{(k)} + td^{(k)})$.

4. Setze $x^{(k+1)} := x^{(k)} + t_k d^{(k)}$, $k := k + 1$ und gehe zu 1. $\qquad\qquad \Diamond$

Ist f eine nichtglatte Funktion und ist x^* Minimalpunkt von f, dann sind die theoretischen Konvergenzvoraussetzungen für das Gradientenverfahren (siehe beispielsweise Alt [4], Werner [45]) nicht erfüllt, wenn f in x^* nicht differenzierbar ist. Weiter ist das Abbruchkriterium in Schritt 2 des Verfahrens nicht anwendbar. Man kann daher nicht erwarten, dass das Gradientenverfahren in diesem Fall ein Minimum von f berechnet. Wir betrachten dazu als Beispiel die nichtglatte Funktion $f \colon \mathbb{R}^2 \to \mathbb{R}$ mit

$$(1.4) \qquad f(x_1, x_2) = \begin{cases} 5\sqrt{9x_1^2 + 16x_2^2}, & x_1 \geq |x_2|, \\ 9x_1 + 16|x_2|, & 0 < x_1 < |x_2|, \\ 9x_1 + 16|x_2| - x_1^9, & x_1 \leq 0 \end{cases}$$

(vgl. Wolfe [46]). Abb. 1.4 zeigt die Funktion, die konvex und stetig ist, aber auf der Lebesgue-Nullmenge $M = \{(x_1, x_2)^{\mathsf{T}} \in \mathbb{R}^2 \mid x_1 \leq 0,\ x_2 = 0\}$ nicht differenzierbar ist. In $(-1, 0)^{\mathsf{T}} \in M$ hat die Funktion ein eindeutig bestimmtes Minimum. Abb. 1.5 zeigt einige Höhenlinien der Funktion und die Menge

$$S = \{(x_1, x_2)^{\mathsf{T}} \in \mathbb{R}^2 \mid x_1 > |x_2| > (\tfrac{9}{16})^2 |x_1|\}.$$

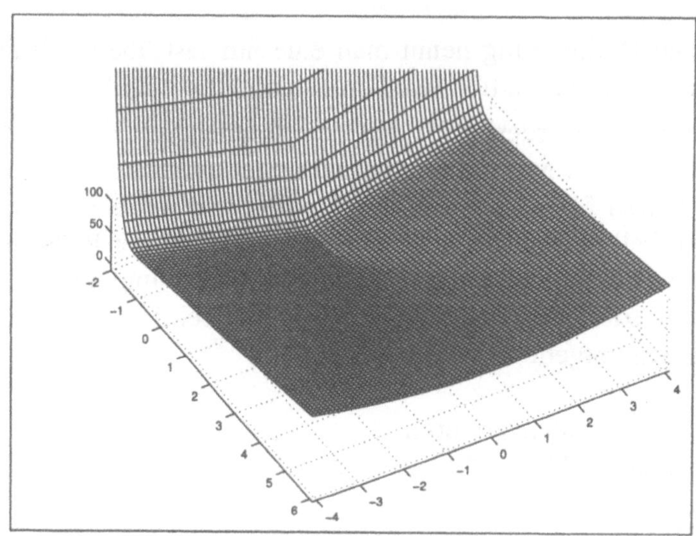

Abbildung 1.4: Wolfe-Funktion

Das Gradientenverfahren berechnet für jeden Startpunkt $x^{(0)} \in S$ eine Folge $x^{(k)} \subset S$, die gegen den nicht optimalen Punkt $(0,0)^\mathsf{T}$ konvergiert.

Wie beim Gradientenverfahren kann man auch bei anderen Verfahren der differenzierbaren Optimierung nicht erwarten, dass man ein Minimum einer nichtglatten, konvexen Funktion berechnen kann. Dies bestätigen auch numerische Tests mit Verfahren der differenzierbaren Optimierung (beispielsweise mit dem Gradientenverfahren oder dem BFGS-Verfahren, vgl. Alt [4], Kap. 4, und Aufgabe 1.4). Numerische Tests mit Verfahren, die keine Ableitungen der Zielfunktion benutzen (beispielsweise Tests mit dem Nelder-Mead-Verfahren, vgl. Alt [4], Kap. 2, und Aufgabe 1.5) zeigen, dass man mit diesen Verfahren ein Minimum einer nichtglatten, konvexen Funktion auch nicht zuverlässig berechnen kann. Zur Konstruktion effizienter numerischer Verfahren muss man daher möglichst viele Eigenschaften konvexer Funktionen ausnutzen. Wie wir sehen werden, spielen hierbei die Richtungsableitung und das Subdifferential eine wichtige Rolle.

Eine weitere Motivation zur Entwicklung spezieller Verfahren zur Minimierung nichtglatter Zielfunktionen geben die Anwendungen aus Beispiel 1.2.15. Zur Berechnung des Minimums von f_∞ wird oft das lineare Optimierungsproblem

$$\begin{aligned}
\min \quad & f(x_1, x_2, z) = z \\
\text{Nb.} \quad & -z - \xi_i x_1 - x_2 \leq -\eta_i\,, \ i = 1, \ldots, m\,, \\
& -z + \xi_i x_1 + x_2 \leq \ \ \eta_i\,, \ i = 1, \ldots, m\,,
\end{aligned}$$

benutzt (vgl. Werner [45]). Dies hat gegenüber dem Ausgangsproblem (2 Variablen, keine Nebenbedingungen) den Nachteil, dass man eine zusätzliche Variable und $2m$

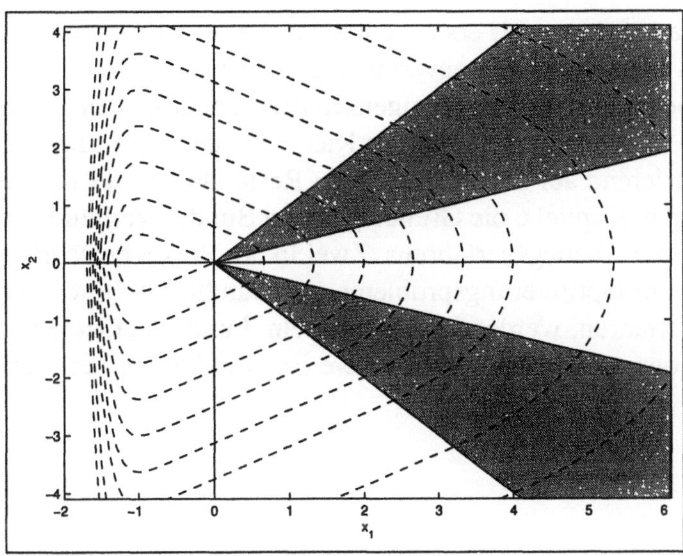

Abbildung 1.5: Wolfe-Funktion

Ungleichungsnebenbedingungen benötigt. Zur Berechnung des Minimums von f_1 kann man das lineare Optimierungsproblem

$$\min \ f(x_1, x_2, z_1, \ldots, z_m) = \sum_{i=1}^{m} z_i$$
$$\text{Nb.} \ -z_i - \xi_i x_1 - x_2 \leq -\eta_i, \ i = 1, \ldots, m,$$
$$-z_i + \xi_i x_1 + x_2 \leq \ \eta_i, \ i = 1, \ldots, m,$$

lösen. Dies hat gegenüber dem Ausgangsproblem (2 Variablen, keine Nebenbedingungen) den Nachteil, dass man m zusätzliche Variablen und $2m$ Ungleichungsnebenbedingungen benötigt.

Wir geben in den folgenden Kapiteln eine Einführung in die zum Verständnis von Optimierungsverfahren für nichtglatte Zielfunktionen erforderlichen, theoretischen Grundlagen der konvexen Optimierung und in einige grundlegende Ideen zur Konstruktion von Optimierungsverfahren. Die Basis zur Berechnung eines Minimums sind, wie in der differenzierbaren oder der linearen Optimierung, Optimalitätsbedingungen (vgl. Satz 1.2.13). Zur Herleitung solcher Bedingungen benötigen wir das Subdifferential und die Richtungsableitung konvexer Funktionen, Verallgemeinerungen der üblichen Ableitung, mit deren Eigenschaften wir uns in Kapitel 2 befassen. In Kapitel 3 leiten wir dann Optimalitätsbedingungen für unrestringierte und restringierte konvexe Optimierungsprobleme her. Dabei betrachten wir insbesondere Optimierungsaufgaben mit linearen Nebenbedingungen, da spezielle Probleme diesen Typs auch bei Optimierungsverfahren für unrestringierte Probleme als Teilprobleme auftreten. Als erstes, einfaches Optimierungsverfahren betrachten wir in Kapitel 4 das Subgradientenverfahren. Zur Konstruktion von Optimierungsverfahren mit besseren Konvergenzeigenschaften benötigt man geeignete Approximationen des Subdifferentials und der Richtungsableitung, die wir in Kapitel 5 untersuchen. Basierend auf den theoretischen Resultaten dieses Kapitels behandeln wir anschließend in Kapitel 6 die Grundlagen von Bundle-Verfahren am Beispiel eines approximativen Abstiegsverfahrens. Zwei in der Praxis bewährte Verfahren zur Lösung nichtglatter Optimierungsprobleme, ein Bundle-Verfahren und ein Bundle-Trust-Region-Verfahren, werden in den Kapiteln 7 und 8 behandelt. Am Ende von Kapitel 8 diskutieren wir noch kurz weitere Entwicklungen der hier vorgestellten Verfahren.

2 Konvexe Mengen und Funktionen

2.1 Konvexe Mengen

Einfache Beispiele für konvexe Mengen haben wir bereits in Kapitel 1 kennen gelernt. Wir betrachten noch einige weitere Beispiele.

Beispiel 2.1.1: Ist $(s, r) \in \mathbb{R}^n \times \mathbb{R}$, $s \neq 0_n$, dann sind die *Hyperebene* $H_{s,r} = \{x \in \mathbb{R}^n \mid \langle s, x \rangle = r\}$, der *offene Halbraum* $\{x \in \mathbb{R}^n \mid \langle s, x \rangle < r\}$ und der *abgeschlossene Halbraum* $\{x \in \mathbb{R}^n \mid \langle s, x \rangle \leq r\}$ konvexe Mengen. $\Diamond$

Definition 2.1.2: Eine *Konvexkombination* von k Vektoren $x^1, \ldots, x^k \in \mathbb{R}^n$ ist ein Vektor der Form

$$\sum_{i=1}^{k} \alpha_i x_i \ \text{ mit } \ \sum_{i=1}^{k} \alpha_i = 1 \ \text{ und } \ \alpha_i \geq 0, i = 1, \ldots, k. \qquad \Diamond$$

Konvexe Mengen sind auch dadurch charakterisiert, dass sie alle Konvexkombinationen ihrer Punkte enthalten.

Satz 2.1.3: *Eine Menge $C \subset \mathbb{R}^n$ ist genau dann konvex, wenn sie alle Konvexkombinationen von Punkten in C enthält.* $\Diamond$

Beweis: „$\Leftarrow$" Konvexität heißt gerade, dass alle Konvexkombinationen von zwei Punkten in C wieder in C liegen.

„$\Rightarrow$" Zeigt man durch Induktion nach k (Aufgabe 2.1). $\square$

Im Zusammenhang mit Optimierungsproblemen sind *Kegel* interessante Mengen.

Definition 2.1.4: Eine nichtleere Teilmenge $K \subset \mathbb{R}^n$ heißt *Kegel*, wenn mit $x \in K$ auch $\{\alpha x \mid \alpha > 0\} \subset K$ ist. $\Diamond$

Beispiel 2.1.5: Die Mengen $\{x = (x_1, \ldots, x_n)^\mathsf{T} \in \mathbb{R}^n \mid x_i > 0, \ i = 1, \ldots, n\}$ und $\{x = (x_1, \ldots, x_n)^\mathsf{T} \in \mathbb{R}^n \mid x_i \geq 0, \ i = 1, \ldots, n\} := \mathbb{R}^n_+$, der *positive Orthant* des $\mathbb{R}^n$, sind konvexe Kegel. Die Menge

$$\left\{ x = \begin{pmatrix} x_1 \\ x_2 \end{pmatrix} \in \mathbb{R}^2 \mid x_1 \geq 0, \, x_2 = 0 \text{ oder } x_1 = 0, \, x_2 \geq 0 \right\}$$

ist ein Kegel, aber nicht konvex. $\Diamond$

Bezeichnung: Sind $A, B \subset \mathbb{R}^n$ und $\alpha, \beta \in \mathbb{R}$, dann bezeichnen wir mit $\alpha A + \beta B$ die Menge

$$\alpha A + \beta B := \{\alpha a + \beta b \mid a \in A, b \in B\}.$$

Im Fall, dass $A = \{a\}$ einelementig ist, schreiben wir auch einfach $a + B$ anstelle von $\{a\} + B$. ◇

Man rechnet leicht nach, dass für konvexe Mengen $A, B \subset \mathbb{R}^n$ und $\alpha, \beta \in \mathbb{R}$ die Menge $\alpha A + \beta B$ konvex ist. Für Kegel gilt das folgende Konvexitätskriterium.

Lemma 2.1.6: *Ein Kegel K ist genau dann konvex, wenn $K + K \subset K$ ist.* ◇

Wir betrachten noch einige einfache Mengenoperationen, die Konvexität erhalten. Aus Definition 1.1.1 von konvexen Mengen folgt unmittelbar:

Lemma 2.1.7: *Ist $(C_j)_{j \in J}$ eine Familie konvexer Mengen mit einer beliebigen Indexmenge J, dann ist auch $C := \bigcap_{j \in J} C_j$ konvex.* ◇

Beispiel 2.1.8: Mit $(s^1, r_1), \ldots, (s^m, r_m) \in \mathbb{R}^n \times \mathbb{R}$ ist die Menge

$$C := \{x \in \mathbb{R}^n \mid \langle s^j, x \rangle \le r_j, j = 1, \ldots, m\}$$

der Durchschnitt der konvexen Halbräume $C_j := \{x \in \mathbb{R}^n \mid \langle s^j, x \rangle \le r_j\}$, $j = 1, \ldots, m$, also konvex. ◇

Wie man an einfachen Beispielen sieht, ist die Vereinigung konvexer Mengen im Allgemeinen nicht konvex. Aus Definition 1.1.1 erhält man auch leicht das folgende Resultat.

Lemma 2.1.9: *Für nichtleere Teilmengen $C_i \subset \mathbb{R}^{n_i}$, $i = 1, \ldots, k$, ist die Produktmenge*

$$C := C_1 \times \ldots \times C_k \subset \mathbb{R}^{n_1} \times \ldots \times \mathbb{R}^{n_k}$$

genau dann konvex, wenn die Mengen C_i, $i = 1, \ldots, k$, konvex sind. ◇

Bezeichnung: Für $C \subset \mathbb{R}^n$ bezeichnen wir mit $\operatorname{int} C$ das Innere von C und mit $\operatorname{cl} C$ oder $\overline{C}$ den Abschluss von C. ◇

Die Konvexität einer Menge bleibt auch beim Übergang zum Inneren oder zum Abschluss erhalten.

Lemma 2.1.10: *Ist $C \subset \mathbb{R}^n$ konvex, dann ist auch das Innere $\operatorname{int} C$ konvex.* ◇

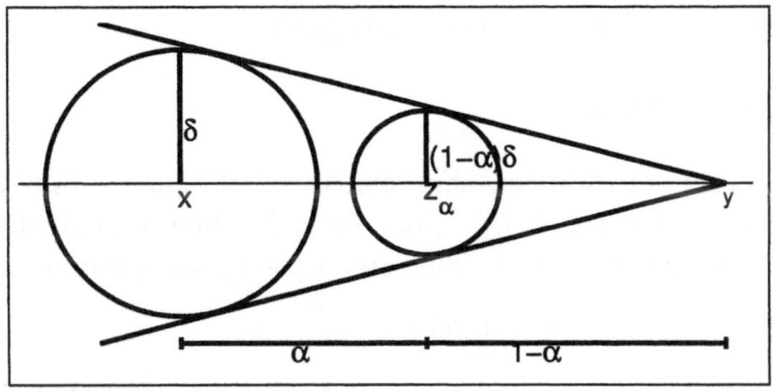

Abbildung 2.1: Das Innere einer konvexen Menge ist konvex

Beweis: Die Punkte $x, y \in \operatorname{int} C$ und $\alpha \in {]}0, 1{[}$ seien beliebig. Wir müssen zeigen, dass $z_\alpha := (1 - \alpha)x + \alpha y$ innerer Punkt von C ist. Wegen $x \in \operatorname{int} C$ gibt es ein $\delta > 0$ mit $B(x, \delta) \subset C$. Dann ist wegen der Konvexität von C

$$D := \alpha y + (1 - \alpha)B(x, \delta) \subset C.$$

Wegen $D = B(z_\alpha, (1 - \alpha)\delta)$ ist $z_\alpha \in \operatorname{int} C$ (siehe Abb. 2.1). $\qquad\square$

Lemma 2.1.11: *Ist $C \subset \mathbb{R}^n$ konvex, dann ist auch der Abschluss* $\operatorname{cl} C$ *konvex.* $\quad\diamond$

Beweis: Die Punkte $x, y \in \operatorname{cl} C$ und $\alpha \in {]}0, 1{[}$ seien beliebig. Wir müssen zeigen, dass $z_\alpha := (1 - \alpha)x + \alpha y \in \operatorname{cl} C$ ist. Wegen $x, y \in \operatorname{cl} C$ gibt es Folgen $\{x^{(k)}\}$, $\{y^{(k)}\}$ in C mit $x^{(k)} \to x$, $y^{(k)} \to y$. Da C konvex ist, gilt $z^{(k)} := (1 - \alpha)x^{(k)} + \alpha y^{(k)} \in C$ für alle $k \in \mathbb{N}$. Daher ist $\lim_{k \to \infty} z^{(k)} = z_\alpha \in \operatorname{cl} C$. $\qquad\square$

Definition 2.1.12: Für $A \subset \mathbb{R}^n$ ist die *konvexe Hülle von A*, bezeichnet mit $\operatorname{co} A$, die kleinste konvexe Menge, die A umfasst, d. h.

$$\operatorname{co} A = \bigcap_{\substack{C \text{ konvex} \\ C \supset A}} C. \qquad\diamond$$

Lemma 2.1.13: *Für $A \subset \mathbb{R}^n$ ist*

$$\operatorname{co} A = \{x \in \mathbb{R}^n \mid x \text{ ist Konvexkombination von Punkten in } A\}. \qquad\diamond$$

Beweis: Die Menge $B = \{x \in \mathbb{R}^n \mid x \text{ ist Konvexkombination von Punkten in } A\}$ ist konvex, und es gilt $A \subset B$, also auch $\operatorname{co} A \subset \operatorname{co} B = B$. Umgekehrt gilt für jede konvexe Menge C mit $C \supset A$ auch $C \supset B$ und damit $\operatorname{co} A \supset B$. $\qquad\diamond$

2.2 Projektion auf konvexe Mengen

Das Projektionsproblem

Die Menge $C \subset \mathbb{R}^n$ sei nichtleer, abgeschlossen und konvex. Für festes $z \in \mathbb{R}^n$ suchen wir denjenigen Punkt $\hat{x} \in C$, der zu z den kleinsten Abstand (bzgl. der euklidischen Norm) hat, d. h., wir suchen eine Lösung des Minimierungsproblems

$$(2.1) \qquad\qquad \min_{x \in C} \|x - z\|^2 \, .$$

Die Funktion $f \colon \mathbb{R}^n \to \mathbb{R}$, $f(x) = \|x - z\|^2$, ist differenzierbar mit $\nabla f(x) = 2(x - z)$. Wegen $f(x) = \|x\|^2 - 2\|z\|\,\|x\| + \|z\|^2$ gilt $\lim_{\|x\| \to \infty} f(x) = +\infty$. Nach Satz 1.2.9 hat das Problem (2.1) eine Lösung. Da C konvex und f strikt konvex ist, folgt aus Satz 1.2.8, dass die Lösung eindeutig bestimmt ist. Wir können also einen *Projektionsoperator* durch

$$P_C \colon \mathbb{R}^n \to \mathbb{R}^n \, , \ \ P_C(z) = \text{Lösung von (2.1)}$$

definieren.

Bemerkung: Für $z \in C$ ist $P_C(z) = z$. Ist umgekehrt $P_C(z) = z$, dann ist $z \in C$. Also gilt $z = P_C(z) \iff z \in C$. Wegen $P_C(z) \in C$ folgt daraus $P_C(P_C(z)) = P_C(z)$. Weiter ist der Operator P_C genau dann linear, wenn C ein Unterraum des $\mathbb{R}^n$ ist. $\Diamond$

Charakterisierung einer Lösung

Nach Satz 1.2.13 ist $\hat{x} \in C$ Lösung des Projektionsproblems genau dann, wenn

$$\langle \nabla f(\hat{x}), x - \hat{x} \rangle \geq 0 \quad \forall x \in C$$

gilt. Wegen $\nabla f(\hat{x}) = 2(\hat{x} - z)$ erhalten wir den folgenden Projektionssatz.

Satz 2.2.1: *Für eine nichtleere, abgeschlossene und konvexe Menge $C \subset \mathbb{R}^n$ und Punkte $x \in \mathbb{R}^n$, $\hat{x} \in C$ ist $\hat{x} = P_C(z)$ genau dann, wenn*

$$(2.2) \qquad\qquad \langle z - \hat{x}, x - \hat{x} \rangle \leq 0 \quad \forall x \in C$$

gilt. $\Diamond$

Bemerkung: Man kann wie in Beispiel 1.2.2 beim Projektionsproblem auch die nichtglatte Zielfunktion $\|x - z\|$ benutzen (Aufgabe 2.4).

Ist $C \subset \mathbb{R}^n$ eine affine Mannigfaltigkeit, dann ist $C - \hat{x}$ ein Unterraum des $\mathbb{R}^n$, d. h., mit $x - \hat{x} \in C - \hat{x}$ ist auch $-(x - \hat{x}) \in C - \hat{x}$. In diesem Fall ist (2.2) äquivalent zu

$$\langle z - \hat{x}, x - \hat{x} \rangle = 0 \quad \forall x \in C \, ,$$

was die klassische Charakterisierung der Projektion auf einen Unterraum ist: $z - \hat{x}$ steht senkrecht auf $C - \hat{x}$. $\Diamond$

Beispiel 2.2.2: Die Menge $C \subset \mathbb{R}^n$ sei durch $C = \mathrm{co}\,\{s^i \mid i = 1, \ldots, m\}$ definiert, wobei $s^i \in \mathbb{R}^n$, $i = 1, \ldots, m$, gegebene Vektoren sind. Um zu testen, ob $0_n \in C$ ist, berechnet man die Projektion $P_C(0_n)$, denn es ist $0_n \in C$ genau dann, wenn $P_C(0_n) = 0_n$ ist. Da $P_C(0_n)$ der Vektor minimaler Norm in C ist, kann man die Berechnung von $P_C(0_n)$ als quadratisches Optimierungsproblem (quadratische Zielfunktion mit linearen Gleichungs- und Ungleichungsnebenbedingungen) formulieren:

$$\min_{\alpha \in \mathbb{R}^m} \; \frac{1}{2} \left\| \sum_{i=1}^{m} \alpha_i s^i \right\|^2$$

$$\text{Nb.} \; \sum_{i=1}^{m} \alpha_i = 1, \quad \alpha_i \geq 0, \; i = 1, \ldots, m.$$

Sind die Vektoren s^i, $i = 1, \ldots, m$, linear unabhängig, dann ist die Zielfunktion strikt konvex, und das Problems hat eine eindeutig bestimmte Lösung. Ist $m > n$, dann sind die Vektoren linear abhängig und die Lösung des Problems nicht immer eindeutig bestimmt. Für eine beliebige Lösung α^* ist aber der Vektor $s^* = \sum_{i=1}^{m} \alpha_i^* s^i$ immer der eindeutig bestimmte Vektor minimaler Norm in C. $\Diamond$

2.3 Trennungssätze

Mit $0_n \neq s \in \mathbb{R}^n$ und $r \in \mathbb{R}$ sei die Hyperebene $H_{s,r}$ wie in Beispiel 2.1.1 durch $H_{s,r} = \{x \in \mathbb{R}^n \mid \langle s, x \rangle = r\}$ definiert. Man sagt, dass s bzw. $H_{s,r}$ die beiden Mengen C_1, C_2 trennt, falls

$$\langle s, y \rangle \leq r \leq \langle s, x \rangle \quad \forall y \in C_1, x \in C_2$$

gilt. Diese Definition schließt nicht aus, dass beide Mengen in der Hyperebene enthalten sind. Man sagt, dass s bzw. $H_{s,r}$ die beiden Mengen C_1 und C_2 strikt trennt, falls

$$\sup_{y \in C_1} \langle s, y \rangle < \inf_{x \in C_2} \langle s, x \rangle$$

gilt. Besteht eine der beiden Mengen nur aus einem Punkt, so erhalten wir aus dem Projektionssatz 2.2.1 den Satz von Hahn-Banach.

Satz 2.3.1: *Ist $C \subset \mathbb{R}^n$ nichtleer, abgeschlossen und konvex und $x \notin C$, dann gibt es eine Hyperebene, die C und $\{x\}$ strikt trennt, d. h., es gibt einen Vektor $0_n \neq s \in \mathbb{R}^n$ mit*

$$(2.3) \qquad\qquad \sup_{y \in C} \langle s, y \rangle < \langle s, x \rangle. \qquad\qquad \Diamond$$

Beweis: Nach dem Projektionssatz 2.2.1 erfüllt $P_C(x)$ die Variationsungleichung

$$\langle x - P_C(x), y - P_C(x)\rangle \leq 0 \quad \forall y \in C.$$

Mit $s := x - P_C(x) \neq 0_n$, also $y - P_C(x) = y - x + s$ folgt

$$\langle s, y - x + s\rangle = \langle s, y\rangle - \langle s, x\rangle + \|s\|^2 \leq 0 \quad \forall y \in C.$$

Daher ist

$$\langle s, x\rangle - \|s\|^2 \geq \langle s, y\rangle \quad \forall y \in C,$$

woraus wegen $s \neq 0_n$ (2.3) folgt. $\qquad\square$

Bemerkung 2.3.2: Ersetzt man s durch $\tilde{s} = -s$, so gilt $\langle \tilde{s}, x\rangle < \inf_{y\in C}\langle \tilde{s}, y\rangle$. Ersetzt man s durch $\tilde{s} = \alpha s$ mit $\alpha > 0$, so gilt (2.3) auch mit $\tilde{s}$. Wählt man speziell $\alpha = 1/\|s\|$, so ist $\|\tilde{s}\| = 1$. Man kann also o.B.d.A. annehmen, dass in Satz 2.3.1 $\|s\| = 1$ gilt. Definiert man r durch

$$r := \frac{1}{2}\Big(\langle s, x\rangle + \sup_{y\in C}\langle s, y\rangle\Big),$$

so gilt wegen (2.3)

$$\langle s, x\rangle = \frac{1}{2}\langle s, x\rangle + \frac{1}{2}\langle s, x\rangle > \frac{1}{2}\langle s, x\rangle + \frac{1}{2}\sup_{y\in C}\langle s, y\rangle = r.$$

Aus (2.3) folgt außerdem

$$\sup_{y\in C}\langle s, y\rangle < \frac{1}{2}\sup_{y\in C}\langle s, y\rangle + \frac{1}{2}\langle s, x\rangle = r.$$

Insgesamt erhalten wir

$$\langle s, x\rangle > r > \sup_{y\in C}\langle s, y\rangle,$$

d. h., die Hyperebene $H_{s,r}$ trennt die Mengen C und $\{x\}$ strikt. $\qquad\Diamond$

Als Anwendung des Trennungssatzes zeigen wir die Existenz von Stützhyperebenen für konvexe Mengen. Als *Rand* (engl. boundary) einer Menge $C \subset \mathbb{R}^n$ bezeichnen wir wie üblich die Menge $\operatorname{bd} C = \operatorname{cl} C \setminus \operatorname{int} C$.

Definition 2.3.3: Ist $x \in \operatorname{bd} C$ Randpunkt der Menge $C \subset \mathbb{R}^n$, dann heißt die Hyperebene $H_{s,r}$ *Stützhyperebene von C in x*, falls

$$\langle s, x\rangle = r \geq \langle s, y\rangle \quad \forall y \in C$$

gilt. $\qquad\Diamond$

Die obige Definition schließt nicht aus, dass $C \subset H_{s,r}$ ist, d. h., dass gilt

$$\langle s, x \rangle = r = \langle s, y \rangle \quad \forall y \in C\,.$$

Eine solche Stützhyperebene nennt man *trivial*. Für nicht triviale Stützhyperebenen muss $s \neq 0_n$ sein. Ist $\operatorname{int} C \neq \emptyset$, dann folgt aus $r = \langle s, y \rangle$ für alle $y \in C$, dass $s = 0_n$ und $r = 0$ ist.

Lemma 2.3.4: *Ist $C \subset \mathbb{R}^n$ nichtleer und konvex mit $\operatorname{int} C \neq \emptyset$ und $C \neq \mathbb{R}^n$, dann gibt es zu jedem Randpunkt $x \in \operatorname{bd} C$ eine nicht triviale Stützhyperebene.* $\diamond$

Beweis: Zunächst ist $\operatorname{cl} C \neq \mathbb{R}^n$; andernfalls würde folgen

$$C \supset \operatorname{int} C = \operatorname{int}(\operatorname{cl} C) = \operatorname{int} \mathbb{R}^n = \mathbb{R}^n\,,$$

im Widerspruch zur Voraussetzung. Daher gibt es zu $x \in \operatorname{bd} C$ eine Folge $\{x^{(k)}\}$ mit

$$x^{(k)} \notin \operatorname{cl} C \ \forall k \in \mathbb{N} \quad \text{und} \quad \lim_{k \to \infty} x^{(k)} = x\,.$$

Zu jedem $k \in \mathbb{N}$ gibt es nach Satz 2.3.1 und Bemerkung 2.3.2 ein $s^{(k)} \in \mathbb{R}^n$ mit $\|s^{(k)}\| = 1$ und

$$\langle s^{(k)}, x^{(k)} \rangle > \langle s^{(k)}, y \rangle \quad \forall y \in C\,.$$

Wegen $\|s^{(k)}\| = 1$ für alle $k \in \mathbb{N}$, gibt es eine Teilfolge $\{s^{(j)}\}$ und ein $s \in \mathbb{R}^n$ mit

$$\lim_{j \to \infty} s^{(j)} = s\,, \quad \|s\| = 1\,.$$

Mit $r := \langle s, x \rangle$ gilt dann $\langle s, x \rangle = r \geq \langle s, y \rangle$ für alle $y \in C$, und wegen $s \neq 0_n$ und $\operatorname{int} C \neq \emptyset$ ist die durch s und r definierte Stützhyperebene nicht trivial. $\square$

Wir benötigen später noch einen weiteren Trennungssatz, dessen Beweis man beispielsweise in Rockafellar [34] oder Werner [44] findet.

Satz 2.3.5: *Sind $C_1, C_2 \subset \mathbb{R}^n$ nichtleere, konvexe Mengen mit $\operatorname{int} C_2 \neq \emptyset$ und $C_1 \cap \operatorname{int} C_2 = \emptyset$, dann gibt es eine Hyperebene, die C_1 und C_2 trennt, d. h., es gibt ein $s \in \mathbb{R}^n$, $s \neq 0_n$, und $r \in \mathbb{R}$ mit*

$$\sup_{x \in C_1} \langle s, x \rangle \leq r \leq \inf_{y \in C_2} \langle s, y \rangle\,.$$

Weiter gilt $\langle s, y \rangle > r$ für alle $y \in \operatorname{int} C_2$, d. h., C_2 ist nicht in der Hyperebene enthalten. $\diamond$

Man kann auf die Voraussetzung $\operatorname{int} C_2 \neq \emptyset$ verzichten, wenn $C_1 \cap C_2 = \emptyset$ ist (siehe beispielsweise Werner [44], Theorem 3.1.9). In vielen Anwendungen ist jedoch nur die Bedingung $C_1 \cap \operatorname{int} C_2 = \emptyset$ erfüllt.

2.4 Konvexe Funktionen

Die Begriffe „Konvexität" und „strikte Konvexität" für Funktionen wurden bereits in den Definitionen 1.1.4, 1.2.6 eingeführt. Wir wollen diese Definition jetzt erweitern. Bisher haben wir Funktionen betrachtet, die auf einer konvexen Menge $C \subset \mathbb{R}^n$ definiert sind. Es ist oft bequem, wenn eine Funktion auf dem ganzen Raum $\mathbb{R}^n$ definiert ist. Für eine konvexe Funktion $f\colon C \to \mathbb{R}$ mit $C \neq \mathbb{R}^n$ erweitern wir die Definition von f auf den ganzen $\mathbb{R}^n$ durch (vgl. Abb. 2.2)

$$f_e(x) = \begin{cases} f(x) & \text{für } x \in C, \\ +\infty & \text{sonst.} \end{cases}$$

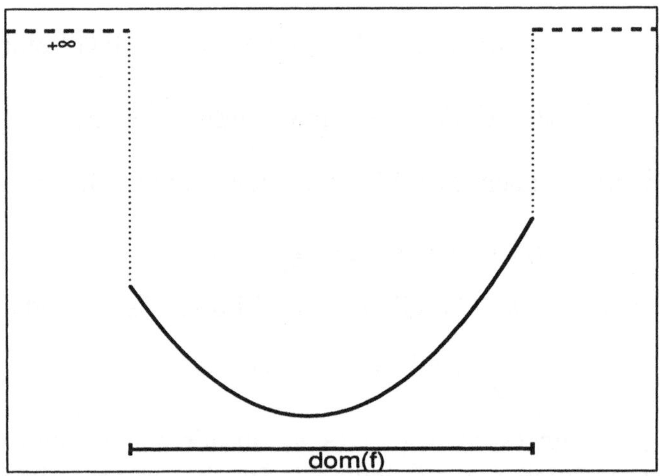

Abbildung 2.2: Erweiterung einer konvexen Funktion

Damit erhalten wir eine Funktion $f_e\colon \mathbb{R}^n \to \overline{\mathbb{R}}$ mit $\overline{\mathbb{R}} := \mathbb{R} \cup \{+\infty\}$. Ist f konvex auf C, so gilt (1.2) auf C, d. h., es gilt

$$f_e((1 - \alpha)x + \alpha y) \leq (1 - \alpha)f_e(x) + \alpha f_e(y) \ \forall \alpha \in [0, 1]$$

und für alle $x, y \in C$. Aufgrund der Definition von f_e gilt dies auch für $x \notin C$ oder $y \notin C$. Wir können daher Konvexität einer Funktion $f\colon \mathbb{R}^n \to \overline{\mathbb{R}}$ ebenfalls durch (1.2) definieren.

Definition 2.4.1: Eine Funktion $f\colon \mathbb{R}^n \to \overline{\mathbb{R}}$, die nicht identisch $+\infty$ ist, heißt *konvex*, wenn

$$(2.4) \qquad\qquad f((1 - \alpha)x + \alpha y) \leq (1 - \alpha)f(x) + \alpha f(y)$$

für alle $x, y \in \mathbb{R}^n$ und alle $\alpha \in \,]0, 1[$ gilt.   ◇

Wie in der obigen Definition wird der „pathologische" Fall, dass $C = \emptyset$ ist, d. h. dass f_e überall $+\infty$ ist, in der Regel ausgeschlossen.

Beispiel 2.4.2: Für einen reellen Parameter y betrachten wir die Schar von Optimierungsproblemen

$$(O)_y \quad \min_{x \in \mathbb{R}} f(x) = -x$$
$$\text{Nb. } x^2 \leq y \,.$$

Der Optimalwert von $(O)_y$ sei $\varphi(y)$. Für $y \geq 0$ ist $\varphi(y) = -\sqrt{y}$ konvex. Für $y < 0$ gibt es kein x, das die Nebenbedingung erfüllt; in diesem Fall definiert man formal $\varphi(y) = +\infty$. Dann ist $\varphi \colon \mathbb{R} \to \overline{\mathbb{R}}$ eine konvexe Funktion. $\quad\diamond$

Bezeichnung: Mit $\operatorname{Conv} \mathbb{R}^n$ bezeichnen wir die Menge der konvexen Funktionen (die also insbesondere nicht identisch $+\infty$ sind) auf $\mathbb{R}^n$ mit Werten in $\overline{\mathbb{R}}$. $\quad\diamond$

Der eigentliche Definitionsbereich der Funktion f wird in Definition 2.4.1 nicht explizit benötigt; die Forderung, dass f nicht identisch $+\infty$ ist, deutet aber an, dass der Definitionsbereich nach wie vor eine wichtige Rolle spielt.

Definition 2.4.3: Für eine Funktion $f \colon \mathbb{R}^n \to \overline{\mathbb{R}}$ heißt die Menge

$$\operatorname{dom} f := \{\, x \in \mathbb{R}^n \mid f(x) < +\infty \,\}$$

Definitionsbereich von f (engl. domain). $\quad\diamond$

Ist $f \in \operatorname{Conv} \mathbb{R}^n$, dann folgt aus der Definition 2.4.1 der Konvexität einer Funktion, dass $\operatorname{dom} f$ konvex ist. Für eine weitere Charakterisierung konvexer Funktionen definieren wir (siehe Abb. 2.3)

Definition 2.4.4: Für eine Funktion $f \colon \mathbb{R}^n \to \overline{\mathbb{R}}$ mit $\operatorname{dom} f \neq \emptyset$ ist der *Epigraph von* f die Menge

$$\operatorname{epi} f := \{\, (x,r) \in \mathbb{R}^n \times \mathbb{R} \mid r \geq f(x) \,\} \,.$$

Zu $r \in \mathbb{R}$ definieren wir mit

$$N(f,r) := \{\, x \in \mathbb{R}^n \mid f(x) \leq r \,\}$$

die *Niveaumengen von* f. $\quad\diamond$

Es gilt $(x,r) \in \operatorname{epi} f$ genau dann, wenn $x \in N(f,r)$ ist, auch wenn f nicht konvex ist. Eine weitere Charakterisierung von Konvexität gibt das folgende Lemma (Beweis Aufgabe 2.7).

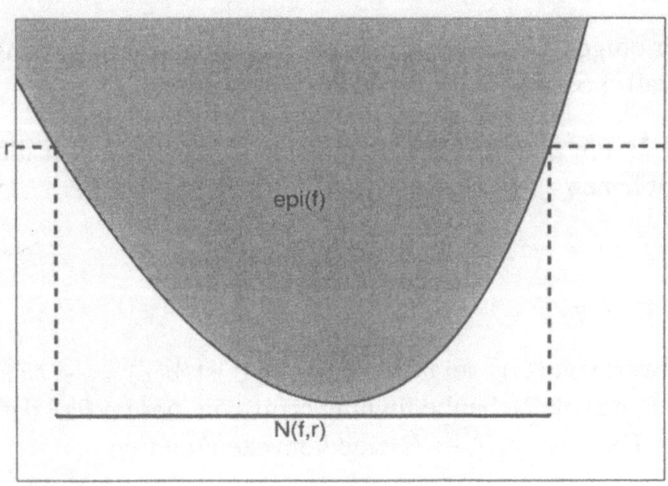

Abbildung 2.3: Epigraph und Niveaumenge

Lemma 2.4.5: *Die Funktion* $f\colon \mathbb{R}^n \to \overline{\mathbb{R}}$ *mit* dom $f \neq \emptyset$ *ist genau dann konvex, wenn ihr Epigraph konvex ist.*   ◇

Für eine Funktion $f \in \operatorname{Conv}\mathbb{R}^n$ sind die Niveaumengen konvex (möglicherweise leer). Umgekehrt folgt aber aus der Konvexität aller Niveaumengen nicht die Konvexität der Funktion. Beispielsweise sind für die Funktion $f\colon \mathbb{R} \to \mathbb{R}$, $f(x) = \sqrt{|x|}$ alle Niveaumengen $N(f,r) = \{x \in \mathbb{R} \mid |x| \leq r^2\}$ konvex, die Funktion f ist aber nicht konvex.

Die Ungleichung (1.2) von Definition 1.1.4 lässt sich auf beliebige Konvexkombinationen von Punkten ausdehnen. Analog zu Satz 2.1.3 zeigt man:

Satz 2.4.6: (Ungleichung von Jensen) *Ist* $f \in \operatorname{Conv}\mathbb{R}^n$ *und* $x = \sum_{i=1}^{k} \alpha_i x^i$ *eine Konvexkombination der Punkte* $x^1, \ldots, x^k \in \mathbb{R}^n$, *dann gilt*

$$(2.5) \qquad f(x) \leq \sum_{i=1}^{k} \alpha_i f(x^i). \qquad\qquad ◇$$

2.5 Operationen mit konvexen Funktionen

Wir betrachten jetzt einige Operationen mit konvexen Funktionen, die als Resultat wieder eine konvexe Funktion ergeben. Eine einfache Rechnung zeigt (siehe Aufgabe 2.12):

Lemma 2.5.1: *Sind $f_1, \ldots, f_m \in \operatorname{Conv} \mathbb{R}^n$, $t_1, \ldots, t_m$ positive, reelle Zahlen, und gibt es ein $\bar{x} \in \mathbb{R}^n$ mit $f_j(\bar{x}) < +\infty$, $j = 1, \ldots, m$, dann ist auch die Funktion $f := \sum_{j=1}^m t_j f_j$ konvex.* $\diamond$

Lemma 2.5.2: *Ist J eine beliebige Indexmenge, $\{f_j\}_{j \in J}$ eine Familie von Funktionen in $\operatorname{Conv} \mathbb{R}^n$ und gibt es ein $\bar{x} \in \mathbb{R}^n$ mit $\sup_{j \in J} f_j(\bar{x}) < +\infty$, dann ist die Funktion $f := \sup_{j \in J} f_j$ konvex.* $\diamond$

Beweis: Nach Voraussetzung ist $\bar{x} \in \operatorname{dom} f$, und nach Lemma 2.1.7 ist $\operatorname{epi} f = \bigcap_{j \in J} \operatorname{epi} f_j$ konvex, also ist nach Lemma 2.4.5 auch f konvex. $\square$

Beispiel 2.5.3: Mit $a_1, \ldots, a_m, t_1, \ldots, t_m \in \mathbb{R}$, $t_i \geq 0$, $i = 1, \ldots, m$, sei die Funktion $f \colon \mathbb{R} \to \mathbb{R}$ definiert durch

$$f(x) := \sum_{j=1}^m t_j |x - a_j|.$$

Definiert man die Funktionen $f_j \colon \mathbb{R} \to \mathbb{R}$, $j = 1, \ldots, m$, durch

$$f_j(x) := |x - a_j| = \max\{x - a_j, -x + a_j\},$$

so folgt aus Lemma 2.5.2, dass die Funktionen f_j konvex sind, und aus Lemma 2.5.1, dass die Funktion f konvex ist. $\diamond$

Wie man an einfachen Beispielen sieht, ist das Minimum zweier konvexer Funktionen im Allgemeinen nicht konvex.

2.6 Affine Minoranten

Man nennt eine affine Funktion $g \colon \mathbb{R}^n \to \mathbb{R}$, $g(x) = \langle s, x \rangle + b$, mit $s \in \mathbb{R}^n$ und $b \in \mathbb{R}$ eine *affine Minorante von f*, wenn

$$f(x) \geq g(x) \quad \forall x \in \mathbb{R}^n$$

gilt. Wir zeigen, dass es zu $f \in \operatorname{Conv} \mathbb{R}^n$ mit $\operatorname{int}(\operatorname{dom} f) \neq \emptyset$ eine affine Minorante gibt. Dazu benötigen wir das folgende Hilfsresultat:

Lemma 2.6.1: *Ist $C \subset \mathbb{R}^n$ eine konvexe Menge und $z \in \operatorname{int} C$, dann gibt es Vektoren $v^0 \ldots, v^n \in C$ mit $z \in \operatorname{int}(\operatorname{co}\{v^0, \ldots, v^n\})$.* $\diamond$

Beweis: Mit den Einheitsvektoren $e^i \in \mathbb{R}^n$, $i = 1, \ldots, n$, definieren wir $S :=$ co $\{0_n, e^1, \ldots, e^n\}$ (Einheitssimplex). Weiter sei $e := (1, \ldots, 1)^\mathsf{T} \in \mathbb{R}^n$ und $\bar{s} = \frac{1}{n+1} e$ (Schwerpunkt von S). Wir zeigen, dass für hinreichend kleines $\delta_1 > 0$

$$S_z := z - \delta_1 \bar{s} + \delta_1 S \subset C \quad \text{und} \quad z \in \operatorname{int} S_z$$

gilt. Dazu wählen wir als Punkte $v^0, v^1, \ldots, v^n$ die Ecken der Menge S_z, d.h.

$$v^0 := z - \delta_1 \bar{s}, \quad v^i := z - \delta_1 \bar{s} + \delta_1 e^i = v^0 + \delta_1 e^i, \ i = 1, \ldots, n.$$

Wegen $z \in \operatorname{int} C$ sind können wir $\delta_1 > 0$ so wählen, dass $v^i \in \operatorname{int} C$, $i = 0, 1, \ldots, n$, gilt und damit $S_z = \text{co} \{v^0, \ldots, v^n\} \subset C$. Weiter ist

$$(1) \qquad\qquad z = \frac{1}{n+1} \sum_{i=0}^{n} v^i \in \text{co} \{v^0, \ldots, v^n\} = S_z \,,$$

und die Vektoren $v^i - v^0 = \delta_1 e^i$, $i = 1, \ldots, n$, sind linear unabhängig. Daher gibt es zu jedem $x \in \mathbb{R}^n$ eindeutig bestimmte Koeffizienten $\alpha_i(x)$, $i = 1, \ldots, n$, mit

$$x = \sum_{i=1}^{n} \alpha_i(x)(v^i - v^0) \,,$$

und die Abbildung $\alpha \colon \mathbb{R}^n \to \mathbb{R}^n$ mit

$$x \mapsto \alpha(x) = (\alpha_1(x) \ldots, \alpha_n(x))^\mathsf{T} \,,$$

ist linear und damit stetig. Wir können deshalb $\delta_2 > 0$ so wählen, dass für beliebiges $x \in B(0_n, \delta_2)$

$$(2) \qquad |\alpha_i(x)| \le \frac{1}{n+1}, \ i = 1 \ldots, n, \quad \left| \sum_{i=1}^{n} \alpha_i(x) \right| \le \frac{1}{n+1}$$

ist. Mit $\alpha_0(x) := - \sum_{i=1}^{n} \alpha_i(x)$ gilt

$$x = \sum_{i=0}^{n} \alpha_i(x) v^i, \quad \sum_{i=0}^{n} \alpha_i(x) = 0 \,.$$

Zusammen mit (1), (2) erhalten wir für beliebiges $x \in B(0_n, \delta_2)$

$$z + x = \sum_{i=0}^{n} \beta_i(x) v^i \ \text{mit} \ \beta_i(x) = \tfrac{1}{n+1} + \alpha_i(x), \ i = 0, 1, \ldots, n,$$

und

$$\beta_i(x) \geq 0 \,, i = 0, 1, \ldots, n \,, \quad \sum_{i=0}^{n} \beta_i(x) = 1 \,,$$

also $x \in S_z$. Da $x \in B(z, \delta_2)$ beliebig war, folgt $B(z, \delta_2) \subset S_z$ und damit die Behauptung. $\qquad \square$

Als Folgerung zeigen wir

Satz 2.6.2: *Eine Funktion $f \in \mathrm{Conv}\,\mathbb{R}^n$ ist auf* $\mathrm{int}\,(\mathrm{dom}\,f)$ *lokal nach oben beschränkt, d. h. zu jedem Punkt $z \in \mathrm{int}\,(\mathrm{dom}\,f)$ gibt es ein $\delta = \delta(z) > 0$ und ein $M = M(z) \in \mathbb{R}$, so dass*

$$f(x) \leq M \quad \forall x \in B(z, \delta)$$

gilt. $\qquad \Diamond$

Beweis: Für einen beliebigen Punkt $z \in \mathrm{int}\,(\mathrm{dom}\,f)$ gibt es nach Lemma 2.6.1 Vektoren $v^0 \ldots, v^n \in \mathrm{dom}\,f$, so dass mit $\Delta := \mathrm{co}\,\{v^0, \ldots, v^n\}$ gilt: $z \in \mathrm{int}\,\Delta$. Wir können daher $\delta = \delta(z) > 0$ so klein wählen, dass $B(z, \delta) \subset \mathrm{int}\,(\Delta) \subset \mathrm{dom}\,f$ ist. Für einen beliebigen Punkt $x \in B(z, \delta)$ gilt dann $x \in \Delta$, also

$$x = \sum_{i=0}^{n} \alpha_i v^i \,, \quad \alpha_i \geq 0 \,, \; i = 0, \ldots, n \,, \quad \sum_{i=0}^{n} \alpha_i = 1 \,.$$

Daher folgt mit $M := \max_{i=0,\ldots,n} f(v^i)$ aus der Konvexität von f

$$f(x) \leq \sum_{i=0}^{n} \alpha_i f(v^i) \leq M \sum_{i=0}^{n} \alpha_i(x) = M \,.$$

Da $x \in B(z, \delta)$ beliebig war, ist die Behauptung bewiesen. $\qquad \square$

Bemerkung: Ist $C \subset \mathbb{R}^n \times \mathbb{R}$ und $(z, r_0) \in \mathrm{bd}\,C$, dann wird eine Stützhyperebene an C in (z, r_0) durch einen Vektor $(s, \alpha) \in \mathbb{R}^n \times \mathbb{R}$ mit

$$\langle s, x \rangle + \alpha r \leq \langle s, z \rangle + \alpha r_0 \quad \forall (x, r) \in C$$

definiert (vgl. Definition 2.3.3). $\qquad \Diamond$

Wir können jetzt die Existenz einer affinen Minorante für eine konvexe Funktion f beweisen, wenn $\mathrm{int}\,(\mathrm{dom}\,f) \neq \emptyset$ ist.

Satz 2.6.3: *Ist $f \in \mathrm{Conv}\,\mathbb{R}^n$ und $z \in \mathrm{int}\,(\mathrm{dom}\,f)$, dann gibt es ein $s \in \mathbb{R}^n$ mit*

$$(2.6) \qquad f(x) \geq f(z) + \langle s, x - z \rangle \quad \forall x \in \mathbb{R}^n. \qquad\qquad \diamond$$

Beweis: Nach Satz 2.6.2 gibt es ein $\delta > 0$ und ein $M \in \mathbb{R}$, so dass $f(x) \leq M$ für alle $x \in B(z, \delta)$ gilt. Daher ist

$$E := \{ (x, r) \in \mathbb{R}^n \times \mathbb{R} \mid x \in B(z, \delta),\, r > M \} \subset \mathrm{epi}\,f,$$

was $\mathrm{int}\,(\mathrm{epi}\,f) \neq \emptyset$ impliziert, da die Menge E offen ist. Weiter ist $(z, f(z)) \in \mathrm{bd}\,(\mathrm{epi}\,f)$; andernfalls müsste $(z, f(z) - \varepsilon) \in \mathrm{epi}\,f$ gelten für hinreichend kleines $\varepsilon > 0$, was nach Definition von $\mathrm{epi}\,f$ nicht möglich ist. Nach Lemma 2.3.4 gibt es daher einen Vektor $(s, \alpha) \in \mathbb{R}^n \times \mathbb{R}$, der eine nicht triviale Stützhyperebene an $\mathrm{epi}\,f$ in $(z, f(z))$ definiert, d. h., es gilt $(s, \alpha) \neq (0_n, 0)$ und

$$(1) \qquad \langle s, x \rangle + \alpha r \leq \langle s, z \rangle + \alpha f(z) \quad \forall (x, r) \in \mathrm{epi}\,f.$$

Wir zeigen, dass $\alpha \leq 0$ ist. Dazu unterscheiden wir 3 Fälle: Ist $f(z) = 0$, so folgt mit $x = z$, $r = 1$ aus (1) $\alpha \leq 0$; ist $f(z) > 0$, so folgt mit $x = z$, $r = 2f(z)$ aus (1) $2\alpha f(z) \leq \alpha f(z)$, also $\alpha \leq 0$; ist $f(z) < 0$, so folgt mit $x = z$, $r = 0$ aus (1) $\alpha f(z) \geq 0$, also $\alpha \leq 0$.

Wir zeigen weiter, dass sogar $\alpha < 0$ ist. Wegen $z \in \mathrm{int}\,(\mathrm{dom}\,f)$ gibt es ein $\delta > 0$ mit $z + \varepsilon s \in \mathrm{dom}\,f$ für alle $\varepsilon \in [0, \delta]$. Für $x = z + \delta s$ folgt aus (1)

$$\langle s, x \rangle + \alpha f(x) = \langle s, z \rangle + \delta \|s\|^2 + \alpha f(z + \delta s) \leq \langle s, z \rangle + \alpha f(z),$$

also $\delta \|s\|^2 \leq \alpha\,[f(z) - f(z + \delta s)]$. Aus $\alpha = 0$ würde daher auch $s = 0_n$ folgen, im Widerspruch zu $(s, \alpha) \neq (0_n, 0)$. Es ist also $\alpha < 0$, und wir können o.B.d.A. $\alpha = -1$ annehmen. Damit impliziert (1) (setze $r = f(x)$)

$$f(x) \geq \langle s, x \rangle - \langle s, z \rangle + f(z) \quad \forall x \in \mathrm{dom}\,f.$$

Da die rechte Seite der Ungleichung für alle $x \in \mathbb{R}^n$ einen endlichen Wert hat, folgt daraus die Behauptung. $\qquad\qquad \Box$

Als einfache Folgerung erhalten wir

Korollar 2.6.4: *Eine Funktion $f \in \mathrm{Conv}\,\mathbb{R}^n$ mit $\mathrm{int}\,(\mathrm{dom}\,f) \neq \emptyset$ ist auf einer beschränkten Menge $C \subset \mathbb{R}^n$ nach unten beschränkt.*

Beweis: Der Punkt $z \in \mathrm{int}\,(\mathrm{dom}\,f)$ sei beliebig. Nach Satz 2.6.3 gibt es ein $s \in \mathbb{R}^n$ mit (2.6), d. h., $g(x) := f(z) + \langle s, x - z \rangle$ ist eine Minorante von f. Da g auf C nach unten beschränkt ist, muss auch f auf C nach unten beschränkt sein. $\qquad\qquad \Box$

Die Aussage des Korollars gilt auch ohne die Voraussetzung $\mathrm{int}\,(\mathrm{dom}\,f) \neq \emptyset$ (vgl. Hiriart-Urruty/Lemaréchal [16], Proposition IV.1.2.1). Im Hinblick auf Optimierungsverfahren genügt jedoch das hier bewiesene Resultat.

2.7 Lokale Lipschitz-Stetigkeit

Definition 2.7.1: Ist $C \subset \mathbb{R}^n$ nichtleer und $f \colon \mathbb{R}^n \to \overline{\mathbb{R}}$, dann heißt f *lokal Lipschitz-stetig auf* C, wenn es zu jedem $z \in C$ ein $\delta = \delta(z) > 0$ und ein $L = L(z) \geq 0$ gibt, so dass

$$|f(x) - f(y)| \leq L\,\|x - y\| \quad \forall x, y \in B(z, \delta)$$

gilt, d. h., f ist Lipschitz-stetig auf $B(z, \delta)$. $\diamond$

Wir wollen zeigen, dass Funktionen $f \in \operatorname{Conv} \mathbb{R}^n$ auf dem Inneren ihres Definitionsbereichs lokal Lipschitz-stetig sind. Dazu benötigen wir zunächst ein Hilfsresultat.

Lemma 2.7.2: *Ist* $f \in \operatorname{Conv} \mathbb{R}^n$ *und gilt für* $z \in \operatorname{int}(\operatorname{dom} f)$ *und* $\delta, m, M \in \mathbb{R}$

$$(2.7) \qquad\qquad m \leq f(x) \leq M \quad \forall x \in B(z, 2\delta)\,,$$

d. h., f *ist auf* $B(z, 2\delta)$ *beschränkt, dann ist*

$$|f(x) - f(y)| \leq \frac{M - m}{\delta}\|x - y\| \quad \forall x, y \in B(z, \delta)\,,$$

d. h., f *ist auf* $B(z, \delta)$ *Lipschitz-stetig.* $\diamond$

Beweis: Es seien $x, y \in B(z, \delta)$ mit $x \neq y$ beliebig. Wir definieren

$$v := y + \delta\frac{y - x}{\|y - x\|}\,.$$

Wegen $\|v - z\| \leq \|v - y\| + \|y - z\| < 2\delta$ ist $v \in B(z, 2\delta)$. Mit

$$\alpha := \frac{\|y - x\|}{\delta + \|y - x\|}\,.$$

gilt $\alpha \in\,]0, 1[$, $\alpha \leq \|y - x\|/\delta$ und $y = x + \alpha(v - x)$. Aus der Konvexität von f folgt daher

$$f(y) - f(x) \leq \alpha\left(f(v) - f(x)\right)\,.$$

Zusammen mit (2.7) erhalten wir

$$f(y) - f(x) \leq \alpha(M - m) \leq \frac{\|y - x\|}{\delta}(M - m)\,.$$

Da $x, y \in B(z, \delta)$ beliebig waren, gilt dies auch, wenn man x und y vertauscht, woraus die Behauptung folgt. $\square$

Zusammen mit Satz 2.6.2 und Korollar 2.6.4 erhalten wir

Satz 2.7.3: *Ist* $f \in \operatorname{Conv} \mathbb{R}^n$, *dann gibt es zu jedem Punkt* $z \in \operatorname{int}(\operatorname{dom} f)$ *ein* $\delta = \delta(z) > 0$ *und ein* $L = L(z) \geq 0$, *so dass*

$$|f(x) - f(y)| \leq L \, \|x - y\| \quad \forall x, y \in B(z, \delta)$$

gilt, d. h., f *ist auf* $\operatorname{int}(\operatorname{dom} f)$ *lokal Lipschitz-stetig.*   ◇

Beweis: Ist $z \in \operatorname{int}(\operatorname{dom} f)$ ein beliebiger Punkt, dann gibt es nach Satz 2.6.2 ein $\delta > 0$ und ein $M \in \mathbb{R}$ mit $f(x) \leq M$ für alle $x \in B(z, 2\delta)$. Andererseits ist f nach Korollar 2.6.4 auf $B(z, 2\delta)$ durch eine Konstante m nach unten beschränkt. Die Behauptung folgt daher aus Lemma 2.7.2.   □

Nach Satz 2.7.3 ist eine konvexe Funktion auf $\operatorname{int}(\operatorname{dom} f)$ lokal Lipschitz-stetig, insbesondere also stetig. Wie Abb. 2.4 zeigt, kann eine konvexe Funktion in Randpunkten des Definitionsbereichs auch unstetig sein.

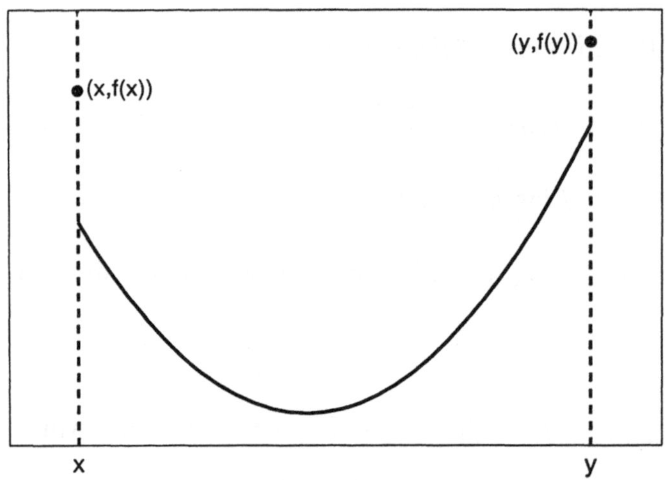

Abbildung 2.4: Unstetigkeiten am Rand von dom f

Für eine Menge $S \subset \operatorname{int}(\operatorname{dom} f)$ bilden die Umgebungen $B(z, \delta(z))$, $z \in S$, eine offene Überdeckung von S. Ist S kompakt, dann gibt es eine endliche Teilüberdeckung und wir erhalten als Folgerung von Satz 2.7.3 (Beweis Aufgabe 2.13):

Korollar 2.7.4: *Eine Funktion* $f \in \operatorname{Conv} \mathbb{R}^n$ *ist auf einer konvexen und kompakten Menge* $S \subset \operatorname{int}(\operatorname{dom} f)$ *Lipschitz-stetig, d. h., es gibt es ein* $L = L(S) \geq 0$, *so dass*

$$|f(x) - f(y)| \leq L \, \|x - y\| \quad \forall x, y \in S$$

gilt.   ◇

Beispiel 2.7.5: Die Funktion $f(x) = 1/x$ ist auf jedem endlichen und damit kompakten Intervall $[a, b] \subset \,]0, +\infty[$ Lipschitz-stetig, auf $]0, +\infty[$ aber nur lokal Lipschitz-stetig. Für $z \to 0$ werden die Radien $\delta(z)$ immer kleiner, und die Lipschitz-Konstanten $L(z)$ werden immer größer. $\diamond$

2.8 Subdifferential und Richtungsableitung

Bei differenzierbaren Funktionen läßt sich Konvexität durch die Ableitung charakterisieren.

Satz 2.8.1: *Ist $\Omega \subset \mathbb{R}^n$ offen, $C \subset \Omega$ nichtleer und konvex, und $f \colon \Omega \to \mathbb{R}$ differenzierbar auf Ω, dann gilt: f ist genau dann konvex auf C, wenn*

$$f(y) \geq f(x) + \langle \nabla f(x), y - x \rangle \quad \forall x, y \in C$$

gilt. $\diamond$

Im differenzierbaren Fall wird also durch $(s, \alpha) = (\nabla f(x), -1)$ eine Stützhyperebene an epi f im Punkt $(x, f(x))$ definiert (vgl. Satz 2.6.3). Dies motiviert die folgende Verallgemeinerung des Gradienten:

Definition 2.8.2: Für $f \in \mathrm{Conv}\,\mathbb{R}^n$ und $x \in \mathrm{dom}\, f$ nennen wir einen Vektor $s \in \mathbb{R}^n$ *Subgradient von f in x*, wenn

$$(2.8) \qquad f(y) \geq f(x) + \langle s, y - x \rangle \quad \forall y \in \mathbb{R}^n$$

gilt. Das *Subdifferential von f in x*, bezeichnet mit $\partial f(x)$, ist die Menge aller Subgradienten von f in x. $\diamond$

Satz 2.6.3 zeigt, dass das Subdifferential $\partial f(x)$ in jedem Punkt $x \in \mathrm{int}\,(\mathrm{dom}\, f)$ nichtleer ist. Ist f in x differenzierbar, dann ist nach Satz 2.8.1 $\nabla f(x) \in \partial f(x)$. In Satz 2.8.14 werden wir zeigen, dass in diesem Fall sogar $\partial f(x) = \{\nabla f(x)\}$ gilt.

Beispiel 2.8.3: Die Funktion $f \colon \mathbb{R} \to \mathbb{R}$ sei durch $f(x) = |x|$ definiert. Für $x = 0$, $s \in [-1, 1]$ und $y \in \mathbb{R}$ gilt

$$f(y) = |y| \geq sy = f(x) + \langle s, y - x \rangle .$$

Daher ist $[-1, 1] \subset \partial f(0)$ (siehe auch Aufgabe 2.9). $\diamond$

In engem Zusammenhang mit dem Subdifferential einer konvexen Funktion steht die Richtungsableitung. Zur Definition der Richtungsableitung betrachten wir für eine Funktion $f \in \operatorname{Conv} \mathbb{R}^n$, einen Punkt $x \in \operatorname{int}(\operatorname{dom} f)$ und eine Richtung $d \in \mathbb{R}^n$ den Differenzenquotienten

$$(2.9) \qquad q(t) := \frac{f(x + td) - f(x)}{t}, \quad t \in \mathbb{R}, t > 0.$$

Wegen $x \in \operatorname{int}(\operatorname{dom} f)$ gibt es ein $\delta > 0$, so dass q auf $]0, \delta[$ definiert ist. Weiter gilt

Lemma 2.8.4: *Mit $f \in \operatorname{Conv} \mathbb{R}^n$, $x \in \operatorname{int}(\operatorname{dom} f)$ und $d \in \mathbb{R}^n$ sei $q(t)$ durch (2.9) definiert. Dann ist die Funktion q auf $]0, +\infty[$ monoton steigend.* $\Diamond$

Beweis: Wir zeigen $q(t_1) \le q(t_2)$ für $0 < t_1 < t_2$. Ist $x + t_2 d \notin \operatorname{dom} f$, dann ist $q(t_2) = +\infty \ge q(t_1)$. Ist $x + t_2 d \in \operatorname{dom} f$, dann ist wegen der Konvexität von $\operatorname{dom} f$ auch $x + t_1 d \in \operatorname{dom} f$, denn mit $\alpha := t_1/t_2$ gilt $0 < \alpha < 1$ und $x + t_1 d = \alpha(x + t_2 d) + (1 - \alpha)x$. Da f konvex ist, folgt

$$f(x + t_1 d) = f\left(\alpha(x + t_2 d) + (1 - \alpha)x\right) \le \alpha f(x + t_2 d) + (1 - \alpha)f(x).$$

Subtrahiert man auf beiden Seiten $f(x)$, so erhält man

$$f(x + t_1 d) - f(x) \le \alpha \left(f(x + t_2 d) - f(x)\right) = \frac{t_1}{t_2} \left(f(x + t_2 d) - f(x)\right),$$

und damit $q(t_1) \le q(t_2)$. $\square$

Nach Satz 2.7.3 (lokale Lipschitz-Stetigkeit von f) gibt es ein $0 < \delta_1 \le \delta$ und ein $L \ge 0$, so dass

$$|f(x) - f(y)| \le L \, \|x - y\| \quad \forall y \in B(x, \delta_1)$$

gilt. Daher ist

$$|q(t)| \le L \frac{\|x + td - x\|}{t} = L \, \|d\|$$

für alle $t \in \mathbb{R}$, $t > 0$ mit $x + td \in B(x, \delta_1)$, d. h., für alle $t \in]0, \delta_1/\|d\|[$. Die Funktion q ist also auf $]0, \delta_1/\|d\|[$ monoton steigend und beschränkt. Daher existiert der Grenzwert von $q(t)$ für $t \downarrow 0$, und wegen der Monotonie von q gilt außerdem

$$\lim_{t \downarrow 0} q(t) = \inf_{t > 0} q(t).$$

Damit haben wir gezeigt

Satz 2.8.5: *Für* $f \in \operatorname{Conv} \mathbb{R}^n$ *und* $x \in \operatorname{int}(\operatorname{dom} f)$ *existiert*

$$(2.10) \qquad f'(x,d) := \lim_{t \downarrow 0} \frac{f(x+td) - f(x)}{t} = \inf_{t > 0} \frac{f(x+td) - f(x)}{t}$$

für alle $d \in \mathbb{R}^n$. $\diamond$

In Übereinstimmung mit Definition 1.2.11 können wir damit die Richtungsableitung definieren.

Definition 2.8.6: Für $f \in \operatorname{Conv} \mathbb{R}^n$, $x \in \operatorname{int}(\operatorname{dom} f)$ und $d \in \mathbb{R}^n$ heißt $f'(x,d)$ *Richtungsableitung von f im Punkt x in Richtung d*. $\diamond$

Ist $f \in \operatorname{Conv} \mathbb{R}^n$ und $x \in \operatorname{int}(\operatorname{dom} f)$, dann können wir nach Satz 2.8.5 eine Abbildung

$$(2.11) \qquad f'(x,\cdot): \mathbb{R}^n \to \mathbb{R}, \quad d \mapsto f'(x,d),$$

definieren, die *Richtungsableitung von f im Punkt x* (vgl. Beispiel 1.2.12). Wir wollen im Folgenden einige Eigenschaften der Richtungsableitung studieren.

Definition 2.8.7: Eine Funktion $g: \mathbb{R}^n \to \mathbb{R}$ mit $\operatorname{dom} g = \mathbb{R}^n$ heißt

- *positiv homogen*, wenn gilt

$$g(\lambda d) = \lambda g(d) \quad \forall d \in \mathbb{R}^n \text{ und } \lambda > 0;$$

- *subadditiv*, wenn gilt

$$g(x_1 + x_2) \le g(x_1) + g(x_2) \quad \forall x_1, x_2 \in \mathbb{R}^n;$$

- *sublinear*, wenn sie subadditiv und positiv homogen ist;

- *beschränkt durch $L \ge 0$*, wenn gilt

$$|g(d)| \le L \, \|d\| \quad \forall d \in \mathbb{R}^n.$$ $\diamond$

Bemerkung 2.8.8: Man kann die obige Definition auf Funktionen mit $\operatorname{dom} g \ne \mathbb{R}^n$ erweitern. Wir wollen im Folgenden jedoch nur $g = f'(x,\cdot)$ betrachten, wofür wir diese Erweiterung nicht benötigen.

Ist $g: \mathbb{R}^n \to \mathbb{R}$ positiv homogen, dann ist $g(0_n) = 2g(0_n)$, also $g(0_n) = 0$. Zur Definition der positiven Homogenität würde es reichen zu verlangen, dass

$$(2.12) \qquad g(\lambda d) \le \lambda g(d) \quad \forall d \in \mathbb{R}^n \text{ und } \lambda > 0$$

gilt. Denn für $d \in \mathbb{R}^n$ und $\lambda > 0$ ist wegen (2.12)

$$g(d) = g(\lambda^{-1} \lambda d) \le \lambda^{-1} g(\lambda d) \Rightarrow \lambda g(d) \le g(\lambda d).$$

Mit (2.12) folgt daraus, dass g positiv homogen ist. $\diamond$

Eine Funktion $g\colon \mathbb{R}^n \to \mathbb{R}$ ist genau dann positiv homogen, wenn epi g ein Kegel ist, und genau dann sublinear, wenn epi g ein konvexer Kegel ist (siehe Aufgabe 2.14). Weiter gilt:

Lemma 2.8.9: *Eine positiv homogene Funktion $g\colon \mathbb{R}^n \to \mathbb{R}$ ist genau dann konvex, wenn sie subadditiv ist, d. h., eine Funktion $g\colon \mathbb{R}^n \to \mathbb{R}$ ist genau dann sublinear, wenn sie positiv homogen und konvex ist.* $\diamond$

Beweis: „$\Rightarrow$" Sind $x_1, x_2 \in \mathbb{R}^n$ beliebig, dann folgt aus der Konvexität von g, dass $g(\frac{1}{2}(x_1 + x_2)) \leq \frac{1}{2}g(x_1) + \frac{1}{2}g(x_2)$ ist. Multipliziert man das Argument mit 2, so folgt aus der positiven Homogenität der Funktion g

$$g(x_1 + x_2) = 2g(\tfrac{1}{2}(x_1 + x_2)) \leq g(x_1) + g(x_2)$$

und damit die Subaddivität.

„$\Leftarrow$" Sind $x_1, x_2 \in \mathbb{R}^n$ und $\alpha_1, \alpha_2 \in \,]0,1[$ beliebig, dann gilt, da g subadditiv und positiv homogen ist,

$$g(\alpha_1 x_1 + \alpha_2 x_2) \leq g(\alpha_1 x_1) + g(\alpha_2 x_2) = \alpha_1 g(x_1) + \alpha_2 g(x_2),$$

also ist g konvex. $\qquad\square$

Im Folgenden sei $L(x)$ die lokale Lipschitz-Konstante von Satz 2.7.3.

Satz 2.8.10: *Ist $f \in \operatorname{Conv}\mathbb{R}^n$ und $x \in \operatorname{int}(\operatorname{dom} f)$, dann ist die durch (2.11) definierte Abbildung $f'(x,\cdot)$ sublinear und beschränkt durch die lokale Lipschitz-Konstante $L(x)$ von f, d. h., es gilt*

$$(2.13) \qquad\qquad |f'(x,d)| \leq L(x)\,\|d\| \quad \forall d \in \mathbb{R}^n.$$

Weiter gilt $f'(x, 0_n) = 0$. $\diamond$

Beweis: Wir zeigen zunächst, dass $f'(x,\cdot)$ konvex und positiv homogen ist. Nach Lemma 2.8.9 ist dann $f'(x,\cdot)$ sublinear.

Zum Beweis der Konvexität seien $d^1, d^2 \in \mathbb{R}^n$ und $\alpha_1, \alpha_2 \in \mathbb{R}$ mit $\alpha_1 + \alpha_2 = 1$. Dann sind wegen $x \in \operatorname{int}(\operatorname{dom} f)$ auch $x+td^1$, $x+td^2$, $x+t(\alpha_1 d^1 + \alpha_2 d^2) \in \operatorname{dom} f$ für hinreichend kleines $t > 0$. Da f konvex ist, folgt

$$\begin{aligned}
f(x + t(\alpha_1 d^1 + \alpha_2 d^2)) - f(x) \\
= f(\alpha_1(x + td^1) + \alpha_2(x + td^2)) - \alpha_1 f(x) - \alpha_2 f(x) \\
\leq \alpha_1 \left[f(x + td^1) - f(x) \right] + \alpha_2 \left[f(x + td^2) - f(x) \right].
\end{aligned}$$

Dividiert man beide Seiten durch t, so folgt für $t \downarrow 0$

$$f'(x, \alpha_1 d^1 + \alpha_2 d^2) \leq \alpha_1 f'(x, d^1) + \alpha_2 f'(x, d^2).$$

Damit ist gezeigt, dass $f'(x, \cdot)$ konvex ist. Zum Beweis der positiven Homogenität seien $d \in \mathbb{R}^n$ und $\lambda > 0$. Dann ist

$$f'(x, \lambda d) = \lim_{t \downarrow 0} \lambda \frac{f(x + t\lambda d) - f(x)}{\lambda t}$$

$$= \lambda \lim_{\tau \downarrow 0} \frac{f(x + \tau d) - f(x)}{\tau} = \lambda f'(x, d).$$

Zum Beweis der Beschränktheit gehen wir analog zum Beweis der Beschränktheit von q (Satz 2.8.5) vor. Nach Satz 2.7.3 gibt es ein $\delta = \delta(x) > 0$ und ein $L = L(x) \geq 0$, so dass

$$|f(x_1) - f(x_2)| \leq L \, \|x_1 - x_2\| \quad \forall x_1, x_2 \in B(x, \delta)$$

gilt. Insbesondere gilt für $d \in \mathbb{R}^n$ und hinreichend kleines $t > 0$

$$|f(x + td) - f(x)| \leq Lt \, \|d\|$$

und daher $|f'(x, d)| \leq L \, \|d\|$.

Für $d = 0_n$ folgt daraus $f'(x, 0_n) = 0$ (nach Bemerkung 2.8.8 folgt dies auch aus der positiven Homogenität von $f'(x, \cdot)$). $\qquad\square$

Das Subdifferential kann durch die Richtungsableitung folgendermaßen charakterisiert werden.

Satz 2.8.11: *Für $f \in \operatorname{Conv} \mathbb{R}^n$ und $x \in \operatorname{int}(\operatorname{dom} f)$ ist*

$$\partial f(x) = \{s \in \mathbb{R}^n \mid \langle s, d \rangle \leq f'(x, d) \text{ für alle } d \in \mathbb{R}^n\}. \qquad \Diamond$$

Beweis: „$\subset$" Ist $s \in \partial f(x)$, dann gilt für beliebiges $d \in \mathbb{R}^n$

$$f(x + td) \geq f(x) + t\langle s, d \rangle \quad \forall t \geq 0,$$

also

$$\frac{f(x + td) - f(x)}{t} \geq \langle s, d \rangle \quad \forall t > 0.$$

Für $t \downarrow 0$ folgt daraus $\langle s, d \rangle \leq f'(x, d)$.

„$\supset$" Ist $s \in \mathbb{R}^n$ mit $\langle s, d \rangle \leq f'(x, d)$ für alle $d \in \mathbb{R}^n$, dann gilt für eine beliebige Richtung $d \in \mathbb{R}^n$ wegen der zweiten Gleichung in (2.10)

$$\langle s, d \rangle \leq f'(x, d) \leq \frac{f(x + td) - f(x)}{t} \quad \forall t > 0.$$

Ist $x + d \in \operatorname{dom} f$, dann ist $[x, x + d] \subset \operatorname{dom} f$, und für $t = 1$ folgt

$$(1) \qquad\qquad f(x + d) \geq f(x) + \langle s, d \rangle \,.$$

Ist $x + d \notin \operatorname{dom} f$, so ist $f(x + d) = +\infty$, also (1) auch erfüllt, d. h., (1) gilt für alle $d \in \mathbb{R}^n$. Für beliebiges $y \in \mathbb{R}^n$ folgt jetzt mit $d := y - x$ aus (1)

$$f(y) = f(x + d) \geq f(x) + \langle s, y - x \rangle \,,$$

d. h. $s \in \partial f(x)$. $\qquad\qquad\qquad\qquad\qquad\qquad\qquad\qquad\qquad\qquad\qquad\qquad$ $\square$

Man kann auch umgekehrt die Richtungsableitung durch das Subdifferential charakterisieren.

Satz 2.8.12: *Für $f \in \operatorname{Conv} \mathbb{R}^n$ und $x \in \operatorname{int}(\operatorname{dom} f)$ ist*

$$f'(x, d) = \max_{s \in \partial f(x)} \langle s, d \rangle \quad \forall d \in \mathbb{R}^n. \qquad\qquad\qquad \Diamond$$

Beweis: Für beliebiges $d \in \mathbb{R}^n$ ist nach Satz 2.8.11 $\langle s, d \rangle \leq f'(x, d)$ für alle $s \in \partial f(x)$, und daher

$$f'(x, d) \geq \sup_{s \in \partial f(x)} \langle s, d \rangle \,.$$

Wir zeigen noch, dass es zu jedem $d \in \mathbb{R}^n$ ein $s_d \in \partial f(x)$ mit $\langle s_d, d \rangle = f'(x, d)$ gibt. Da die Funktion $f'(x, \cdot)$ auf dem ganzen $\mathbb{R}^n$ konvex ist, gibt es nach Satz 2.6.3 zu jedem $d \in \operatorname{int}(\operatorname{dom} f'(x, \cdot)) = \mathbb{R}^n$ ein $s_d \in \mathbb{R}^n$ mit

$$(1) \qquad\qquad f'(x, y) \geq f'(x, d) + \langle s_d, y - d \rangle \quad \forall y \in \mathbb{R}^n \,.$$

Wegen $f'(x, 0_n) = 0$ (Satz 2.8.10) folgt aus (1) mit $y = 0_n$

$$0 \geq f'(x, d) - \langle s_d, d \rangle \Rightarrow \langle s_d, d \rangle \geq f'(x, d) \,.$$

Da $f'(x, \cdot)$ positiv homogen ist, gilt $f'(x, 2d) = 2f'(x, d)$. Aus (1) folgt daher mit $y = 2d$

$$2f'(x, d) \geq f'(x, d) + \langle s_d, d \rangle \Rightarrow \langle s_d, d \rangle \leq f'(x, d) \,.$$

Damit ist $\langle s_d, d \rangle = f'(x, d)$. Aus (1) folgt damit

$$f'(x, y) \geq \langle s_d, y \rangle \quad \forall y \in \mathbb{R}^n \,,$$

also ist nach Satz 2.8.11 $s_d \in \partial f(x)$. $\qquad\qquad\qquad\qquad\qquad\qquad\qquad$ $\square$

Eine wichtige Eigenschaft des Subdifferentials formuliert

Satz 2.8.13: *Für $f \in \text{Conv}\,\mathbb{R}^n$ und $x \in \text{int}\,(\text{dom}\,f)$ ist das Subdifferential $\partial f(x)$ nichtleer, konvex und kompakt.* $\qquad\qquad\diamond$

Beweis: Nach Satz 2.6.3 ist $\partial f(x) \neq \emptyset$. Konvexität und Abgeschlossenheit von $\partial f(x)$ folgen einfach aus Definition 2.8.2. Nach Satz 2.8.11 und Satz 2.8.10 gibt es eine Konstante $L > 0$, so dass für alle $s \in \partial f(x)$ gilt

$$\langle s, d \rangle \leq f'(x, d) \leq |f'(x, d)| \leq L\|d\| \quad \forall d \in \mathbb{R}^n.$$

Daher ist $\|s\| \leq L$ für alle $s \in \partial f(x)$, also $\partial f(x)$ beschränkt. $\qquad\square$

Mit den bereits bewiesenen Eigenschaften der Richtungsableitung und des Subdifferentials können wir jetzt für differenzierbare, konvexe Funktionen das folgende Resultat beweisen.

Satz 2.8.14: *Ist die Funktion $f \in \text{Conv}\,\mathbb{R}^n$ in $x \in \text{int}\,(\text{dom}\,f)$ differenzierbar, dann gilt*
$$f'(x, d) = \langle \nabla f(x), d \rangle \quad \forall d \in \mathbb{R}^n,$$
und $\partial f(x) = \{\nabla f(x)\}$ ist einelementig. $\qquad\qquad\diamond$

Beweis: Die erste Aussage folgt aus der Definition der Differenzierbarkeit. Damit gilt nach Satz 2.8.11

$$\partial f(x) = \{s \in \mathbb{R}^n \mid \langle s, d \rangle \leq \langle \nabla f(x), d \rangle \text{ für alle } d \in \mathbb{R}^n\}.$$

Daher ist für ein beliebiges $s \in \partial f(x)$

$$\langle s - \nabla f(x), d \rangle \leq 0 \quad \forall d \in \mathbb{R}^n,$$

also $s = \nabla f(x)$. Da nach Satz 2.8.1 $\nabla f(x) \in \partial f(x)$ ist, folgt damit $\partial f(x) = \{\nabla f(x)\}$. $\qquad\square$

Man kann auch umgekehrt zeigen, dass f in x differenzierbar ist, wenn $\partial f(x)$ einelementig ist.

Bei numerischen Verfahren zur Lösung konvexer Optimierungsprobleme muss man zu gegebenem x einen Subgradienten $s \in \partial f(x)$ berechnen. Wir beweisen deshalb noch eine einfache Rechenregel für Subdifferentiale.

Satz 2.8.15: *Sind $f_1, f_2 \colon \mathbb{R}^n \longrightarrow \mathbb{R}$ konvexe, überall endliche Funktionen und t_1, t_2 positive, reelle Zahlen, dann gilt*

$$\partial(t_1 f_1 + t_2 f_2)(x) = t_1 \partial f_1(x) + t_2 \partial f_2(x) \quad \forall x \in \mathbb{R}^n. \qquad\qquad\diamond$$

Beweis: Die Funktion $f := t_1 f_1 + t_2 f_2$ ist nach Lemma 2.5.1 konvex. Weiter gilt für $x \in \mathbb{R}^n$

$$(1) \qquad f'(x, \cdot) = t_1 f_1'(x, \cdot) + t_2 f_2'(x, \cdot)\,.$$

Nach Satz 2.8.11 ist daher

$$(2) \qquad \partial f(x) = \{ s \in \mathbb{R}^n \mid \langle s, d \rangle \leq t_1 f_1'(x, d) + t_2 f_2'(x, d) \text{ für alle } d \in \mathbb{R}^n \}\,.$$

Wendet man Satz 2.8.11 auf f_1 und f_2 an, so folgt für beliebiges $s^1 \in \partial f_1(x)$ und $s^2 \in \partial f_2(x)$

$$t_1 \langle s^1, d \rangle + t_2 \langle s^2, d \rangle \leq t_1 f_1'(x, d) + t_2 f_2'(x, d) \quad \forall d \in \mathbb{R}^n\,,$$

also wegen (2) $t_1 s^1 + t_2 s^2 \in \partial f(x)$. Damit folgt

$$F := t_1 \partial f_1(x) + t_2 \partial f_2(x) \subset \partial f(x)\,.$$

Die umgekehrte Inklusion beweisen wir durch Widerspruch. Dazu nehmen wir an, dass es ein $\bar{s} \in \partial f(x)$ mit $\bar{s} \notin F$ gibt. Da die Menge F nichtleer, konvex und kompakt ist, gibt es nach dem Trennungssatz 2.3.1 einen Vektor $0_n \neq d \in \mathbb{R}^n$ mit

$$\langle \bar{s}, d \rangle > \max_{s \in F} \langle s, d \rangle\,.$$

Mit $s^1 \in \partial f_1(x)$, $s^2 \in \partial f_2(x)$ ist $s = t_1 s^1 + t_2 s^2 \in F$. Dies gilt speziell für $s^i \in \partial f_i(x)$, i=1,2, mit

$$\langle s^i, d \rangle = \max_{s \in \partial f_i(x)} \langle s, d \rangle\,.$$

Daher ist

$$\langle \bar{s}, d \rangle > \max_{s \in F} \langle s, d \rangle = t_1 \max_{s \in \partial f_1(x)} \langle s, d \rangle + t_2 \max_{s \in \partial f_2(x)} \langle s, d \rangle\,.$$

Nach Satz 2.8.12 folgt daraus wegen $\bar{s} \in \partial f(x)$

$$f'(x, d) \geq \langle \bar{s}, d \rangle > t_1 f_1'(x, d) + t_2 f_2'(x, d)$$

im Widerspruch zu (1). $\qquad\qquad\qquad\qquad\qquad\qquad\qquad\qquad\qquad\qquad\square$

Beispiel 2.8.16: Sind $f_1, f_2 \colon \mathbb{R}^n \to \mathbb{R}$ konvexe, überall endliche Funktionen, dann gilt nach Satz 2.8.15 (setze $t_1 = t_2 = 1$)

$$\partial(f_1 + f_2)(x) = \partial f_1(x) + \partial f_2(x) \quad \forall x \in \mathbb{R}^n\,.$$

Sind allgemeiner $f_i \colon \mathbb{R}^n \to \mathbb{R}$, $i = 1, \ldots, m$, konvexe Funktionen und ist $f \colon \mathbb{R}^n \to \mathbb{R}$ durch $f(x) = \sum_{i=1}^{m} f_i(x)$ definiert, dann ist f nach Lemma 2.5.1 konvex, und durch wiederholte Anwendung von Satz 2.8.15 erhalten wir

$$\partial f(x) = \partial f_1(x) + \partial \left(\sum_{i=2}^{m} f_i(x) \right) = \ldots = \sum_{i=1}^{m} \partial f_i(x)$$

für alle $x \in \mathbb{R}^n$. Entsprechend ist die Funktion

$$g(x) = \sum_{i=1}^{m} t_i f_i(x) \,,$$

mit positiven reellen Zahlen t_i, $i = 1, \ldots, m$, nach Lemma 2.5.1 konvex, und durch wiederholte Anwendung von Satz 2.8.15 erhalten wir

$$\partial f(x) = t_1 \partial f_1(x) + \partial \left(\sum_{i=2}^{m} t_i f_i(x) \right) = \ldots = \sum_{i=1}^{m} t_i \partial f_i(x)$$

für alle $x \in \mathbb{R}^n$. Um einen speziellen Subgradienten $s \in \partial f(x)$ zu erhalten, kann man also beliebige Subgradienten $s^i \in \partial f_i(x)$ wählen und dann $s = \sum_{i=1}^{m} s^i$ berechnen. $\Diamond$

2.9 Maximumfunktionen

Maximumfunktionen spielen in vielen Anwendungen eine wichtige Rolle. Wir zeigen daher im Folgenden, wie man das Subdifferential solcher Funktionen berechnet. Dazu benötigen wir das folgende Hilfsresultat.

Lemma 2.9.1: *Sind $C_i \subset \mathbb{R}^n$, $i = 1, \ldots, m$, konvexe und kompakte Mengen, dann ist auch*

$$C := \mathrm{co} \bigcup_{i=1,\ldots,m} C_i$$

kompakt, und es gilt

$$(2.14) \qquad C = \Big\{ \sum_{i=1}^{m} \alpha_i x^i \,\big|\, x^i \in C_i,\ \alpha_i \geq 0,\ i = 1, \ldots, m,\ \sum_{i=1}^{m} \alpha_i = 1 \Big\}.$$

Beweis: Wir beweisen zunächst (2.14). $\tilde{C}$ sei die Menge auf der rechten Seite dieser Gleichung. Die Inklusion $\tilde{C} \subset C$ folgt aus der Definition der beiden Mengen.

Zum Beweis der umgekehrten Inklusion sei $x \in C$ beliebig. Dann gibt es Zahlen $\beta_j \geq 0$ und y^j, $j = 1, \ldots, l$, mit

$$y^j \in \bigcup_{i=1,\ldots,m} C_i, \quad x = \sum_{j=1}^{l} \beta_j y^j, \quad \sum_{j=1}^{l} \beta_j = 1.$$

Wir nehmen an, dass zwei verschiedene Punkte der Menge $\{\, y^j \mid 1 \leq j \leq l \,\}$ zur selben Menge C_k für ein $k \in \{1, \ldots, m\}$ gehören; o.B.d.A. gelte $y^{l-1}, y^l \in C_1$. Mit $x^i = y^i$, $\alpha_i = \beta_i$, $i = 1, \ldots, l-2$, und $\alpha_{l-1} = \beta_{l-1} + \beta_l \geq 0$,

$$x^{l-1} = \frac{\beta_{l-1}}{\beta_{l-1} + \beta_l} y^{l-1} + \frac{\beta_l}{\beta_{l-1} + \beta_l} y^l \in C_1$$

gilt dann

$$x = \sum_{i=1}^{l-1} \alpha_i x^i, \quad \sum_{i=1}^{l-1} \alpha_i = 1.$$

Die beiden Punkte $y^{l-1}, y^l \in C_1$ können also durch einen Punkt $x^{l-1} \in C_1$ ersetzt werden. Durch Wiederholung dieser Prozedur erhält man eine Darstellung von x der Form

$$x = \sum_{j=1}^{p} \alpha_{i_j} x^{i_j}, \quad \sum_{j=1}^{p} \alpha_{i_j} = 1,$$

mit $p \leq m$, in der jedes x^{i_j} zu genau einer Menge C_{i_j} gehört. Für diejenigen Indizes $i \in \{1, \ldots, m\}$, die in der Darstellung nicht vorkommen, setzen wir $\alpha_i := 0$ und wählen $x^i \in C_i$ beliebig. Damit ist (2.14) bewiesen.

Als nächstes beweisen wir die Beschränktheit von C. Da die Mengen C_i kompakt sind, gibt es Zahlen $r_i > 0$, $i = 1, \ldots, m$, mit $C_i \subset \overline{B}(0, r_i)$, und zu beliebigem $x \in C$ gibt es nach (2.14) $\alpha_i \geq 0$, $x^i \in C_i$, $i = 1, \ldots, m$, mit

$$x = \sum_{i=1}^{m} \alpha_i x^i, \quad \sum_{i=1}^{m} \alpha_i = 1.$$

Daraus folgt mit $r := \max r_i$

$$\|x\| \leq \sum_{i=1}^{m} \alpha_i \|x^i\| \leq \sum_{i=1}^{m} \alpha_i r_i \leq r \sum_{i=1}^{m} \alpha_i = r,$$

d. h., die Menge C ist beschränkt. Da C auch abgeschlossen ist, folgt die Kompaktheit von C. $\qquad\square$

Für zwei Mengen ($m = 2$) bedeutet (2.14) anschaulich, dass man C dadurch konstruieren kann, dass man jeden Punkt in C_1 mit jedem Punkt in C_2 verbindet.

Satz 2.9.2: *Mit konvexen Funktionen $f_i \colon \mathbb{R}^n \to \mathbb{R}$, $i = 1, \ldots, m$, sei die Funktion $f \colon \mathbb{R}^n \to \mathbb{R}$ definiert durch*

$$f(x) := \max_{i=1,\ldots,m} f_i(x) \quad \forall x \in \mathbb{R}^n,$$

und für $x \in \mathbb{R}^n$ sei $I(x) := \{1 \le i \le m \mid f(x) = f_i(x)\}$ die Menge der in x aktiven Indizes. Dann gilt für alle $x \in \mathbb{R}^n$

$$(2.15) \qquad f'(x, d) = \max_{i \in I(x)} f_i'(x, d) \quad \forall d \in \mathbb{R}^n$$

und

$$(2.16) \quad \begin{aligned} \partial f(x) &= \operatorname{co} \bigcup_{i \in I(x)} \partial f_i(x) \\ &= \Big\{ \sum_{i \in I(x)} \alpha_i s^i \mid \alpha_i \ge 0,\ s^i \in \partial f_i(x),\ i = 1, \ldots, m,\ \sum_{i \in I(x)} \alpha_i = 1 \Big\}. \end{aligned} \qquad \diamond$$

Beweis: Nach Lemma 2.5.2 ist f konvex auf $\mathbb{R}^n$. Wir wählen $x, d \in \mathbb{R}^n$ beliebig. Ist $i \notin I(x)$, d.h. $f_i(x) < f(x)$, dann gilt wegen der Stetigkeit von f_i und f auch $f_i(x + td) < f(x + td)$ für hinreichend kleines $t > 0$, d.h. $i \notin I(x + td)$. Daher gilt für hinreichend kleines $t > 0$

$$f(x + td) = \max_{i \in I(x)} f_i(x + td),$$

und wegen $f_i(x) = f(x)$ für alle $i \in I(x)$ folgt

$$\frac{f(x + td) - f(x)}{t} = \max_{i \in I(x)} \frac{f_i(x + td) - f(x)}{t} = \max_{i \in I(x)} \frac{f_i(x + td) - f_i(x)}{t}.$$

Für $t \downarrow 0$ erhalten wir (2.15).

Zum Beweis von (2.16) sei $x \in \mathbb{R}^n$ beliebig und

$$\Delta(x) := \operatorname{co} \bigcup_{i \in I(x)} \partial f_i(x).$$

Dann folgt aus Lemma 2.9.1

$$\Delta(x) = \Big\{ \sum_{i \in I(x)} \alpha_i s^i \mid \alpha_i \ge 0,\ s^i \in \partial f_i(x),\ i = 1, \ldots, m,\ \sum_{i \in I(x)} \alpha_i = 1 \Big\}.$$

Wählt man $i \in I(x)$ und $s^i \in \partial f_i(x)$ beliebig, dann gilt nach Satz 2.8.11 und wegen (2.15)

$$\langle s^i, d \rangle \leq f_i'(x, d) \leq f'(x, d) \quad \forall d \in \mathbb{R}^n \,,$$

also $s^i \in \partial f(x)$. Damit folgt zunächst

$$\bigcup_{i \in I(x)} \partial f_i(x) \subset \partial f(x) \,.$$

Da $\partial f(x)$ konvex ist (Satz 2.8.13), folgt weiter $\Delta(x) \subset \partial f(x)$. Die Inklusion $\partial f(x) \subset \Delta(x)$ zeigen wir durch Widerspruch. Wir nehmen an, dass es ein $\bar{s} \in \partial f(x)$ mit $\bar{s} \notin \Delta(x)$ gibt. Da $\Delta(x)$ konvex und kompakt ist (Lemma 2.9.1) gibt es nach dem Trennungssatz 2.3.1 ein $0_n \neq d \in \mathbb{R}^n$ mit $\langle \bar{s}, d \rangle > \max_{s \in \Delta(x)} \langle s, d \rangle$. Nach Satz 2.8.12 impliziert dies

$$(1) \qquad f'(x, d) = \max_{s \in \partial f(x)} \langle s, d \rangle \geq \langle \bar{s}, d \rangle > \max_{s \in \Delta(x)} \langle s, d \rangle \,.$$

Nach Definition von $\Delta(x)$ ist

$$\max_{s \in \Delta(x)} \langle s, d \rangle \geq \max_{i \in I(x)} \max_{s^i \in \partial f_i(x)} \langle s^i, d \rangle \,,$$

und somit wegen (1) und nach Satz 2.8.12

$$f'(x, d) > \max_{i \in I(x)} \max_{s^i \in \partial f_i(x)} \langle s^i, d \rangle = \max_{i \in I(x)} f_i'(x, d)$$

im Widerspruch zu (2.15). Also war die Annahme falsch. $\square$

Um einen speziellen Subgradienten $s \in \partial f(x)$ zu berechnen, kann man also zunächst beliebige Subgradienten $s^i \in \partial f_i(x)$, $i \in I(x)$, berechnen und dann eine beliebige Konvexkombination

$$s = \sum_{i \in I(x)} \alpha_i s^i \,, \quad \alpha_i \geq 0, \quad \sum_{i \in I(x)} \alpha_i = 1 \,,$$

bilden. Insbesondere gilt $s^i \in \partial f_i(x)$ für alle $i \in I(x)$.

Als Spezialfall erhalten wir das folgende Resultat für das Maximum endlich vieler differenzierbarer Funktionen.

Korollar 2.9.3: *Zusätzlich zu den Voraussetzungen von Satz 2.9.2 seien die Funktionen f_i, $i = 1, \ldots, m$, differenzierbar. Dann gilt für alle $x, d \in \mathbb{R}^n$*

$$f'(x, d) = \max_{i \in I(x)} \langle \nabla f_i(x), d \rangle \quad \textit{und} \quad \partial f(x) = \text{co} \{ \nabla f_i(x) \mid i \in I(x) \}. \qquad \diamond$$

Beweis: Nach Satz 2.8.14 gilt $\partial f_i(x) = \{\nabla f_i(x)\}$, $i = 1, \ldots, m$, woraus zusammen mit Satz 2.9.2 die Behauptung folgt. $\qquad\square$

Beispiel 2.9.4: Als Anwendung von Korollar 2.9.3 zeigen wir, wie man für die Funktion $f: \mathbb{R}^n \to \mathbb{R}$ mit $f(x) = \max_{1 \le i \le n} x_i^2$ (Maxq-Funktion) einen Subgradienten berechnen kann. Abb. 2.5 zeigt die Funktion für $n = 2$.

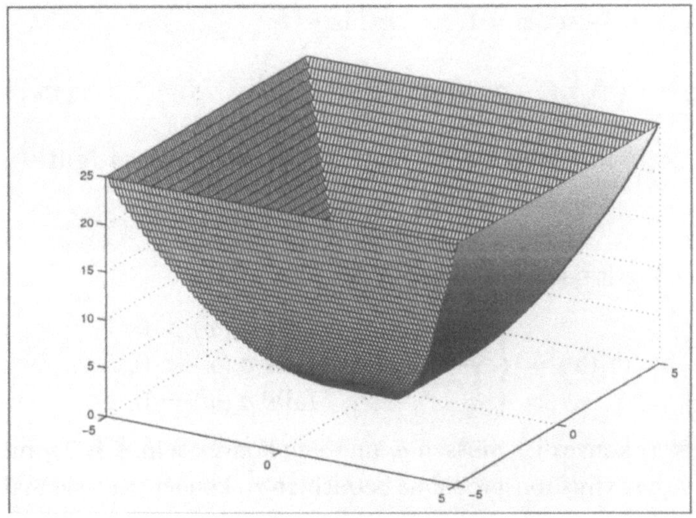

Abbildung 2.5: Maxq-Funktion

Hier ist $f_i(x) = x_i^2$, $i = 1, \ldots, n$, und nach Korollar 2.9.3 gilt

$$\partial f(x) = \mathrm{co}\,\{\nabla f_i(x) \mid i \in I(x)\}$$

mit $I(x) = \{1 \le i \le n \mid f(x) = x_i^2\}$. Speziell gilt $\nabla f_i(x) \in \partial f(x)$ für alle $i \in I(x)$. $\qquad\diamond$

Als weiteren Spezialfall erhalten wir das folgende Resultat für das Maximum endlich vieler affiner Funktionen.

Korollar 2.9.5: *Zusätzlich zu den Voraussetzungen von Satz 2.9.2 seien die Funktionen f_i, $i = 1, \ldots, m$, affine Funktionen, d. h., $f_i(x) = \langle s^i, x \rangle + r_i$ mit $s^i \in \mathbb{R}^n$, $r_i \in \mathbb{R}$, $i = 1, \ldots, m$. Dann gilt für alle $x, d \in \mathbb{R}^n$*

$$f'(x,d) = \max_{i \in I(x)} \langle s^i, d \rangle \quad \text{und} \quad \partial f(x) = \mathrm{co}\,\{\, s^i \mid i \in I(x)\,\}. \qquad\diamond$$

Beweis: Die Funktionen f_i sind differenzierbar mit $\nabla f_i(x) = s^i$, $i = 1, \ldots, m$, woraus zusammen mit Korollar 2.9.3 die Behauptung folgt. $\qquad\square$

Als Anwendung zeigen wir, wie man für die Zielfunktion bei speziellen Approximationsaufgaben einen Subgradienten berechnen kann.

Beispiel 2.9.6: Wir betrachten die Aufgabe der Approximation von Messdaten in der Maximumnorm aus Beispiel 1.2.15 mit der Zielfunktion

$$f_\infty(x_1, x_2) = \max_{i=1,\ldots,m} |\xi_i x_1 + x_2 - \eta_i|.$$

Mit $g_i(x) = \xi_i x_1 + x_2 - \eta_i$, $i = 1, \ldots, m$, ist

$$g_i(x) = \langle s^i, x \rangle - \eta_i \quad \text{mit} \quad s^i = \begin{pmatrix} \xi_i \\ 1 \end{pmatrix}, \quad i = 1, \ldots, m,$$

und mit $h_i(x) = |g_i(x)| = \max\{ g_i(x), -g_i(x) \}$, $i = 1, \ldots, m$, gilt

$$f_\infty(x) = \max_{i=1,\ldots,m} h_i(x).$$

Für $i \in \{1, \ldots, m\}$ gilt nach Korollar 2.9.5

$$\partial h_i(x) = \begin{cases} +s^i, & \text{falls } g_i(x) > 0, \\ -s^i, & \text{falls } g_i(x) < 0, \\ [-s^i, +s^i], & \text{falls } g_i(x) = 0. \end{cases}$$

Anmerkung: Damit h_i konvex ist, müssen g_i und $-g_i$ konvex sein, d. h., g_i muss affin sein. Um allgemeinere Approximationsprobleme betrachten zu können, müsste man die Theorie auf nicht konvexe, lokal Lipschitz-stetige Funktionen erweitern.

Wir definieren $\varepsilon_i(x) \in \{1, -1\}$ durch

$$\varepsilon_i(x) = \begin{cases} +1, & \text{falls } g_i(x) \geq 0, \\ -1, & \text{falls } g_i(x) < 0. \end{cases}$$

Dann gilt $\varepsilon_i(x)s^i \in \partial h_i(x)$, $i = 1, \ldots, m$, und daher mit $I(x) = \{ 1 \leq i \leq m \mid f_\infty(x) = h_i(x) \}$ nach Korollar 2.9.5

$$\mathrm{co}\, \{ \varepsilon_i(x)s^i \mid i \in I(x) \} \subset \partial f_\infty(x)$$

für alle $x \in \mathbb{R}^2$, also speziell $\varepsilon_i(x)s^i \in \partial f_\infty(x)$ für alle $i \in I(x)$.

Bei der besten Approximation in der 1-Norm ist die Zielfunktion

$$f_1(x_1, x_2) := \sum_{i=1}^{m} h_i(x_1, x_2)$$

mit den oben definierten Funktionen h_i. Definiert man $\varepsilon_i(x)$ ebenfalls wie oben, dann gilt nach Korollar 2.9.5 und Satz 2.8.15 (siehe auch Beispiel 2.8.16)

$$\sum_{i=1}^{m} \varepsilon_i(x)s^i \in \partial f_1(x)$$

für alle $x \in \mathbb{R}^2$. $\diamond$

3 Konvexe Optimierungsprobleme

Die Basis von Optimierungsverfahren sind Optimalitätsbedingungen. Ziel dieses Kapitels ist es entsprechende Bedingungen für konvexe Optimierungsaufgaben herzuleiten.

3.1 Unrestringierte Probleme

Wir betrachten zunächst Optimierungsprobleme ohne Restriktionen,

$$\text{(PU)} \quad \min_{x \in \mathbb{R}^n} \ f(x)\,,$$

wobei $f \colon \mathbb{R}^n \to \mathbb{R}$ eine auf dem ganzen $\mathbb{R}^n$ endliche und konvexe Funktion ist. Aus den Definitionen des Subdifferentials und der Richtungsableitung erhält man die folgende Charakterisierung einer Lösung von (PU) (vgl. Satz 1.2.13).

Satz 3.1.1: *Für eine konvexe Funktion $f \colon \mathbb{R}^n \to \mathbb{R}$ sind die folgenden Aussagen äquivalent:*

(i) x^* ist Lösung von (PU);

(ii) $0_n \in \partial f(x^*)$;

(iii) $f'(x^*, d) \geq 0$ für alle $d \in \mathbb{R}^n$. $\qquad\qquad\diamond$

Beweis: „(i) $\Leftrightarrow$ (ii)" Es gilt $f(x) \geq f(x^*)$ für alle $x \in \mathbb{R}^n$ genau dann, wenn

$$f(x) \geq f(x^*) + \langle 0_n, x - x^* \rangle \quad \forall x \in \mathbb{R}^n$$

gilt, was äquivalent zu $0_n \in \partial f(x^*)$ ist.

„(i) $\Rightarrow$ (iii)" Wir wählen $d \in \mathbb{R}^n$ beliebig. Wegen der Optimalität von x^* ist $f(x^* + td) - f(x^*) \geq 0$ für alle $t \in \mathbb{R}$ und damit auch

$$\frac{1}{t}(f(x^* + td) - f(x^*)) \geq 0 \quad \forall t > 0\,.$$

Für $t \downarrow 0$ erhalten wir $f'(x^*, d) \geq 0$.

„(iii) $\Rightarrow$ (i)" Für beliebiges $x \in \mathbb{R}^n$ ist nach Definition der Richtungsableitung (zweite Gleichung in (2.10))

$$0 \le f'(x^*, x - x^*) \le \frac{f\left(x^* + 1(x - x^*)\right) - f(x^*)}{1} = f(x) - f(x^*)\,,$$

womit (i) folgt. $\square$

Beispiel 3.1.2: Für die Funktion $f \colon \mathbb{R}^n \to \mathbb{R}$ mit $f(x) = \|x\|$, wobei $\|\cdot\|$ eine beliebige Norm auf $\mathbb{R}^n$ ist, gilt $f(x) \ge 0 = f(0_n) + \langle 0_n, x - 0_n \rangle$. Daher ist $0_n \in \partial f(0_n)$, also 0_n Minimalpunkt von f. $\diamond$

Ist f konvex und differenzierbar, so ist (ii) die aus der Analysis bekannte notwendige und hinreichende Optimalitätsbedingung $\nabla f(x^*) = 0_n$. Wie im differenzierbaren Fall ist die Charakterisierung eines Minimums von Satz 3.1.1 der Ausgangspunkt für die Konstruktion von Optimierungsverfahren.

3.2 Abstiegsrichtungen

Möchte man ein Minimum einer Funktion berechnen, dann ist es sinnvoll, Optimierungsverfahren so zu konstruieren, dass ausgehend von einem Startpunkt $x^{(0)}$ iterativ eine Folge $\{x^{(k)}\}$ mit

$$(3.1) \qquad\qquad f(x^{(k+1)}) < f(x^{(k)})\,, \quad k = 0, 1, \ldots$$

berechnet wird. Solche Verfahren nennt man *Abstiegsverfahren*. Dazu berechnet man beispielsweise ausgehend vom aktuellen Iterationspunkt $x^{(k)}$ eine *Suchrichtung* $d^{(k)} \in \mathbb{R}^n$ und eine *Schrittweite* $t_k > 0$, so dass mit $x^{(k+1)} := x^{(k)} + t_k d^{(k)}$ die Bedingung (3.1) erfüllt ist, d. h., in Richtung $d^{(k)}$ müssen die Funktionswerte von f abnehmen.

Definition 3.2.1: Für $f \colon \mathbb{R}^n \to \mathbb{R}$ und $x \in \mathbb{R}^n$ heißt ein Vektor $d \in \mathbb{R}^n$ *Abstiegsrichtung von f in x,* wenn es ein $t > 0$ mit $f(x + td) < f(x)$ gibt. $\diamond$

Satz 3.2.2: *Für eine konvexe Funktion $f \colon \mathbb{R}^n \to \mathbb{R}$ und $x, d \in \mathbb{R}^n$ sind die folgenden Aussagen äquivalent:*

(i) d ist Abstiegsrichtung von f in x;

(ii) $f'(x, d) < 0$;

(iii) $\max\limits_{s \in \partial f(x)} \langle s, d \rangle < 0$. $\diamond$

Beweis: „(i) $\Rightarrow$ (ii)" Ist d Abstiegsrichtung von f in x, d. h., es gibt ein $t > 0$ mit $f(x + td) < f(x)$, dann folgt aus der Definition der Richtungsableitung (zweite Gleichung in (2.10))

$$f'(x, d) \le \frac{f(x + td) - f(x)}{t} < 0,$$

d. h., es gilt (ii).

„(ii) $\Rightarrow$ (i)" Ist $f'(x, d) < 0$, d. h., es gilt

$$0 > f'(x, d) = \lim_{t \downarrow 0} \frac{f(x + td) - f(x)}{t},$$

dann muss $f(x + td) - f(x) < 0$ sein, wenn $t > 0$ hinreichend klein ist, d. h., es gilt (i).

„(ii) $\Leftrightarrow$ (iii)" folgt aus $f'(x, d) = \max\limits_{s \in \partial f(x)} \langle s, d \rangle$ (Satz 2.8.12). $\qquad \square$

Ist bei einem Iterationsverfahren $x^{(k)}$ nicht optimal, dann gibt es nach Satz 3.1.1 (iii) eine Richtung $d^{(k)}$ mit $f'(x^{(k)}, d^{(k)}) < 0$. Nach obigem Satz ist $d^{(k)}$ Abstiegsrichtung in $x^{(k)}$. Zur Berechnung einer solchen Richtung kann man theoretisch folgendermaßen vorgehen: Man berechnet die eindeutig bestimmte Projektion $s^{(k)}$ von 0_n auf $\partial f(x^{(k)})$. Ist $s^{(k)} = 0_n$, dann ist $0_n \in \partial f(x^{(k)})$, d. h., $x^{(k)}$ ist Lösung von (PU). Andernfalls zeigt das folgende Resultat, dass $s^{(k)}$ eine Abstiegsrichtung definiert.

Satz 3.2.3: *Ist $s^{(k)} \ne 0_n$ die eindeutig bestimmte Projektion von 0_n auf $\partial f(x^{(k)})$, dann ist $d^{(k)} := -s^{(k)}/\|s^{(k)}\|$ eine Abstiegsrichtung von f in $x^{(k)}$, und es gilt*

$$f'(x^{(k)}, d^{(k)}) = -\|s^{(k)}\|, \quad f'(x^{(k)}, -s^{(k)}) = -\|s^{(k)}\|^2. \qquad \diamond$$

Beweis: Da $s^{(k)}$ die Projektion von 0_n auf $\partial f(x^{(k)})$ ist, folgt aus dem Charakterisierungssatz 2.2.1 für Projektionen

$$\langle 0_n - s^{(k)}, s - s^{(k)} \rangle \le 0 \quad \forall s \in \partial f(x^{(k)}).$$

Daher ist $\langle s - s^{(k)}, d^{(k)} \rangle \le 0$ für $s \in \partial f(x^{(k)})$, oder äquivalent

$$\langle s, d^{(k)} \rangle \le \langle s^{(k)}, d^{(k)} \rangle = -\|s^{(k)}\| \quad \forall s \in \partial f(x^{(k)}).$$

Damit erhalten wir wegen $s^{(k)} \in \partial f(x^{(k)})$

$$f'(x^{(k)}, d^{(k)}) = \max_{s \in \partial f(x^{(k)})} \langle s, d^{(k)} \rangle = -\|s^{(k)}\| < 0,$$

d. h., $d^{(k)}$ ist Abstiegsrichtung von f in $x^{(k)}$. Da $f'(x^{(k)}, \cdot)$ positiv homogen ist, folgt weiter $f'(x^{(k)}, -s^{(k)}) = -\|s^{(k)}\|^2$. $\qquad \square$

Praktisch scheitert diese Vorgehensweise daran, dass man das Subdifferential in der Regel nicht vollständig berechnen kann. Bei der Konstruktion von Verfahren müssen wir daher davon ausgehen, dass nur gilt:

(S1)   Zu jedem Vektor $x \in \mathbb{R}^n$ kann man (mindestens) einen Subgradienten $s(x) \in \partial f(x)$ berechnen.

Zur Konstruktion von Verfahren, die mit (S1) auskommen, werden wir drei Möglichkeiten vorstellen:

- Subgradientenverfahren: In Iteration k wird ein Subgradient $s^{(k)} \in \partial f(x^{(k)})$ berechnet und $d^{(k)} := -s^{(k)}$ als Suchrichtung benutzt. Man erhält dann in der Regel keine Abstiegsrichtung, aber bei geeigneter Wahl der Schrittweiten zumindest schwache Konvergenzresultate (siehe Kapitel 4).

- Bundle-Verfahren: Man berechnet approximative Abstiegsrichtungen und dazu passende Schrittweiten, so dass man ein Abstiegsverfahren erhält (siehe Kapitel 6 und 7).

- Bundle-Trust-Region-Verfahren: Man berechnet approximative Abstiegsrichtungen und einen Trust-Region-Parameter, so dass man ein Abstiegsverfahren erhält (siehe Kapitel 8).

3.3 Probleme mit allgemeinen konvexen Restriktionen

Wir betrachten jetzt Optimierungsprobleme der Form

(P) $\min_{x \in C} f(x)$,

wobei $f \colon \mathbb{R}^n \to \mathbb{R}$ eine konvexe Funktion und die zulässige Menge $C \subset \mathbb{R}^n$ konvex ist. Bei der Herleitung von Optimalitätsbedingungen für Lösungen von (P) spielen Kegel (vgl. Definition 2.1.4) eine wichtige Rolle.

Definition 3.3.1: Für eine Menge $C \subset \mathbb{R}^n$ und $x \in C$ heißt

$$K(C,x) = \{\alpha(y - x) \mid y \in C, \, \alpha > 0\}$$

der von $C - x$ erzeugte Kegel.   ◇

Ist $x \in C$, dann nennt man eine Richtung $d \in \mathbb{R}^n$ zulässige Richtung in x, wenn auch $x + td \in C$ für hinreichend kleines $t > 0$ gilt. Man rechnet leicht nach, dass die zulässigen Richtungen in x gerade die Richtungen $d \in K(C,x)$ sind. Man nennt daher $K(C,x)$ auch Kegel der zulässigen Richtungen in x. Man sieht ebenso leicht, dass für eine konvexe Menge C der Kegel $K(C,x)$ konvex ist (Aufgabe 3.1).

Definition 3.3.2: Ist $K \subset \mathbb{R}^n$ ein konvexer Kegel, dann heißt

$$K^* = \{s \in \mathbb{R}^n \mid \langle s, x \rangle \leq 0 \; \forall x \in K\}$$

Dualkegel von K. $\diamond$

Es gilt $0_n \in K^*$ und K^* ist konvex und abgeschlossen. Im Fall $0_n \in \operatorname{int} K$ gilt $K = \mathbb{R}^n$ und $K^* = \{0_n\}$ (Aufgabe 3.3). Für konvexe Kegel $K_1, K_2 \subset \mathbb{R}^n$ mit $K_1 \subset K_2$ gilt $K_1^* \supset K_2^*$.

Beispiel 3.3.3: Ist $K = U$ ein Unterraum des $\mathbb{R}^n$, dann ist $K^* = U^\perp$ der zu U orthogonale Unterraum. Es sei $K = \{x \in \mathbb{R}^n \mid x > 0_n\}$. Dann ist K offen und $K^* = \{x \in \mathbb{R}^n \mid x \leq 0_n\}$ ist abgeschlossen. $\diamond$

Definition 3.3.4: Für eine konvexe Menge $C \subset \mathbb{R}^n$ und $x \in C$ heißt $s \in \mathbb{R}^n$ *Normalenrichtung von C in x*, wenn $\langle s, y - x \rangle \leq 0$ für alle $y \in C$ gilt. Die Menge

$$N(C, x) = \{s \in \mathbb{R}^n \mid s \text{ ist Normalenrichtung von } C \text{ in } x\}$$

heißt *Normalenkegel von C in x*. $\diamond$

Es ist $0_n \in N(C, x)$. Der Normalenkegel ist konvex und abgeschlossen, und es gilt $N(C, x) = N(C - x, 0_n) = N(K(C, x), 0_n)$. Die eine Normalenrichtung s definierende Bedingung verlangt, dass für beliebiges $y \in C$ der Winkel zwischen s und $y - x$ mindestens $90°$ ist. Abb. 3.1 veranschaulicht dies. Für $x \in \operatorname{int} C$ ist $N(C, x) = \{0_n\}$ (Aufgabe 3.2).

Beispiel 3.3.5: (vgl. Beispiel 2.1.1) Ist $C = \{y \in \mathbb{R}^n \mid \langle s, y \rangle = r\}$ mit $(s, r) \in \mathbb{R}^n \times \mathbb{R}$ eine Hyperebene und $x \in C$, dann ist $U = C - x = \{u \in \mathbb{R}^n \mid \langle s, u \rangle = 0\}$ ein Unterraum des $\mathbb{R}^n$, und $N(C, x) = \{\alpha s \mid \alpha \in \mathbb{R}\}$ ist der zu U orthogonale Unterraum.

Ist $C = \{y \in \mathbb{R}^n \mid \langle s, y \rangle \leq r\}$ ein Halbraum und ist $x \in C$ ein Randpunkt von C, d. h., es gilt $\langle s, x \rangle = r$, dann ist $N(C, x) = \{\alpha s \mid \alpha \geq 0\}$ ein Halbstrahl. $\diamond$

Aus der Definition des Normalenkegels erhalten wir den folgenden Zusammenhang mit dem Kegel $K(C, x)$.

Lemma 3.3.6: *Für eine konvexe Menge $C \subset \mathbb{R}^n$ und $x \in C$ ist $N(C, x) = K(C, x)^*$.* $\diamond$

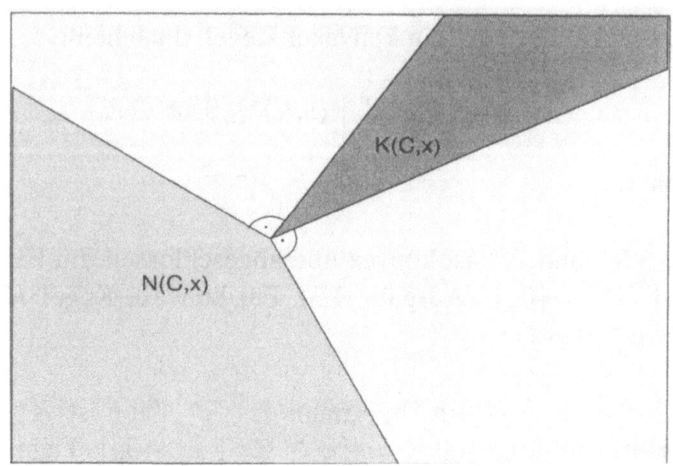

Abbildung 3.1: Normalenkegel

Beweis: „$\subset$" Ist $s \in N(C,x)$, d. h., es gilt $\langle s, y - x \rangle \leq 0$ für alle $y \in C$, dann gilt auch

$$\langle s, \alpha(y - x) \rangle \leq 0 \quad \forall y \in C, \ \alpha > 0$$

und daher $\langle s, z \rangle \leq 0$ für alle $z \in K(C,x)$, also $s \in K(C,x)^*$.

„$\supset$" Ist $s \in K(C,x)^*$, d. h., es gilt $\langle s, z \rangle \leq 0$ für alle $z \in K(C,x)$, dann gilt insbesondere $\langle s, y - x \rangle \leq 0$ für alle $y \in C$, d. h., $s \in N(C,x)$. $\qquad\square$

Wie in der differenzierbaren Optimierung (vgl. Alt [4], Kap. 5) kann man den Normalenkegel zur Charakterisierung von Minima konvexer Funktionen benutzen. Dazu benötigen wir die Stetigkeit der Richtungsableitung.

Lemma 3.3.7: *Ist $g \colon \mathbb{R}^n \to \mathbb{R}$ subadditiv und beschränkt durch $L \geq 0$, dann ist g Lipschitz-stetig auf dem $\mathbb{R}^n$ mit Lipschitz-Konstante L.* $\qquad\diamond$

Beweis: Aus der Subadditivität und der Beschränktheit von g folgt

$$g(y + d) - g(y) \leq g(d) \leq L \, \|d\| \quad \forall y, d \in \mathbb{R}^n.$$

Für beliebige Punkte $x_1, x_2 \in \mathbb{R}^n$ folgt mit $y = x_2$, $d = x_1 - x_2$

$$g(x_1) - g(x_2) \leq g(x_1 - x_2) \leq L \, \|x_1 - x_2\|,$$

und mit $y = x_1$, $d = x_2 - x_1$

$$g(x_2) - g(x_1) \leq g(x_2 - x_1) \leq L \, \|x_1 - x_2\|,$$

insgesamt also $|g(x_1) - g(x_2)| \leq L \, \|x_1 - x_2\|$. $\qquad\square$

Aus Satz 2.8.10 und Lemma 3.3.7 erhalten wir

Satz 3.3.8: *Ist $f \in \operatorname{Conv} \mathbb{R}^n$ und $x \in \operatorname{int}(\operatorname{dom} f)$, dann ist die durch (2.11) definierte Abbildung $f'(x, \cdot)$ Lipschitz-stetig mit der lokalen Lipschitz-Konstante $L(x)$ von f.* $\diamond$

Zum Beweis von Optimalitätsbedingungen benötigen wir außerdem noch zwei Hilfsresultate.

Lemma 3.3.9: *Ist $K \subset \mathbb{R}^n$ ein abgeschlossener, konvexer Kegel und $x \notin K$, dann gibt es ein $s \in \mathbb{R}^n$ mit*

$$(3.2) \qquad \langle s, x \rangle > 0 = \max_{y \in K} \langle s, y \rangle . \qquad \diamond$$

Beweis: Nach dem Trennungssatz 2.3.1 gibt es ein $s \in \mathbb{R}^n$ mit

$$(1) \qquad \langle s, x \rangle > \sup_{y \in K} \langle s, y \rangle .$$

Da K abgeschlossen ist, folgt $0_n \in K$ und daher $\sup_{y \in K} \langle s, y \rangle \geq \langle s, 0_n \rangle = 0$. Gäbe es ein $z \in K$ mit $\langle s, z \rangle > 0$, so würde, da K ein Kegel ist, $\sup_{y \in K} \langle s, y \rangle = +\infty$ folgen, im Widerspruch zu (1). Also ist

$$\sup_{y \in K} \langle s, y \rangle = 0 = \langle s, 0_n \rangle = \max_{y \in K} \langle s, y \rangle ,$$

woraus zusammen mit (1) die Behauptung (3.2) folgt. $\square$

Lemma 3.3.10: *Ist $C \subset \mathbb{R}^n$ eine konvexe Menge und $x \in C$, dann gilt*

$$d \in \operatorname{cl} K(C, x) \iff \max_{s \in N(C,x)} \langle s, d \rangle = 0$$

und $\displaystyle\sup_{s \in N(C,x)} \langle s, d \rangle = +\infty$ für $d \notin \operatorname{cl} K(C, x)$. $\diamond$

Beweis: „$\Rightarrow$" Ist $d \in \operatorname{cl} K(C, x)$, dann gibt es Folgen $\{y^{(k)}\} \subset C$ und $\{\alpha_k\} \subset \mathbb{R}_+$ mit $d = \lim_{k \to \infty} \alpha_k(y^{(k)} - x)$. Nach Definition des Normalenkegels gilt für beliebiges $s \in N(C, x)$

$$\alpha_k \langle s, y^{(k)} - x \rangle \leq 0 \quad \forall k \in \mathbb{N} .$$

Für $k \to \infty$ erhalten wir $\langle s, d \rangle \leq 0$ für alle $s \in N(C, x)$. Wegen $0_n \in N(C, x)$ folgt damit $\max_{s \in N(C,x)} \langle s, d \rangle = 0$.

„$\Leftarrow$" Es sei $\max_{s\in N(C,x)}\langle s,d\rangle = 0$. Wir nehmen an, dass $d\notin \operatorname{cl}K(C,x)$ ist. Nach Lemma 2.1.11 ist $\operatorname{cl}K(C,x)$ konvex. Nach Lemma 3.3.9 gibt es daher ein $\bar{s}\in\mathbb{R}^n$ mit

$$\langle\bar{s},d\rangle > 0 = \max_{y\in\operatorname{cl}K(C,x)}\langle\bar{s},y\rangle \geq \max_{y\in K(C,x)}\langle\bar{s},y\rangle\,.$$

Dies zeigt $\bar{s}\in K(C,x)^* = N(C,x)$ (siehe Lemma 3.3.6) und $\langle\bar{s},d\rangle > 0$ im Widerspruch zur Voraussetzung.

Ist $d\notin\operatorname{cl}K(C,x)$, dann gibt es nach dem bereits Bewiesenen einen Vektor $\bar{s}\in N(C,x)$ mit $\langle\bar{s},d\rangle > 0$. Wegen $\alpha\bar{s}\in N(C,x)$ für $\alpha > 0$ folgt dann $\sup_{s\in N(C,x)}\langle s,d\rangle = +\infty$. $\qquad\square$

Als Verallgemeinerung von Satz 1.2.13 erhalten wir die folgenden Charakterisierung der Lösungen von (P).

Satz 3.3.11: *Ist $f\colon\mathbb{R}^n\to\mathbb{R}$ eine konvexe Funktion, $C\subset\mathbb{R}^n$ eine konvexe Menge und $x^*\in C$, dann sind die folgenden Aussagen äquivalent:*

(i) x^* ist Lösung von (P);

(ii) $f'(x^*, x-x^*)\geq 0$ für alle $x\in C$;

(iii) $f'(x^*, d)\geq 0$ für alle $d\in K(C,x^*)$;

(iv) es gibt ein $s\in\partial f(x^*)$ mit $-s\in N(C,x^*)$;

(v) $0_n\in\partial f(x^*) + N(C,x^*)$. $\Diamond$

Beweis: „(i) $\Rightarrow$ (ii)" Für beliebiges $x\in C$ ist wegen der Konvexität von C auch $x^* + t(x-x^*)\in C$ für alle $t\in[0,1]$. Wegen der Optimalität von x^* ist daher $f(x^* + t(x-x^*))\geq f(x^*)$ für alle $t\in[0,1]$, und damit auch

$$\frac{f(x^* + t(x-x^*)) - f(x^*)}{t}\geq 0\quad \forall t\in\,]0,1]\,.$$

Für $t\downarrow 0$ erhalten wir $f'(x^*, x-x^*)\geq 0$.

„(ii) $\Rightarrow$ (i)" Für beliebiges $x\in C$ ist nach Definition der Richtungsableitung (zweite Gleichung in (2.10))

$$0\leq f'(x^*, x-x^*)\leq \frac{f(x^* + 1(x-x^*)) - f(x^*)}{1} = f(x) - f(x^*)\,.$$

Da $x\in C$ beliebig war, folgt (i).

„(ii) $\Rightarrow$ (iii)" Da $f'(x^*, \cdot)$ positiv homogen ist (siehe Satz 2.8.10), gilt

$$f'(x^*, \alpha(x - x^*)) = \alpha f'(x^*, x - x^*) \geq 0$$

für alle $x \in C$ und $\alpha > 0$ und damit (iii).

„(iii) $\Rightarrow$ (ii)" gilt wegen $C - x^* \subset K(C, x^*)$.

„(iv) $\Leftrightarrow$ (v)": klar.

„(iii) $\Rightarrow$ (v)" Wir nehmen an, dass $0_n \notin \partial f(x^*) + N(C, x^*) =: F$ ist. Die Menge F ist abgeschlossen und konvex, da $\partial f(x^*)$ kompakt und konvex und $N(C, x^*)$ abgeschlossen und konvex ist. Nach dem Trennungssatz 2.3.1 gibt es ein $d \in \mathbb{R}^n$ mit

$$(1) \qquad \langle 0_n, d \rangle = 0 > \sup_{s \in F} \langle s, d \rangle = \max_{s_1 \in \partial f(x^*)} \langle s_1, d \rangle + \sup_{s_2 \in N(C,x^*)} \langle s_2, d \rangle \,.$$

Wäre $d \notin \operatorname{cl} K(C, x^*)$, so würde aus Lemma 3.3.10 $\sup_{s_2 \in N(C,x^*)} \langle s_2, d \rangle = +\infty$ folgen im Widerspruch zu (1). Also ist $d \in \operatorname{cl} K(C, x^*)$ und nach Lemma 3.3.10 gilt

$$\sup_{s_2 \in N(C,x^*)} \langle s_2, d \rangle = \max_{s_2 \in N(C,x^*)} \langle s_2, d \rangle = 0 \,.$$

Aus (1) und Satz 2.8.12 folgt daher weiter

$$0 > \max_{s_1 \in \partial f(x^*)} \langle s_1, d \rangle = f'(x^*, d) \,.$$

Dies ist ein Widerspruch dazu, dass wegen der Stetigkeit von $f'(x^*, \cdot)$ (Satz 3.3.8) nach Voraussetzung (iii) $f'(x^*, d) \geq 0$ gelten muss.

„(iv) $\Rightarrow$ (iii)" Ist $s \in \partial f(x^*)$ mit $-s \in N(C, x^*)$, dann ist $-s \in K(C, x^*)^*$ (siehe Lemma 3.3.6) und daher $\langle s, d \rangle \geq 0$ für alle $d \in K(C, x^*)$. Aus Satz 2.8.12 folgt daher für $d \in K(C, x^*)$

$$f'(x^*, d) = \max_{g \in \partial f(x^*)} \langle g, d \rangle \geq \langle s, d \rangle \geq 0 \,,$$

d. h., es gilt (iii). $\qquad\qquad\square$

Ist f in x^* differenzierbar, dann gilt nach Satz 2.8.14 $\partial f(x^*) = \{\nabla f(x^*)\}$ und $f'(x^*, d) = \langle \nabla f(x^*), d \rangle$. Als Spezialfall von Satz 3.3.11 erhalten wir daher das entsprechende Resultat der differenzierbaren Optimierung (vgl. Alt [4], Satz 5.2.1). Werden die Nebenbedingungen durch Gleichungen und Ungleichungen beschrieben, kann man den Kegel $N(C, x^*)$ berechnen und aus Aussage (iv) bzw. (v) des Satzes eine Multiplikatorenregel ableiten. Damit werden wir uns im folgenden Abschnitt beschäftigen.

3.4 Lineare Nebenbedingungen

Wir betrachten jetzt den Fall, dass die Nebenbedingungen durch lineare Gleichungen und Ungleichungen definiert werden. Dazu seien Vektoren $a^i \in \mathbb{R}^n$, $i = 1,\dots,m$, mit $m \leq n$, Vektoren $g^j \in \mathbb{R}^n$, $j = 1,\dots,p$, und Vektoren $b \in \mathbb{R}^m$, $r \in \mathbb{R}^p$ gegeben. Weiter sei die zulässige Menge

$$C = \{\, x \in \mathbb{R}^n \mid \langle a^i, x \rangle = b_i,\ i = 1,\dots,m,\ \langle g^j, x \rangle \leq r_j,\ j = 1,\dots,p \,\}.$$

Wir betrachten also das Optimierungsproblem

$$\text{(PL)} \quad \min_{x \in \mathbb{R}^n} f(x)$$
$$\text{Nb. } \langle a^i, x \rangle = b_i, \quad i = 1,\dots,m,$$
$$\langle g^j, x \rangle \leq r_j, \quad j = 1,\dots,p,$$

wobei $f \colon \mathbb{R}^n \to \mathbb{R}$ eine konvexe, überall endliche Funktion ist. Die Menge C ist abgeschlossen und konvex; daher definiert (PL) einen Spezialfall von (P).

Bezeichnet A die $m \times n$-Matrix mit den Zeilenvektoren a^i, $i = 1,\dots,m$, und G die $p \times n$-Matrix mit den Zeilenvektoren g^j, $j = 1,\dots,p$, dann ist

$$C = \{\, x \in \mathbb{R}^n \mid Ax = b,\ Gx \leq r \,\},$$

wobei die Schreibweise $Gx \leq r$ komponentenweise zu verstehen ist, und das Optimierungsproblem (PL) kann in der Form

$$\text{(PL)} \quad \min_{x \in \mathbb{R}^n} f(x)$$
$$\text{Nb. } Ax = b,\ Gx \leq r,$$

geschrieben werden.

Beispiel 3.4.1: Das lineare Optimierungsproblem (LP) aus Beispiel 1.2.1 ist ein Problem vom Typ (PL). $\qquad\Diamond$

Die spezielle Struktur von C kann man ausnutzen, um den Kegel $K(C,x)$ und den Normalenkegel $N(C,x)$ zu berechnen. Für $x \in C$ bezeichnen wir mit

$$J(x) = \{\, 1 \leq j \leq p \mid \langle g^j, x \rangle = r_j \,\}$$

die Menge der *in x aktiven* Ungleichungsrestriktionen.

Lemma 3.4.2: *Sind A, b, G, r und C wie oben definiert, dann gilt für $x \in C$*

$$K(C,x) = \{ d \in \mathbb{R}^n \mid Ad = 0_m,\ \langle g^j, d \rangle \leq 0,\ j \in J(x) \} =: K,$$

insbesondere ist $K(C,x)$ abgeschlossen. $\qquad\Diamond$

Beweis: „$K(C, x) \subset K$": Ist $d \in K(C, x)$ beliebig, dann ist $d = \alpha(y - x)$ mit $y \in C$ und $\alpha \geq 0$. Wegen $x, y \in C$ ist $Ax = Ay = b$, also $Ad = \alpha A(y - x) = 0_m$ und $\langle g^j, y \rangle \leq r_j = \langle g^j, x \rangle$ für alle $j \in J(x)$, also $\langle g^j, d \rangle = \alpha \langle g^j, y - x \rangle \leq 0$ für alle $j \in J(x)$. Daher ist $d \in K$.

„$K \subset K(C, x)$": Wir wählen $d \in K$ beliebig und zeigen $x + \bar{t}d \in C$ für hinreichend kleines $\bar{t} > 0$. Dann ist $\bar{t}d \in C - x$ und $d \in K(C, x)$. Für $j \notin J(x)$ ist $\langle g^j, x \rangle < r_j$. Daher gibt es ein $\bar{t}_j > 0$ mit $\langle g^j, x + td \rangle < r_j$ für alle $t \in [0, \bar{t}_j]$. Es sei $\bar{t} := \min_{j \notin J(x)} \bar{t}_j$, wenn $\{1, \ldots, p\} \setminus J(x) \neq \emptyset$ ist, und $\bar{t} > 0$ beliebig sonst. Dann ist

$$\text{(1)} \qquad \langle g^j, x + \bar{t}d \rangle < r_j \quad \forall j \notin J(x).$$

Wegen $d \in K$ ist $Ad = 0_m$ und $\langle g^j, d \rangle \leq 0$ für alle $j \in J(x)$ und daher

$$\text{(2)} \qquad A(x + \bar{t}d) = Ax + \bar{t}Ad = Ax = b$$

und für alle $j \in J(x)$

$$\text{(3)} \qquad \langle g^j, x + \bar{t}d \rangle = \langle g^j, x \rangle + \bar{t}\langle g^j, d \rangle \leq \langle g^j, x \rangle = r_j.$$

Aus (1), (2) und (3) folgt $x + \bar{t}d \in C$. $\qquad\qquad\qquad\qquad\qquad \Box$

Um den Normalenkegel zu berechnen, benötigen wir noch ein Hilfsresultat.

Lemma 3.4.3: *Für einen abgeschlossenen, konvexen Kegel K ist $(K^*)^* = K$.* $\quad \Diamond$

Beweis: Es ist

$$\text{(1)} \qquad (K^*)^* = \{ d \in \mathbb{R}^n \mid \langle s, d \rangle \leq 0 \; \forall s \in K^* \}.$$

„$K \subset (K^*)^*$" Ist $d \in K$ beliebig, dann gilt $\langle s, d \rangle \leq 0$ für beliebiges $s \in K^*$, also ist $d \in (K^*)^*$. (Hier wurde die Abgeschlossenheit von K nicht benötigt.)

„$(K^*)^* \subset K$" Es sei $d \in (K^*)^*$ beliebig. Wir nehmen an, dass $d \notin K$ ist. Dann gibt es nach Lemma 3.3.9 ein $s \in \mathbb{R}^n$ mit

$$\text{(2)} \qquad \langle s, d \rangle > 0 = \max_{y \in K} \langle s, y \rangle,$$

d. h. $s \in K^*$ und wegen (1) müsste $\langle s, d \rangle \leq 0$ sein im Widerspruch zu (2). $\qquad \Box$

Mit $G(x)$ bezeichnen wir die Matrix mit den Zeilenvektoren g^j, $j \in J(x)$ und mit $p(x) := |J(x)|$ die Anzahl der aktiven Ungleichungen. Ist $p(x) = 0$, so vereinbaren wir $G(x) := 0$ und $\sum_{j \in J(x)} \ldots = 0$. Wir können jetzt eine einfache Formel für den Normalenkegel angeben. Dazu definieren wir

$$N(A, G, x) = \operatorname{im} A^\mathsf{T} + G(x)^\mathsf{T} \mathbb{R}_+^{p(x)} = \left\{ A^\mathsf{T}\lambda + G(x)^\mathsf{T}\mu \mid \lambda \in \mathbb{R}^m,\ \mu \in \mathbb{R}_+^{p(x)} \right\}$$

$$= \left\{ \sum_{i=1}^m \lambda_i a^i + \sum_{j \in J(x)} \mu_j g^j \mid \lambda \in \mathbb{R}^m,\ \mu_j \geq 0\ \forall j \in J(x) \right\}.$$

Die Menge $N(A, G, x)$ ist ein abgeschlossener, konvexer Kegel.

Lemma 3.4.4: *Sind A, b, G, r und C wie oben definiert und $x \in C$, dann gilt $N(C, x) = N(A, G, x)$.* $\qquad\qquad\qquad\qquad\qquad\qquad\qquad\qquad\qquad\diamond$

Beweis: „$\supset$" Ist $s \in N(A, G, x)$, d.h., $s = \sum_{i=1}^m \lambda_i a^i + \sum_{j \in J(x)} \mu_j g^j$ mit $\lambda \in \mathbb{R}^m$ und $\mu_j \geq 0$ für $j \in J(x)$, dann ist für $d \in \mathbb{R}^n$

$$(1) \qquad\qquad \langle s, d \rangle = \sum_{i=1}^m \lambda_i \langle a^i, d \rangle + \sum_{j \in J(x)} \mu_j \langle g^j, d \rangle \,.$$

Für $d \in K(C, x)$ ist nach Lemma 3.4.2

$$\langle a^i, d \rangle = 0,\ i = 1, \ldots, m, \quad \langle g^j, d \rangle \leq 0,\ j \in J(x) \,.$$

Wegen $\mu_j \geq 0$, $j \in J(x)$ folgt daraus zusammen mit (1) $\langle s, d \rangle \leq 0$ für alle $d \in K(C, x)$, also $s \in K(C, x)^* = N(C, x)$.

„$\subset$" Aus Lemma 3.4.2 erhalten wir $N(A, G, x)^* \subset K(C, x)$. Damit folgt

$$N(C, x) = K(C, x)^* \subset (N(A, G, x^*)^* = N(A, G, x) \,,$$

wobei die letzte Gleichung aus Lemma 3.4.3 folgt. $\qquad\qquad\qquad\qquad\qquad\square$

Der Beweis des Lemmas zeigt, dass jedes $s \in N(C, x)$ in der Form

$$s = A^\mathsf{T}\lambda + G(x)^\mathsf{T}\mu \quad \text{mit } \lambda \in \mathbb{R}^m,\ \mu \in \mathbb{R}^{p(x)}$$

darstellbar ist. Definiert man $\mu^j = 0$ für $j \notin J(x)$, so erhält man die Darstellung

$$s = A^\mathsf{T}\lambda + G^\mathsf{T}\mu \quad \text{mit } \lambda \in \mathbb{R}^m,\ \mu \in \mathbb{R}^p \,.$$

Sind die Vektoren a^i, $i = 1, \ldots, m$, g^j, $j \in J(x)$, linear unabhängig, so ist (λ, μ) durch s eindeutig bestimmt. Ist der Rang von A kleiner als m, so kann man λ auf $(\operatorname{im} A)^\perp$ beliebig definieren, d.h., die Menge der Vektoren λ, die s definieren, ist unbeschränkt.

Definition 3.4.5: Die Vektoren $\lambda \in \mathbb{R}^m$ und $\mu \in \mathbb{R}^p$ heißen *Lagrange-Multiplikatoren zu* $x \in C$, wenn

$$(3.3) \qquad 0_n \in \partial f(x) + A^{\mathsf{T}}\lambda + G^{\mathsf{T}}\mu$$

und

$$(3.4) \qquad \mu_j \geq 0\,, \quad \mu_j \left(\langle g^j, x\rangle - r_j\right) = 0\,, \quad j = 1, \ldots, p\,,$$

gilt. $\diamond$

Die Bedingungen $\mu_j \left(\langle g^j, x\rangle - r_j\right) = 0$, $j = 1, \ldots, p$, nennt man auch *Komplementaritätsbedingungen*, da sie äquivalent zu

$$\mu_j = 0, \text{ falls } \langle g^j, x\rangle < r_j\,, \quad j = 1, \ldots, p\,,$$

sind, d. h., für nicht aktive Ungleichungsrestriktionen $j \notin J(x^*)$ ist $\mu_j = 0$. Aus Satz 3.3.11 erhalten wir zusammen mit Lemma 3.4.4 eine *Multiplikatorenregel*.

Satz 3.4.6: *Ein Punkt $x^* \in C$ ist genau dann Lösung von (PL), wenn es Lagrange-Multiplikatoren $\lambda \in \mathbb{R}^m$ und $\mu \in \mathbb{R}^p$ zu x^* gibt.* $\diamond$

Beweis: Nach Satz 3.3.11, (i) und (iv) ist x^* genau dann Lösung von (PL), wenn es ein $s \in \partial f(x^*)$ gibt mit $-s \in N(C, x^*)$. Nach Lemma 3.4.4 ist dies äquivalent zu $-s \in N(A, G, x^*)$. Nach Definition von $N(A, G, x^*)$ folgt daraus die Behauptung, wenn man $\mu_j = 0$ für $j \notin J(x^*)$ definiert. $\square$

Ist f in x^* differenzierbar ist, dann gilt nach Satz 2.8.14 $\partial f(x^*) = \{\nabla f(x^*)\}$. Als Spezialfall von Satz 3.4.6 erhalten wir daher die entsprechende Multiplikatorenregel der differenzierbaren Optimierung (Alt [4], Satz 5.5.9).

Eigenschaften der Lagrange-Multiplikatoren

Wir beweisen noch einige Eigenschaften der Lagrange-Multiplikatoren. Mit $M(x)$ bezeichnen wir die Menge der Lagrange-Multiplikatoren zu $x \in C$.

Lemma 3.4.7: *Die Menge $M(x)$ ist abgeschlossen und konvex.* $\diamond$

Beweis: Die Konvexität von $M(x)$ folgt aus der Konvexität der Menge $\partial f(x)$. Zum Beweis der Abgeschlossenheit betrachten wir eine Folge $\{(\lambda^{(k)}, \mu^{(k)})\} \subset M(x)$ mit $(\lambda^{(k)}, \mu^{(k)}) \to (\lambda, \mu)$. Wegen $\mu^{(k)} \geq 0$ für alle $k \in \mathbb{N}$ ist auch $\mu \geq 0$. Da

$$\mu_j^{(k)}(\langle g^j, x\rangle - r_j) = 0, \ j = 1, \ldots, p\,,$$

für alle $k \in \mathbb{N}$ gilt, folgt $\mu^j(\langle g^j, x \rangle - r_j) = 0$, $j = 1, \ldots, p$. Zu jedem $k \in \mathbb{N}$ gibt es ein $s^{(k)} \in \partial f(x)$ mit $0_n = s^{(k)} + A^\mathsf{T}\lambda^{(k)} + G^\mathsf{T}\mu^{(k)}$. Da $\partial f(x)$ kompakt ist, gibt es eine Teilfolge $(s^{(l)})$ von $(s^{(k)})$ mit $s^{(l)} \to s \in \partial f(x)$. Daher gilt

$$0_n = s^{(l)} + A^\mathsf{T}\lambda^{(l)} + G^\mathsf{T}\mu^{(l)} \to s + A^\mathsf{T}\lambda + G^\mathsf{T}\mu = 0_n \,,$$

d. h., $(\lambda, \mu) \in M(x)$. $\square$

Die Lösung des Problems (PL) muss nicht eindeutig bestimmt sein. Wir zeigen, dass die Menge $M(x)$ unabhängig von der Lösung x ist.

Lemma 3.4.8: *Sind x, z Lösungen von* (PL), *dann ist $M(x) = M(z)$.* $\Diamond$

Beweis: Wir zeigen $M(x) \subset M(z)$. Die umgekehrte Inklusion folgt dann durch Vertauschen von x und z. Wir wählen $(\lambda, \mu) \in M(x)$ beliebig. Dann gilt

$$\text{(1)} \qquad\qquad 0_n \in \partial f(x) + A^\mathsf{T}\lambda + G^\mathsf{T}\mu$$

$$\text{(2)} \qquad\qquad \mu_j \geq 0, \quad \mu_j(\langle g^j, x \rangle - r_j) = 0, \; j = 1, \ldots, p.$$

Die Funktion $\ell \colon \mathbb{R}^n \to \mathbb{R}$ (Lagrange-Funktion) sei definiert durch

$$\ell(x) = f(x) + \lambda^\mathsf{T}(Ax - b) + \mu^\mathsf{T}(Gx - r)\,.$$

Wegen (1) ist $0_n \in \partial \ell(x)$ (vgl. Satz 2.8.15), was nach Satz 3.1.1 äquivalent dazu ist, dass x (unrestringierter) Minimalpunkt von ℓ ist. Es gilt also $\ell(z) \geq \ell(x)$. Wegen $x \in C$ ist $Ax - b = 0_m$, und wegen (2) ist $\mu^\mathsf{T}(Gx - r) = 0$, also $\ell(x) = f(x)$. Wegen $f(x) = f(z)$ und $Az - b = 0_m$ folgt damit weiter

$$\ell(z) = f(z) + \mu^\mathsf{T}(Gz - r) \geq \ell(x) = f(x) = f(z)\,.$$

Daher muss $\mu^\mathsf{T}(Gz - r) = 0$ sein, woraus wegen $\mu_j \geq 0$ und $\langle g^j, z \rangle \leq r_j$, $j = 1, \ldots, p$, folgt

$$\text{(3)} \qquad\qquad \mu_j(\langle g^j, z \rangle - r_j) = 0, \; j = 1, \ldots, p.$$

Also ist $\ell(z) = f(z) = f(x) = \ell(x)$, d. h., auch z ist Minimalpunkt von ℓ. Aus Satz 3.1.1 folgt damit $0_n \in \partial \ell(z)$, was nach Definition von ℓ äquivalent zu

$$0_n \in \partial f(z) + A^\mathsf{T}\lambda + G^\mathsf{T}\mu$$

ist. Zusammen mit (3) bedeutet dies $(\lambda, \mu) \in M(z)$. $\square$

4 Das Subgradientenverfahren

In diesem Kapitel betrachten wir ein einfaches Verfahren zur iterativen Berechnung einer Lösung des unrestringierten Optimierungsproblems (PU) aus Abschnitt 3.1.

4.1 Das Verfahren

Das Subgradientenverfahren ist eine Verallgemeinerung des Gradientenverfahrens (Verfahren 1.3.2) der differenzierbaren Optimierung. Im k-ten Iterationsschritt des Subgradientenverfahren benutzt man die Suchrichtung $d^{(k)} = -s^{(k)}$ mit einem beliebigen $s^{(k)} \in \partial f(x^{(k)})$, wobei wir davon ausgehen, dass die Bedingung (S1) aus Abschnitt 3.2 gilt (für eine differenzierbare Funktion f erhalten wir wie beim Gradientenverfahren $d^{(k)} = -\nabla f(x^{(k)})$). Ohne genauere Spezifikation der Schrittweitenwahl erhält man damit das folgende Verfahren für das Problem (PU):

Verfahren 4.1.1: Subgradientenverfahren
Wähle einen Startpunkt $x^{(0)} \in \mathbb{R}^n$ und setze $k := 0$.

1. Berechne einen Subgradienten $s^{(k)} \in \partial f(x^{(k)})$.

2. Abbruchkriterium: Ist $s^{(k)} = 0_n$ (d.h. $0_n \in \partial f(x^{(k)})$), dann stoppe das Verfahren.

3. Setze $d^{(k)} = -s^{(k)}/\|s^{(k)}\|$. Wähle $t_k > 0$ und setze $x^{(k+1)} := x^{(k)} + t_k d^{(k)}$.

4. Setze $k := k + 1$ und gehe zu 1. $\diamond$

Wendet man das Verfahren wie in Abschnitt 1.3 auf die Wolfe-Funktion mit einem Startpunkt $x^{(0)} \in S$ an, und wählt man die Schrittweite wie beim Gradientenverfahren 1.3.2, dann erhält man dieselbe Iterationsfolge wie beim Gradientenverfahren, also eine Folge, die nicht gegen die Optimallösung konvergiert. Um wenigstens einige schwache Konvergenzaussagen zu erhalten, werden wir geeignete Voraussetzungen an die Schrittweitenwahl machen. Das Subgradientenverfahren hat in der obigen Form außerdem folgende Nachteile:

- Die Suchrichtung $-s^{(k)}$ muss keine Abstiegsrichtung sein. Daher kann man die Schrittweite t_k nicht durch ein einfaches Schrittweitenverfahren (wie das

Armijo- oder Powell-Verfahren für differenzierbare Probleme, siehe Alt [4]) bestimmen, und die Folge $\{f(x^{(k)})\}$ muss nicht monoton fallend sein, d.h., man erhält kein Abstiegsverfahren.

- Das Abbruchkriterium ist unrealistisch, da es praktisch nie erfüllt ist (vgl. das folgende Beispiel, Beispiel 4.2.2 und die numerischen Resultate in Abschnitt 4.3).

Beispiel 4.1.2: Die Funktion $f(x) = |x|$ hat ein eindeutig bestimmtes Minimum in $x^* = 0$. Startet man das Subgradientenverfahren in x^* und wählt $s^{(0)} \neq 0$, so ist das Abbruchkriterium nicht erfüllt, und man entfernt sich sogar vom Optimum. $\Diamond$

4.2 Konvergenzbetrachtungen

Die Abschätzung des folgenden Lemmas ist grundlegend für die Schrittweitenwahl und für Konvergenzresultate.

Lemma 4.2.1: *Ist $f \colon \mathbb{R}^n \to \mathbb{R}$ eine konvexe Funktion, x^* ein beliebiger Minimalpunkt von f und $x^{(k)}$ kein Minimalpunkt von f, dann gibt es ein $T_k > 0$, so dass für das Subgradientenverfahren 4.1.1 gilt*

$$(4.1) \qquad \|x^{(k+1)} - x^*\| < \|x^{(k)} - x^*\| \quad \forall t_k \in]0, T_k[. \qquad\qquad \Diamond$$

Beweis: Für beliebiges $t_k > 0$ gilt

$$\|x^{(k+1)} - x^*\|^2 = \left\| x^{(k)} - \frac{t_k s^{(k)}}{\|s^{(k)}\|} - x^* \right\|^2$$

$$= \|x^{(k)} - x^*\|^2 - 2t_k \left\langle \frac{s^{(k)}}{\|s^{(k)}\|}, x^{(k)} - x^* \right\rangle + t_k^2 \left\langle \frac{s^{(k)}}{\|s^{(k)}\|}, \frac{s^{(k)}}{\|s^{(k)}\|} \right\rangle.$$

Wir erhalten

$$(1) \qquad \|x^{(k+1)} - x^*\|^2 = \|x^{(k)} - x^*\|^2 - 2t_k b_k + t_k^2$$

mit

$$b_k = \left\langle \frac{s^{(k)}}{\|s^{(k)}\|}, x^{(k)} - x^* \right\rangle.$$

Da $x^{(k)}$ kein Minimalpunkt von f ist, gilt $f(x^*) < f(x^{(k)})$; wegen $s^{(k)} \in \partial f(x^{(k)})$ folgt dann aus der Subgradientenungleichung

$$0 > f(x^*) - f(x^{(k)}) \geq \langle s^{(k)}, x^* - x^{(k)} \rangle = -b_k \|s^{(k)}\|.$$

Daher ist $b_k > 0$ und damit

$$-2t_k b_k + t_k^2 < 0 \quad \text{für } 0 < t_k < T_k := 2b_k.$$

Zusammen mit (1) folgt daraus (4.1). $\qquad\qquad\square$

Die Beziehung $b_k > 0$ lässt sich geometrisch interpretieren (vgl. Abb. 4.1). Der Winkel zwischen der Richtung $-s^{(k)}$, in der wir uns ausgehend von $x^{(k)}$ bewegen, und der Idealrichtung $x^* - x^{(k)}$ ist kleiner als $90°$. Bewegt man sich ausgehend von

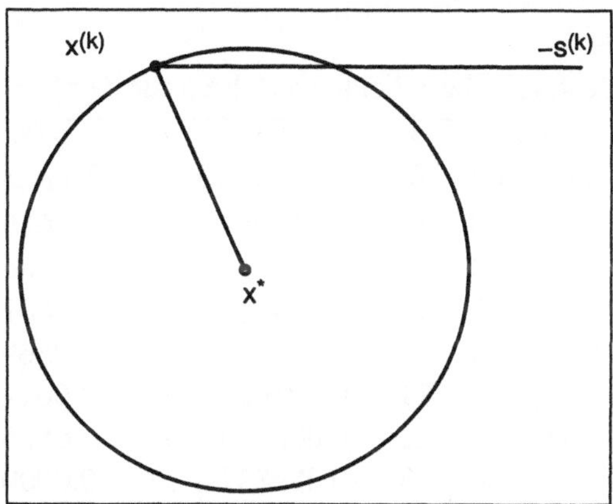

Abbildung 4.1: Zum Subgradientenverfahren

$x^{(k)}$ in Richtung $-s^{(k)}$ nicht zu weit (weniger als bis zum Schnittpunkt mit dem Kreis), d. h. ist $T_k > 0$ hinreichend klein, so ist $x^{(k+1)}$ näher bei x^* als $x^{(k)}$, d. h., es gilt (4.1).

Da man b_k nicht kennt, kann man T_k leider nicht wie im Beweis des Lemmas berechnen. Wir wissen nur, dass die Schrittweite t_k hinreichend klein sein muss, um (4.1) sicher zu stellen. Man verlangt daher

$$(4.2) \qquad\qquad \lim_{k \to \infty} t_k = 0.$$

Dies reicht jedoch nicht aus, um Konvergenz des Verfahrens zu erhalten. Ist nämlich $r := \sum_{k=0}^{\infty} t_k < \infty$, dann gilt für jeden Iterationsindex k

$$\|x^{(0)} - x^{(k)}\| \le \sum_{i=0}^{k-1} \|x^{(i)} - x^{(i+1)}\| = \sum_{i=0}^{k-1} t_i \le r,$$

d. h., alle Iterationspunkte liegen in der Kugel $\overline{B}(x^{(0)}, r)$. Um x^* erreichen zu können, muss daher r hinreichend groß sein. Dies ist sicher gestellt, wenn man verlangt

$$(4.3) \qquad\qquad \sum_{k=0}^{\infty} t_k = +\infty.$$

Wie wir in Satz 4.2.5 sehen werden, sichert diese Bedingung die Konvergenz der „besten Funktionswerte"; sie ist aber auch für die schlechte Konvergenz des Verfahrens mitverantwortlich (siehe die Ausführungen am Ende dieses Abschnitts).

Beispiel 4.2.2: Wir betrachten die Funktion $f(x) = |x|$. Mit der Schrittweitenfolge $t_k = \frac{2}{k+1}$, $k = 0, 1, \ldots$, sind die Bedingungen (4.2) und (4.3) erfüllt. Tabelle 4.1 zeigt den Anfang der vom Subgradientenverfahren mit dem Startpunkt $x^{(0)} = 5$ berechneten Folge von Iterationspunkten.

Tabelle 4.1: Subgradientenverfahren für $f(x) = |x|$

k	$x^{(k)}$	k	$x^{(k)}$	k	$x^{(k)}$
1	3.000000	16	0.007590	31	0.064436
2	2.000000	17	-0.110057	32	0.001936
3	1.333333	18	0.001054	33	-0.058670
4	0.833333	19	-0.104209	34	0.000154
5	0.433333	20	-0.004209	35	-0.056989
6	0.100000	21	0.091029	36	-0.001434
7	-0.185714	22	0.000120	37	0.052620
8	0.064286	23	-0.086837	38	-0.000011
9	-0.157937	24	-0.003504	39	0.051271
10	0.042063	25	0.076496	40	0.001271
11	-0.139755	26	-0.000427	41	-0.047510
12	0.026912	27	0.073647	42	0.000109
13	-0.126934	28	0.002219	43	-0.046402
14	0.015923	29	-0.066747	44	-0.000948
15	-0.117410	30	-0.000080	45	0.043497

Die Folge der zugehörigen Funktionswerte $f(x^{(k)}) = |x^{(k)}|$ ist nicht monoton fallend; der beste Funktionswert wird in Iteration 38 erreicht. Man sieht außerdem, dass die Konvergenz sehr langsam ist. Weiter ist das theoretische Abbruchkriterium wegen $|\nabla f(x^{(k)}| = 1$ für $k = 1, \ldots, 45$ nicht erfüllt. $\Diamond$

Um für die vom Subgradientenverfahren berechnete Folge $\{f(x^{(k)})\}$ ein Konvergenzresultat zu beweisen, benötigen wir zunächst einige Hilfsresultate.

Lemma 4.2.3: *Ist $\{t_k\}$ eine Folge positiver Zahlen mit (4.2), (4.3) und*

$$\tau_m := \sum_{k=0}^{m} t_k, \quad \rho_m := \sum_{k=0}^{m} t_k^2 \quad \forall m \in \mathbb{N},$$

dann folgt $\displaystyle\lim_{m \to \infty} \frac{\rho_m}{\tau_m} = 0.$ $\Diamond$

Lemma 4.2.4: *Ist* $f\colon \mathbb{R}^n \to \mathbb{R}$ *eine konvexe Funktion,* $\bar{x}, z \in \mathbb{R}^n$ *mit* $f(z) > f(\bar{x})$, $0_n \neq s \in \partial f(z)$ *und* $H_z := \{\, x \in \mathbb{R}^n \mid \langle s, x - z \rangle = 0 \,\}$, *dann hat das Optimierungsproblem*

(4.4)
$$\min_{x \in H_z} \tfrac{1}{2} \| x - \bar{x} \|^2$$

die eindeutig bestimmte Lösung

$$\hat{x} = \bar{x} + \lambda s \quad \textit{mit} \quad \lambda = \frac{\langle s, z - \bar{x} \rangle}{\|s\|^2}\,.$$

Weiter ist $\lambda > 0$, $\|\hat{x} - \bar{x}\| = \lambda \, \|s\|$ *und* $f(\hat{x}) \geq f(z)$. $\Diamond$

Beweis: Die Menge H_z ist nichtleer, abgeschlossen und konvex. Daher ist die Projektion $\hat{x}$ von $\bar{x}$ auf H_z die eindeutig bestimmte Lösung des Problems (4.4). Wir beweisen die Behauptungen in 3 Schritten.

1. Mit $p(x) = \tfrac{1}{2}\|x - \bar{x}\|^2$ ist das Problem (4.4)

$$\min \ p(x) \quad \text{Nb.} \ \langle s, x - z \rangle = 0$$

vom Typ (PL). Die Zielfunktion ist differenzierbar und strikt konvex, die Nebenbedingung linear. Nach Satz 3.4.6 ist $\hat{x} \in \mathbb{R}^n$ genau dann Lösung des Problems, wenn es einen Lagrange-Multiplikator $\lambda \in \mathbb{R}$ gibt mit

$$(1) \qquad \nabla p(\hat{x}) - \lambda s = \hat{x} - \bar{x} - \lambda s = 0_n\,, \quad \langle s, \hat{x} - z \rangle = 0\,.$$

Aus der ersten Gleichung erhalten wir $\hat{x} = \bar{x} + \lambda s$. Setzt man dies in die zweite Gleichung ein, so folgt

$$0 = \langle s, \bar{x} + \lambda s - z \rangle = \langle s, \bar{x} - z \rangle + \lambda \, \|s\|^2\,,$$

woraus man die Darstellung von λ erhält.

2. Aus der Voraussetzung $f(z) > f(\bar{x})$ und der Subgradientenungleichung für s erhalten wir

$$0 > f(\bar{x}) - f(z) \geq \langle s, \bar{x} - z \rangle\,.$$

Daher ist $\langle s, z - \bar{x} \rangle > 0$, also auch $\lambda > 0$. Zusammen mit der ersten Gleichung in (1) folgt $\|\hat{x} - \bar{x}\| = \|\lambda s\| = \lambda \, \|s\|$.

3. Aus der Subgradientenungleichung für s erhalten wir

$$f(\hat{x}) - f(z) \geq \langle s, \hat{x} - z \rangle = 0\,,$$

wobei die letzte Gleichung wegen (1) gilt. $\square$

Da die Folge $\{f(x^{(k)})\}$ beim Subgradientenverfahren nicht monoton fallend sein muss, benötigen wir die *Folge der besten Funktionswerte* $\{\bar{f}_k\}$, die das Subgradientenverfahren erzeugt, mit

$$\bar{f}_k := \min\{\, f(x^{(i)}) \mid i = 0, 1, \ldots, k \,\}\,.$$

Satz 4.2.5: *Ist* $f \colon \mathbb{R}^n \to \mathbb{R}$ *konvex, erfüllt die Schrittweitenfolge* $\{t_k\}$ *die Bedingungen* (4.2) *und* (4.3) *und stoppt das Subgradientenverfahren nicht nach endlich vielen Schritten, dann gilt*

$$\lim_{k \to \infty} \bar{f}_k = f^* := \inf_{x \in \mathbb{R}^n} f(x)\,,$$

wobei $f^* = -\infty$ *sein kann.*   ◇

Beweis: Wir nehmen an, dass die Behauptung falsch ist. Dann gibt es ein $\bar{x} \in \mathbb{R}^n$ und ein $\eta > 0$ mit

$$(1) \qquad\qquad f(x^{(k)}) \geq \bar{f}_k \geq f(\bar{x}) + \eta \quad \forall k \in \mathbb{N}_0\,.$$

Wie im Beweis von Lemma 4.2.1 folgt für $k \in \mathbb{N}$

$$\|x^{(k+1)} - \bar{x}\|^2 = \|x^{(k)} - \bar{x}\|^2 - 2t_k b_k + t_k^2$$

mit $b_k = \langle s^{(k)}/\|s^{(k)}\|, x^{(k)} - \bar{x} \rangle$. Dabei ist $s^{(k)} \neq 0_n$, da das Verfahren nach Voraussetzung nicht nach endlich vielen Schritten stoppt. Nach Lemma 4.2.4 angewandt mit $z = x^{(k)}$, $s = s^{(k)}$ ist $\lambda = b_k/\|s^{(k)}\| > 0$ und daher auch $b_k > 0$ für alle $k \in \mathbb{N}_0$. Wir definieren

$$\delta_m := \min_{k=0,\ldots,m} b_k \quad \text{für } m \geq 1\,.$$

Dann ist für $k = 0, \ldots, m$

$$\|x^{(k+1)} - \bar{x}\|^2 \leq \|x^{(k)} - \bar{x}\|^2 - 2t_k \delta_m + t_k^2\,.$$

Durch Aufsummieren dieser Ungleichungen erhalten wir

$$\|x^{(m+1)} - \bar{x}\|^2 + 2\delta_m \sum_{k=0}^{m} t_k \leq \|x^{(0)} - \bar{x}\|^2 + \sum_{k=0}^{m} t_k^2\,.$$

Die Ungleichung bleibt richtig, wenn wir den ersten Term der linken Seite weglassen. Nach Lemma 4.2.3 ist daher

$$(2) \qquad\qquad\qquad \lim_{m \to \infty} \delta_m = 0\,.$$

Für $m \geq 1$ sei $k(m) \in \{0, \ldots, m\}$ ein Index mit $\delta_m = b_{k(m)}$. Weiter sei $K :=$ $\{\, k(m) \mid m \geq 1 \,\}$. Dann gilt wegen (2)

$$(3) \qquad\qquad \lim_{l \in K} b_l = 0 \,.$$

Daher gibt es ein $M > 0$ mit $0 \leq b_l \leq M$ für alle $l \in K$. Nach Lemma 4.2.4 angewandt mit $z = x^{(l)}$, $s = s^{(l)}$ hat das Optimierungsproblem $\min_{x \in H} \frac{1}{2} \|x - \bar{x}\|^2$ mit

$$H := H_{x^{(l)}} = \{\, x \in \mathbb{R}^n \mid \langle s^{(l)}, x - x^{(l)} \rangle = 0 \,\}$$

die eindeutig bestimmte Lösung

$$\hat{x}^{(l)} = \bar{x} + \lambda_l s^{(l)} \quad \text{mit} \quad \lambda_l = \frac{\langle s^{(l)}, x^{(l)} - \bar{x} \rangle}{\|s^{(l)}\|^2} = \frac{b_l}{\|s^{(l)}\|} \,,$$

und es gilt

$$\|\bar{x} - \hat{x}^{(l)}\| = b_l \leq M \quad \forall l \in K \,.$$

Nach Korollar 2.7.4 (Lipschitz-Stetigkeit von f auf $\overline{B}(\bar{x}, M)$) gibt es ein $L > 0$ mit

$$|f(\bar{x}) - f(\hat{x}^{(l)})| \leq L \|\bar{x} - \hat{x}^{(l)}\| = L b_l \quad \forall l \in K \,.$$

Weiter ist nach Lemma 4.2.4 $f(\hat{x}^{(l)}) \geq f(x^{(l)})$, also $f(\hat{x}^{(l)}) \geq f(x^{(l)}) > f(\bar{x})$ und damit

$$0 \leq f(x^{(l)}) - f(\bar{x}) \leq f(\hat{x}^{(l)}) - f(\bar{x}) \leq L b_l \quad \forall l \in K \,.$$

Wegen (3) impliziert dies

$$\lim_{l \in K} f(x^{(l)}) - f(\bar{x}) = 0$$

im Widerspruch zu (1). $\qquad\qquad\square$

4.3 Numerische Beispiele

Das Subgradientenverfahren 4.1.1 ist sehr einfach zu implementieren. Als Abbruchkriterium wählen wir die Bedingungen

$$t_k = \|x^{(k+1)} - x^{(k)}\| < \mathtt{tolx} \quad \text{oder} \quad \|s^{(k)}\| < \mathtt{tolg}$$

mit vorgegebenen Genauigkeitsschranken $\mathtt{tolx}$ und $\mathtt{tolg}$, wobei das zweite Kriterium in der Regel nie erfüllt sein wird (vgl. Beispiel 4.2.2, wo $|\nabla f(x^{(k)}| = 1$ für alle $k \in \mathbb{N}$ ist).

Zum Test des Verfahrens benutzen wir die Wolfe-Funktion (siehe Abschnitt 1.3). Mit den folgenden Scilab-Anweisungen kann man zu gegebenem x einen Subgradienten $s \in \partial f(x)$ der Wolfe-Funktion berechnen.

```
if x(1)>=abs(x(2))
    g= 2.5/(sqrt(9*x(1)^2 + 16*x(2)^2));
    s(1) = 18*x(1)*g; s(2) = 32*x(2)*g;
elseif x(1)>0
    s(1)=9;
    if x(2)>=0
        s(2)=16;
    else
        s(2)=-16;
    end;
else
    s(1)=9-9*x(1)^8;
    if x(2)>=0
        s(2)=16;
    else
        s(2)=-16;
    end;
end;
```

Als Startpunkt wählen wir $(5,4)^\mathsf{T} \in S$ (siehe Abschnitt 1.3). Wir testen 3 verschiedene Schrittweitenfolgen, die jeweils die Bedingungen (4.2) und (4.3) erfüllen. Mit `tolx=tolg=1e-2` und der Schrittweitenfolge $t_k = \frac{3}{k+1}$ stoppt das Verfahren nach 301 Iterationen. Der beste Funktionswert wird in Iteration 215 berechnet mit

$$x^{(215)} = (-1.00000, 8.16533 \cdot 10^{-11})^\mathsf{T}, \; \|s^{(215)}\| = 16.$$

Abb. 4.2 zeigt den Ablauf der Iteration. Tabelle 4.2 zeigt die ersten 20 Iterationspunkte und die zugehörigen Funktionswerte, die keine monoton fallende Folge bilden.

Mit `tolx=tolg=1e-2` und der Schrittweitenfolge $t_k = \frac{2}{k+1}$ stoppt das Verfahren nach 201 Iterationen. Der beste Funktionswert wird in Iteration 186 berechnet mit

$$x^{(186)} = (-0.99999, 2.23837 \cdot 10^{-9})^\mathsf{T}, \; \|s^{(186)}\| = 16.$$

Abb. 4.3 zeigt den Ablauf der Iteration.

Mit `tolx=tolg=1e-3` und der Schrittweitenfolge $t_k = \frac{1}{k+1}$ stoppt das Verfahren nach 1001 Iterationen. Der beste Funktionswert wird in Iteration 1000 berechnet mit

$$x^{(1000)} = (-0.43038, -1.27048 \cdot 10^{-12})^\mathsf{T}, \; \|s^{(1000)}\| = 18.3523.$$

Abb. 4.4 zeigt den Ablauf der Iteration.

In allen 3 Fällen konvergiert die vom Subgradientenverfahren berechnete Iterationsfolge $\{x^{(k)}\}$ gegen den eindeutig bestimmten Minimalpunkt $(-1,0)^\mathsf{T}$ der

Tabelle 4.2: Subgradientenverfahren für Wolfe-Funktion

k	$x_1^{(k)}$	$x_2^{(k)}$	$f(x^{(k)})$
1	3.274470	1.545913	58.038112
2	2.125521	0.581591	33.938370
3	1.226270	0.144159	18.618633
4	0.492131	-0.009271	7.384295
5	-0.107533	0.010812	-0.794794
6	-0.352663	-0.424975	3.625719
7	-0.562737	-0.051421	-4.236232
8	-0.745175	0.276208	-2.216399
9	-0.896386	-0.020855	-7.360161
10	-0.989893	0.264201	-3.769200
11	-1.001855	-0.008264	-7.867647
12	-0.999755	0.241727	-4.132367
13	-1.000009	0.010958	-7.824675
14	-1.000000	-0.203328	-4.746754
15	-1.000000	-0.003328	-7.946754
16	-1.000000	0.184172	-5.053246
17	-1.000000	0.184172	-5.053246
18	-1.000000	-0.158965	-5.456558
19	-1.000000	-0.001070	-7.982873
20	-1.000000	0.148930	-5.617127

Wolfe-Funktion. Die Resultate zeigen aber, wie auch in Beispiel 4.2.2, dass die Folge der berechneten Funktionswerte nicht monoton fallend ist, und dass die Konvergenz sehr langsam sein kann. Weiter ist das theoretische Abbruchkriterium nie erfüllt.

Für einen weiteren Test betrachten wir die Maxq-Funktion (siehe Beispiel 2.9.4). Die Funktion ist konvex und nichtglatt. Der Punkt $x^* = 0_n$ ist der eindeutig bestimmte Minimalpunkt der Funktion mit $f(x^*) = 0$. Für die numerischen Tests wählen wir $n = 20$ und als ersten Startpunkt $u \in \mathbb{R}^{20}$ mit $u_i = i$, $i = 1, \ldots, 10$, $u_i = -i$, $i = 11, \ldots, 20$. Mit der Schrittweitenfolge $t_k = \frac{10}{k+1}$ hat das Subgradientenverfahren nach 1000 Iterationen als besten Funktionswert in der letzten Iteration den Wert 3.82013 erreicht. Mit der Schrittweitenfolge $t_k = \frac{20}{k+1}$ hat das Verfahren nach 1000 Iterationen als besten Funktionswert wieder in der letzten Iteration den Wert $4.32994 \cdot 10^{-6}$ erreicht.

Als zweiten Startpunkt wählen wir $v \in \mathbb{R}^{20}$ mit $v_i = i$, $i = 1, \ldots, 20$. Mit der Schrittweitenfolge $t_k = \frac{10}{k+1}$ hat das Subgradientenverfahren nach 1000 Iterationen als besten Funktionswert in der letzten Iteration den Wert 68.4138 erreicht. Mit der Schrittweitenfolge $t_k = \frac{20}{k+1}$ hat das Verfahren nach 1000 Iterationen als besten

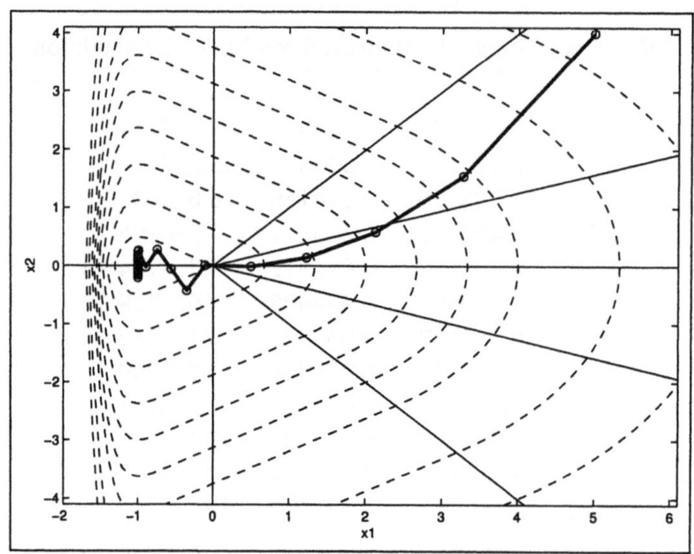

Abbildung 4.2: Subgradientenverfahren für Wolfe-Funktion, $t_k = \frac{3}{k+1}$

Funktionswert wieder in der letzten Iteration den Wert 11.6310 erreicht. Mit der Schrittweitenfolge $t_k = \frac{50}{k+1}$ hat das Subgradientenverfahren nach 1000 Iterationen als besten Funktionswert auch wieder in der letzten Iteration den Wert $6.35936 \cdot 10^{-4}$ erreicht.

Ein Schwachpunkt des Verfahrens ist, dass der Benutzer „experimentieren" muss, um eine geeignete Schrittweitenfolge zu finden, mit der das Verfahren eine gute Näherung für ein Minimum berechnet. Weiter fehlt ein brauchbares Abbruchkriterium.

Die Beispiele zeigen auch, dass man beim Subgradientenverfahren im Allgemeinen keine gute Konvergenzgeschwindigkeit erwarten darf. Dies kann man auch theoretisch begründen. Es seien die Voraussetzungen von Satz 4.2.5 erfüllt, und x^* sei Minimalpunkt von f. Wir nehmen an, dass die Folge $\{x^{(k)}\}$ linear gegen x^* konvergiert, d. h., es gibt ein $0 < q < 1$ mit

$$\|x^{(k+1)} - x^*\| \leq q \, \|x^{(k)} - x^*\| \quad \forall k \geq 0.$$

Dann gilt

$$\|x^{(k)} - x^*\| \leq q^k \, \|x^{(0)} - x^*\| \quad \forall k \geq 0$$

und mit $M := \|x^{(0)} - x^*\|$

$$t_k = \|x^{(k+1)} - x^{(k)}\| \leq \|x^{(k+1)} - x^*\| + \|x^{(k)} - x^*\| \leq M(q+1)q^k$$

für $k \geq 0$. Damit folgt

$$\sum_{k=0}^{\infty} t_k \leq M(q+1) \sum_{k=0}^{\infty} q^k = \frac{M(q+1)}{1-q} < \infty$$

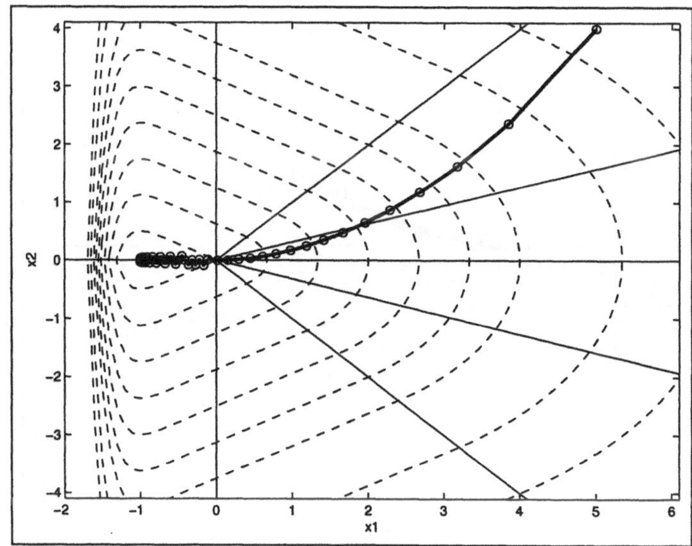

Abbildung 4.3: Subgradientenverfahren für Wolfe-Funktion, $t_k = \frac{2}{k+1}$

im Widerspruch zu (4.3). Im Allgemeinen ist die Konvergenz des Subgradientenverfahrens also schlechter als lineare Konvergenz. Weitere Resultate zur Konvergenz des Verfahrens findet man in Zowe [47] und in Shor [42], wo auch Modifikationen des Verfahrens behandelt werden.

Ein Vorteil des Subgradientenverfahrens ist, dass man es sehr einfach implementieren kann, wesentlich einfacher als die Bundle-Verfahren, die wir noch behandeln werden. Für die Lösung vieler Optimierungsaufgaben aus der Praxis liefert das Subgradientenverfahren daher oft mit geringem Aufwand brauchbare Resultate; in der Regel wird zwar nicht das Minimum der Zielfunktion gefunden, aber eine Verbesserung der Startlösung, was in vielen Anwendungen schon sehr nützlich ist.

Weitere Vorgehensweise

Ein Grund für die schlechte Konvergenz des Subgradientenverfahrens ist, dass nur ein Subgradient $s^{(k)} \in \partial f(x^{(k)})$ zuwenig Information über das lokale Verhalten der Funktion f im Punkt $x^{(k)}$ liefert und man damit kein Abstiegsverfahren erhält. Um ein Abstiegsverfahren zu konstruieren gehen wir von der theoretischen Berechnung einer Abstiegsrichtung in Satz 3.2.3 aus. Da wir diese Berechnung praktisch nur approximativ durchführen können (vgl. die Ausführungen am Ende von Abschnitt 3.2), müssen wir sicher stellen, dass die theoretische Abstiegsrichtung einen hinreichend großen Abstieg des Zielfunktionswertes garantiert; nur dann können wir erwarten, dass auch die approximative Abstiegsrichtung noch einen hinreichend

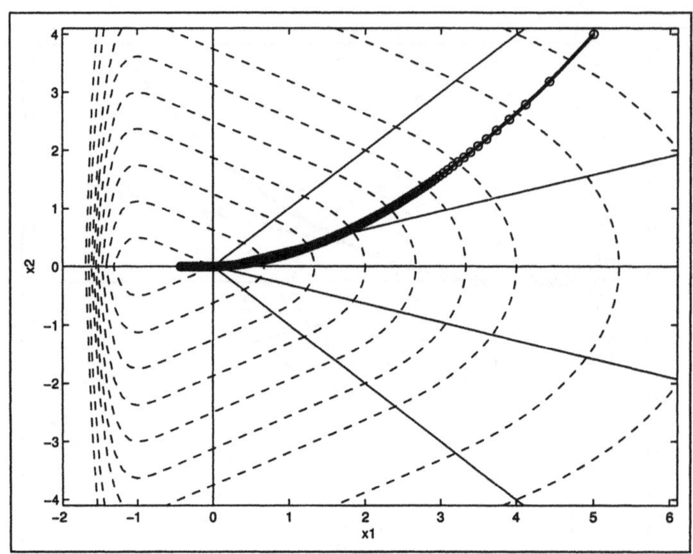

Abbildung 4.4: Subgradientenverfahren für Wolfe-Funktion, $t_k = \frac{1}{k+1}$

großen Abstieg des Zielfunktionswertes liefert, der zu einem konvergenten Verfahren führt. Um dies zu erreichen, ersetzen wir das Subdifferential $\partial f(x^{(k)})$ durch eine größere Menge $\partial_\varepsilon f(x^{(k)})$. Die damit berechnete theoretische Abstiegsrichtung wird für $\varepsilon > 0$ einen Mindestabstieg um ε garantieren.

5 Approximative Ableitungen

Im Hinblick auf die Konstruktion eines approximativen Abstiegsverfahrens untersuchen wir jetzt eine äußere Approximation des Subdifferentials und approximative Richtungsableitungen.

5.1 Approximation des Subdifferentials

Definition 5.1.1: Sind $f \in \operatorname{Conv} \mathbb{R}^n$, $x \in \operatorname{dom} f$ und $\varepsilon \geq 0$, dann heißt ein Vektor $s \in \mathbb{R}^n$ *approximativer Subgradient* oder *ε-Subgradient von f in x*, wenn

$$(5.1) \qquad f(y) \geq f(x) + \langle s, y - x \rangle - \varepsilon \quad \forall y \in \mathbb{R}^n$$

gilt. Das *approximative Subdifferential* oder *ε-Subdifferential $\partial_\varepsilon f(x)$ von f in x* ist die Menge aller ε-Subgradienten von f in x. $\qquad\qquad \diamond$

Für $\varepsilon = 0$ erhalten wir die frühere Definition 2.8.2 des Subdifferentials. Anstelle von $\partial_0 f(x)$ verwenden wir weiterhin die Bezeichnung $\partial f(x)$. Aus Definition 5.1.1 folgt

$$(5.2) \qquad \partial_{\varepsilon_1} f(x) \subset \partial_{\varepsilon_2} f(x), \quad \text{falls } 0 \leq \varepsilon_1 \leq \varepsilon_2,$$

und

$$(5.3) \qquad \partial f(x) = \partial_0 f(x) = \bigcap_{\varepsilon > 0} \partial_\varepsilon f(x).$$

Diese Beziehungen zeigen, dass das ε-Subdifferential $\partial_\varepsilon f(x)$ für $\varepsilon > 0$ eine *äußere Approximation* des gewöhnlichen Subdifferentials $\partial f(x)$ definiert.

Beispiel 5.1.2: Wir betrachten die Funktion $f(x) = |x|$. Für $\varepsilon > 0$ ist $s \in \partial_\varepsilon f(x)$ genau dann, wenn

$$|y| = |x| + s(y - x) - \varepsilon \quad \forall y \in \mathbb{R}$$

gilt, d. h. wenn der Funktionsgraph von $f(y) = |y|$ oberhalb der Gerade

$$g(x, s; y) = |x| + s(y - x) - \varepsilon$$

liegt. Dies ist nur möglich, wenn die Steigung $s \in [-1, 1]$ ist und wenn der y-Abschnitt $g(x, s; 0) \leq 0$ ist. Daher ist

$$\partial_\varepsilon f(x) = [-1, 1] \cap \{ s \in \mathbb{R} \mid g(x, s; 0) \leq 0 \}.$$

Für $x = 0$ ist $g(x, s; 0) = -\varepsilon \leq 0$ für alle $s \in \mathbb{R}$ und daher $\partial_\varepsilon f(x) = [-1, 1]$. Für $x > 0$ ist

$$g(x, s; 0) = x - sx - \varepsilon \leq 0 \Leftrightarrow 1 - s \leq \frac{\varepsilon}{x} \Leftrightarrow s \geq 1 - \frac{\varepsilon}{x}.$$

Weiter gilt

$$1 - \frac{\varepsilon}{x} \geq -1 \Leftrightarrow \frac{\varepsilon}{x} \leq 2 \Leftrightarrow x \geq \frac{\varepsilon}{2}.$$

Für $x > 0$ gilt daher

$$[-1, 1] \cap \{s \in \mathbb{R} \mid g(x, s; 0) \leq 0\} = \begin{cases} [-1, +1], & \text{falls } x \leq \varepsilon/2, \\ [1 - \varepsilon/x, 1], & \text{falls } x > \varepsilon/2. \end{cases}$$

Den Fall $x < 0$ behandelt man analog zu $x > 0$. Insgesamt erhält man

$$\partial_\varepsilon f(x) = \begin{cases} [-1, -1 - \varepsilon/x], & \text{falls } x < -\varepsilon/2, \\ [-1, +1], & \text{falls } -\varepsilon/2 \leq x \leq \varepsilon/2, \\ [1 - \varepsilon/x, 1], & \text{falls } x > \varepsilon/2 \end{cases}$$

(siehe auch Aufgabe 5.1). $\Diamond$

Beispiel 5.1.3: Ist $f\colon \mathbb{R}^n \to \mathbb{R}$, $f(x) = \langle a, x \rangle + r$ mit $a \in \mathbb{R}^n$, $r \in \mathbb{R}$ eine affine Funktion, dann gilt $\partial_\varepsilon f(x) = \{a\}$ für alle $\varepsilon \geq 0$ (Aufgabe 5.2).

Man kann auch umgekehrt zeigen: Ist die Menge $\partial_\varepsilon f(x)$ für ein $\varepsilon > 0$ einelementig, dann ist f affin (siehe Hiriart-Urruty/Lemaréchal [17] XI, Proposition 1.2.4). Auch für differenzierbare Funktionen ist daher das ε-Subdifferential im Allgemeinen nicht einelementig. $\Diamond$

Beispiel 5.1.4: Ist $f\colon \mathbb{R}^n \to \mathbb{R}$ eine quadratische Funktion, d. h. $f(x) = \frac{1}{2}\langle Qx, x\rangle + \langle b, x \rangle$ mit einer positiv definiten, symmetrischen $n \times n$-Matrix Q und $b \in \mathbb{R}^n$, dann ist f differenzierbar mit $\nabla f(x) = Qx + b$, und für $\varepsilon \geq 0$ gilt

$$(5.4) \quad \begin{aligned} \partial_\varepsilon f(x) &= \{\nabla f(x) + Qy \mid y \in \mathbb{R}^n, \tfrac{1}{2}\langle Qy, y\rangle \leq \varepsilon\} \\ &= \{\nabla f(x) + z \mid z \in \mathbb{R}^n, \tfrac{1}{2}\langle z, Q^{-1}z\rangle \leq \varepsilon\}. \end{aligned}$$

Beweis: Setzt man $z = Qy \Longleftrightarrow y = Q^{-1}z$, so folgt, dass die beiden Mengen auf der rechten Seite von (5.4) gleich sind. Nach Definition 5.1.1 ist $s \in \partial_\varepsilon f(x)$ genau dann, wenn gilt

$$\tfrac{1}{2}\langle Qy, y\rangle - \tfrac{1}{2}\langle Qx, x\rangle + \langle b, y - x\rangle \geq \langle s, y - x\rangle - \varepsilon \quad \forall y \in \mathbb{R}^n,$$

was äquivalent zu

$$\tfrac{1}{2}\langle Q(y + x), y - x\rangle + \langle b, y - x\rangle \geq \langle s, y - x\rangle - \varepsilon \quad \forall y \in \mathbb{R}^n$$

ist. Eine einfache Rechnung zeigt, dass dies wiederum äquivalent zu

$$(1) \quad \langle s - Qx - b, y - x \rangle = \langle s - \nabla f(x), y - x \rangle \leq \frac{1}{2}\langle Q(y-x), y-x \rangle + \varepsilon$$

für alle $y \in \mathbb{R}^n$ ist. Setzt man speziell

$$y := x + Q^{-1}(s - Qx - b) = x + Q^{-1}(s - \nabla f(x)),$$

dann ist $Q(y-x) = s - \nabla f(x)$ und wegen (1) muss gelten

$$\langle s - \nabla f(x), Q^{-1}(s - \nabla f(x)) \rangle \leq \frac{1}{2}\langle s - \nabla f(x), Q^{-1}(s - \nabla f(x)) \rangle + \varepsilon,$$

also $\frac{1}{2}\langle s - \nabla f(x), Q^{-1}(s - \nabla f(x)) \rangle \leq \varepsilon$. Für $s \in \partial_\varepsilon f(x)$ muss daher gelten

$$(2) \qquad s = \nabla f(x) + z \quad \text{mit} \quad \tfrac{1}{2}\langle z, Q^{-1}z \rangle \leq \varepsilon.$$

Wir müssen noch zeigen, dass ein Vektor s mit (2) ε-Subgradient von f in x ist. Für beliebiges $v \in \mathbb{R}^n$ gilt

$$(3) \qquad \langle Qv, y-x \rangle \leq \tfrac{1}{2}\langle Q(y-x), y-x \rangle + \tfrac{1}{2}\langle v, Qv \rangle \quad \forall y \in \mathbb{R}^n.$$

Ist speziell $v := Q^{-1}(s - \nabla f(x)) = Q^{-1}z$, dann ist $Qv = s - \nabla f(x)$ und $\langle Qv, v \rangle = \langle z, Q^{-1}z \rangle$. Aus (3) folgt daher zusammen mit (2)

$$\langle s - \nabla f(x), y-x \rangle \leq \tfrac{1}{2}\langle Q(y-x), y-x \rangle + \varepsilon \quad \forall y \in \mathbb{R}^n,$$

d. h., es gilt (1) und damit $s \in \partial_\varepsilon f(x)$. $\diamond$

Beispiel 5.1.5: Die Funktion $f\colon \mathbb{R}^n \to \mathbb{R}$ sei definiert durch

$$f(x) = \max_{i=1,\ldots,m} \langle s^i, x \rangle + b_i$$

mit $s^i \in \mathbb{R}^n$, $b_i \in \mathbb{R}$, $i = 1,\ldots,m$ (Maximum affiner Funktionen, vgl. Korollar 2.9.5). Für festes $x \in \mathbb{R}^n$ definieren wir $e_i = f(x) - \langle s^i, x \rangle - b_i$, $i = 1,\ldots,m$. Dann gilt

$$F := \left\{ \sum_{i=1}^{m} \beta_i s^i \mid \beta_i \geq 0, \sum_{i=1}^{m} \beta_i = 1, \sum_{i=1}^{m} \beta_i e_i \leq \varepsilon \right\} \subset \partial_\varepsilon f(x).$$

Beweis: Für $y \in \mathbb{R}^n$ gilt

$$f(y) = f(x) + \max_{i=1,\ldots,m} -f(x) + \langle s^i, y \rangle + b_i = f(x) + \max_{i=1,\ldots,m} -e_i + \langle s^i, y-x \rangle.$$

Wir wählen $s \in F$ beliebig. Dann gibt es $\beta_i \geq 0$, $i = 1, \ldots, m$, mit

$$s = \sum_{i=1}^{m} \beta_i s^i \quad \text{und} \quad \sum_{i=1}^{m} \beta_i = 1, \ \sum_{i=1}^{m} \beta_i e_i \leq \varepsilon.$$

Mit $\alpha = \max_{i=1,\ldots,m} -e_i + \langle s^i, y - x \rangle = f(y) - f(x)$ gilt dann

$$\langle s, y - x \rangle - \sum_{i=1}^{m} \beta_i e_i = \sum_{i=1}^{m} \beta_i \left(\langle s^i, y - x \rangle - e_i \right) \leq \sum_{i=1}^{m} \beta_i \alpha = \alpha.$$

Wegen $- \sum_{i=1}^{m} \beta_i e_i \geq -\varepsilon$ folgt

$$\langle s, y - x \rangle - \varepsilon \leq \langle s, y - x \rangle - \sum_{i=1}^{m} \beta_i e_i \leq \alpha,$$

und damit

$$f(y) = f(x) + \alpha \geq f(x) + \langle s, y - x \rangle - \varepsilon,$$

d. h. $s \in \partial_\varepsilon f(x)$. Da $s \in F$ beliebig war, ist die Behauptung bewiesen.
Anmerkung: Man kann auch die umgekehrte Inklusion $F \supset \partial_\varepsilon f(x)$ und damit $F = \partial_\varepsilon f(x)$ zeigen (siehe Hiriart-Urruty/Lemaréchal[17], XI, Example 3.5.3). Für $\varepsilon = 0$ ist die Bedingung $\sum_{i=1}^{m} \alpha_i e_i \leq \varepsilon$ wegen $e_i \geq 0$, $i = 1, \ldots, m$, äquivalent zu $\alpha_i = 0$, falls $e_i > 0$, d. h. zu $\alpha_i = 0$, falls $i \notin I(x)$ (vgl. Korollar 2.9.5). $\Diamond$

Die Beispiele zeigen, dass das ε-Subdifferential in der Regel nicht einfach zu berechnen ist. Bei Verfahren zur Lösung von (PU) werden wir daher das ε-Subdifferential geeignet approximieren. Wir untersuchen jetzt einige nützliche Eigenschaften des ε-Subdifferentials.

Satz 5.1.6: *Ist* $f \in \mathrm{Conv}\, \mathbb{R}^n$, $\varepsilon \geq 0$ *und* $x \in \mathrm{int}\,(\mathrm{dom}\, f)$, *dann ist* $\partial_\varepsilon f(x)$ *nichtleer, konvex und kompakt.* $\Diamond$

Beweis: Für $\varepsilon = 0$ wurde die Behauptung in Satz 2.8.13 bewiesen. Für $\varepsilon > 0$ ist nach (5.2) $\partial f(x) \subset \partial_\varepsilon f(x)$ und damit $\partial_\varepsilon f(x) \neq \emptyset$. Konvexität und Abgeschlossenheit von $\partial_\varepsilon f(x)$ folgen einfach aus Definition 5.1.1. Bleibt noch zu zeigen, dass $\partial_\varepsilon f(x)$ beschränkt ist. Nach Satz 2.7.3 (lokale Lipschitz-Stetigkeit von f) gibt es ein $\delta = \delta(x) > 0$ und ein $L = L(x) \geq 0$, so dass

$$|f(z) - f(y)| \leq L \, \|z - y\| \quad \forall z, y \in B(x, \delta)$$

gilt. Für einen beliebigen Vektor $0_n \neq s \in \partial_\varepsilon f(x)$ definieren wir $y := x + \delta s/(2\|s\|)$. Dann ist $y \in B(x, \delta)$ und daher $|f(x) - f(y)| \leq L\|x - y\| = \frac{\delta}{2}L$. Damit folgt weiter

$$f(x) + \frac{\delta}{2}L \geq f(y) \geq f(x) + \langle s, y - x \rangle - \varepsilon$$
$$= f(x) + \frac{\delta}{2\|s\|}\langle s, s \rangle - \varepsilon = f(x) + \frac{\delta}{2}\|s\| - \varepsilon.$$

Daher ist $\|s\| \leq L + \frac{2\varepsilon}{\delta}$, und damit $\partial_\varepsilon f(x)$ beschränkt. $\qquad\square$

Man kann darüber hinaus die lokale Beschränktheit des ε-Subdifferentials bei hinreichend kleinen Änderungen von x zeigen.

Satz 5.1.7: *Für $f \in \mathrm{Conv}\,\mathbb{R}^n$ und $x \in \mathrm{int}\,(\mathrm{dom}\,f)$ sei $L = L(x)$ die lokale Lipschitz-Konstante von f auf $B(x, \delta)$ mit $\delta = \delta(x)$ gemäß Satz 2.7.3. Ist $\varepsilon \geq 0$, $0 < \eta < \delta$ und $y \in B(x, \eta)$, dann gilt*

$$\|s\| \leq L + \frac{\varepsilon}{\delta - \eta}$$

für alle $s \in \partial_\varepsilon f(y)$, d. h., es gilt

$$\partial_\varepsilon f(y) \subset \overline{B}\left(0, L + \frac{\varepsilon}{\delta - \eta}\right)$$

für alle $y \in B(x, \eta)$. $\qquad\diamond$

Beweis: Wir wählen $0 < \eta < \delta$ und $y \in B(x, \eta)$ beliebig. Die Behauptung ist richtig für $s = 0_n$. Für $s \in \partial_\varepsilon f(y)$, $s \neq 0_n$, ist

$$(1) \qquad f(z) \geq f(y) + \langle s, z - y \rangle - \varepsilon \quad \forall z \in \mathbb{R}^n.$$

Mit der speziellen Wahl $z := y + (\delta - \eta)s/\|s\|$ folgt

$$\|z - x\| \leq \|z - y\| + \|y - x\| < \delta - \eta + \eta = \delta,$$

also $z \in B(x, \delta)$. Weiter ist nach Definition von z

$$\langle s, z - y \rangle = (\delta - \eta)\|s\|.$$

Damit folgt aus (1) $f(z) \geq f(y) + (\delta - \eta)\|s\| - \varepsilon$, und daher

$$\|s\| \leq \frac{f(z) - f(y) + \varepsilon}{\delta - \eta}.$$

Wegen $y, z \in B(x, \delta)$ und

$$f(z) - f(y) \leq |f(z) - f(y)| \leq L(\delta - \eta)$$

folgt die Behauptung. $\qquad\square$

Zur Approximation des ε-Subdifferentials $\partial_\varepsilon f(x)$ im Zusammenhang mit Optimierungsverfahren benutzt man exakte Subgradienten $s \in \partial f(y)$ in Punkten $y \neq x$. Die Frage ist dann, wann $s \in \partial_\varepsilon f(x)$ ist. Dazu definieren wir

Definition 5.1.8: Sind $f \in \operatorname{Conv} \mathbb{R}^n$ und $(x, y, s) \in \operatorname{dom} f \times \operatorname{dom} f \times \mathbb{R}^n$, und wird f in y durch s linearisiert, d. h., f wird durch die affine Funktion $f(y) + \langle s, x - y \rangle$ approximiert, dann heißt

$$e(x, y, s) := f(x) - f(y) - \langle s, x - y \rangle$$

Linearisierungsfehler in x (vgl. Abb. 5.1). $\Diamond$

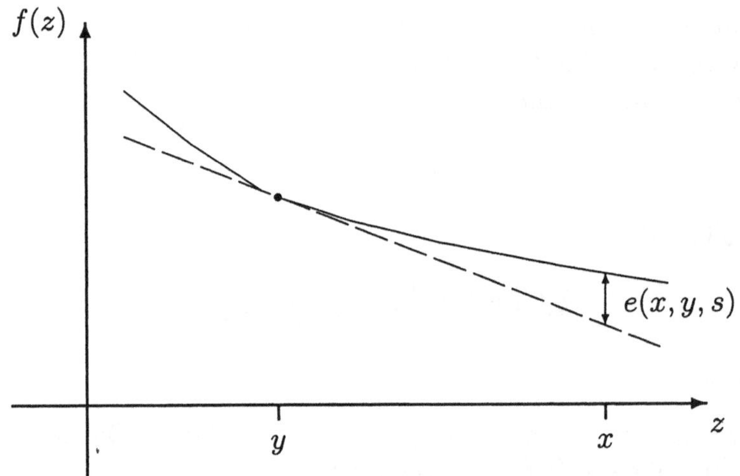

Abbildung 5.1: Linearisierungsfehler

Ist $s \in \partial f(y)$ ein Subgradient von f in y, dann ist wegen der Subgradientenungleichung (2.8) $e(x, y, s) \geq 0$. Abb. 5.1 lässt vermuten, dass $s \in \partial_\varepsilon f(x)$ ist, wenn der Linearisierungsfehler kleiner als ε ist.

Satz 5.1.9: *Für $f \in \operatorname{Conv} \mathbb{R}^n$, $x, y \in \operatorname{dom} f$, $s \in \partial f(y)$ und $\varepsilon \geq 0$ gilt $s \in \partial_\varepsilon f(x)$ genau dann, wenn $e(x, y, s) \leq \varepsilon$ ist.* $\Diamond$

Beweis: „$\Rightarrow$" Für $s \in \partial_\varepsilon f(x)$ ist $f(y) \geq f(x) + \langle s, y - x \rangle - \varepsilon$, woraus sofort $e(x, y, s) \leq \varepsilon$ folgt.

„$\Leftarrow$" Wegen $s \in \partial f(y)$ gilt

$$f(z) \geq f(y) + \langle s, z - y \rangle = f(x) + \langle s, z - x \rangle - e(x, y, s) \quad \forall z \in \mathbb{R}^n.$$

Ist $e(x, y, s) \leq \varepsilon$, so folgt $s \in \partial_\varepsilon f(x)$. $\square$

Aus den beiden letzten Resultaten folgt, dass das ε-Subdifferential $\partial_\varepsilon f(x)$ auch Subgradienten zu Punkten y aus einer Umgebung von x enthält. Es gilt nämlich:

Korollar 5.1.10: *Für $f \in \operatorname{Conv} \mathbb{R}^n$ und $x \in \operatorname{int}(\operatorname{dom} f)$ sei $L = L(x)$ die lokale Lipschitz-Konstante von f auf $B(x, \delta)$ mit $\delta = \delta(x)$ gemäß Satz 2.7.3. Ist $\varepsilon > 0$ und*

$$0 < \eta < \min\left\{\delta, \frac{\varepsilon}{2L}\right\},$$

dann gilt $\partial f(y) \subset \partial_\varepsilon f(x)$ für alle $y \in B(x, \eta)$. $\diamond$

Beweis: Sind $y \in B(x, \eta)$ und $s \in \partial f(y)$, dann folgt aus Satz 5.1.7 mit $\varepsilon = 0$, dass $\|s\| \leq L$ ist. Damit folgt weiter

$$e(x, y, s) = f(x) - f(y) - \langle s, x - y\rangle \leq 2L\eta \leq \varepsilon.$$

Nach Satz 5.1.9 ist dann $s \in \partial_\varepsilon f(x)$. $\square$

Wir werden Korollar 5.1.10 im Zusammenhang mit der Approximation des ε-Subdifferential benötigen (siehe Abschnitt 5.4). In Satz 5.1.7 haben wir die lokale Beschränktheit des ε-Subdifferentials $\partial_\varepsilon f(x)$ bei hinreichend kleinen Änderungen von x gezeigt. Etwas allgemeiner gilt die folgende Eigenschaft, die auch Variationen von ε zulässt.

Satz 5.1.11: *Ist $f \colon \mathbb{R}^n \to \mathbb{R}$ konvex und sind $E \subset \mathbb{R}_+ := \{r \in \mathbb{R} \mid r \geq 0\}$, $B \subset \mathbb{R}^n$ beschränkte Mengen, dann ist auch die Menge*

$$S := \{s \in \mathbb{R}^n \mid s \in \partial_\varepsilon f(x),\ x \in B,\ \varepsilon \in E\}$$

beschränkt. $\diamond$

Beweis: Da B beschränkt ist, gibt es ein $\delta > 0$ mit $B \subset B(0_n, \frac{\delta}{2})$. Wir wählen ein festes $z \in B$. Dann ist

$$(1) \qquad\qquad B \subset B(z, \delta) \subset B(0_n, 2\delta),$$

denn für $x \in B$ ist

$$(2) \qquad\qquad \|x - z\| \leq \|x\| + \|z\| < \delta,$$

und für $y \in B(z, \delta)$ ist $\|y\| \leq \|y - z\| + \|z\| < \delta + \frac{1}{2}\delta < 2\delta$. Wir wählen $s \in S$ beliebig, also $s \in \partial_\varepsilon f(x)$ mit $x \in B$ und $\varepsilon \in E$. Ist $s = 0_n$, so ist nichts zu zeigen. Ist $s \neq 0_n$, dann gilt

$$f(y) \geq f(x) + \langle s, y - x\rangle - \varepsilon \quad \forall y \in \mathbb{R}^n.$$

Wählen wir speziell $y := x + s/\|s\|$, so folgt $\|y - x\| = 1$ und $f(y) \geq f(x) + \|s\| - \varepsilon$, und daher

(3) $$\|s\| \leq f(y) - f(x) + \varepsilon \leq f(y) - f(x) + M \,,$$

wobei M eine obere Schranke von E ist. Wegen (2) und $\|y - x\| = 1$ ist $\|y - z\| \leq \|x - z\| + \|y - x\| < \delta + 1$. Damit folgt zusammen mit (1)

$$\mathrm{co}\,[B \cup \{y\}] \subset B(z, \delta + 1) \subset B(0_n, 2\delta + 1)\,.$$

Nach Korollar 2.7.4 gibt es ein $L \geq 0$, so dass f auf $B(0_n, 2\delta + 1)$ Lipschitz-stetig ist mit Lipschitz-Konstante L; insbesondere gilt $|f(x) - f(y)| \leq L\,\|x - y\|$. Wegen $\|x - y\| = 1$ erhalten wir zusammen mit (3)

$$\|s\| \leq f(y) - f(x) + M \leq L + M\,.$$

Da $s \in S$ beliebig war und die obere Schranke unabhängig von s ist, folgt die Behauptung. $\square$

5.2 Approximation der Richtungsableitung

Passend zum ε-Subdifferential definieren wir jetzt eine Approximation der Richtungsableitung. Zu $f \in \mathrm{Conv}\,\mathbb{R}^n$, $x \in \mathrm{int}\,(\mathrm{dom}\,f)$ und einer Richtung $d \in \mathbb{R}^n$ definieren wir wie in Abschnitt 2.8 den Differenzenquotienten

$$q(t) := \frac{f(x + td) - f(x)}{t}\,, \quad t \in \mathbb{R}\,, t > 0\,.$$

Weiter definieren wir für $\varepsilon > 0$ den *approximativen Differenzenquotienten*

$$q_\varepsilon(t) := \frac{f(x + td) - f(x) + \varepsilon}{t} = q(t) + \frac{\varepsilon}{t}\,, \quad t \in \mathbb{R}\,, t > 0\,.$$

Wegen $x \in \mathrm{int}\,(\mathrm{dom}\,f)$ ist $x + td \in \mathrm{dom}\,f$ für hinreichend kleines $t > 0$. Für solche t-Werte hat $q_\varepsilon(t)$ einen endlichen Wert.

Aus Abschnitt 2.8 wissen wir, dass q monoton steigend ist und dass

$$\lim_{t \downarrow 0} q(t) = \inf_{t > 0} q(t) = f'(x, d)$$

ein endlicher Wert ist. Wegen $\varepsilon/t \to +\infty$ für $t \downarrow 0$ folgt daher

(5.5) $$\lim_{t \downarrow 0} q_\varepsilon(t) = +\infty\,.$$

Wegen $\varepsilon/t \to 0$ für $t \to \infty$ und der Monotonie von $q(t)$ gilt unabhängig von $\varepsilon > 0$ entweder $\lim_{t \to \infty} q_\varepsilon(t) = \lim_{t \to \infty} q(t) = +\infty$ oder $\lim_{t \to \infty} q_\varepsilon(t) = \lim_{t \to \infty} q(t)$ ist ein endlicher Wert. In beiden Fällen ist also $\inf_{t > 0} q_\varepsilon(t)$ ein endlicher Wert; falls das Infimum in t_ε angenommen wird, dann muss wegen (5.5) $t_\varepsilon > 0$ sein. Damit ist die folgende Definition sinnvoll.

Definition 5.2.1: Es sei $f \in \operatorname{Conv} \mathbb{R}^n$, $x \in \operatorname{int}(\operatorname{dom} f)$, $d \in \mathbb{R}^n$ und $\varepsilon \geq 0$. Dann heißt

$$(5.6) \qquad f'_\varepsilon(x,d) := \inf_{t>0} \frac{f(x+td) - f(x) + \varepsilon}{t}$$

approximative Richtungsableitung oder *ε-Richtungsableitung von f im Punkt x in Richtung d.* $\diamond$

Für Punkte $x \in \operatorname{int}(\operatorname{dom} f)$ ist die Richtungsableitung $f'_\varepsilon(x,d)$ für alle $d \in \mathbb{R}^n$ definiert, d. h., $\operatorname{dom} f'_\varepsilon(x, \cdot) = \mathbb{R}^n$. Für $\varepsilon > 0$ gilt im Gegensatz zu $\varepsilon = 0$

$$\inf_{t>0} q_\varepsilon(t) \neq \lim_{t\downarrow 0} q_\varepsilon(t) = +\infty.$$

Dies sieht man im Fall $n = 1$ auch anschaulich durch die folgende Konstruktion (vgl. Abb. 5.2): Für $t > 0$ sei g_t die Gerade, die durch die Punkte $(x, f(x) - \varepsilon)$ und $(x+td, f(x+td))$ geht. Man bestimme $t_\varepsilon > 0$ so, dass die zugehörige Gerade

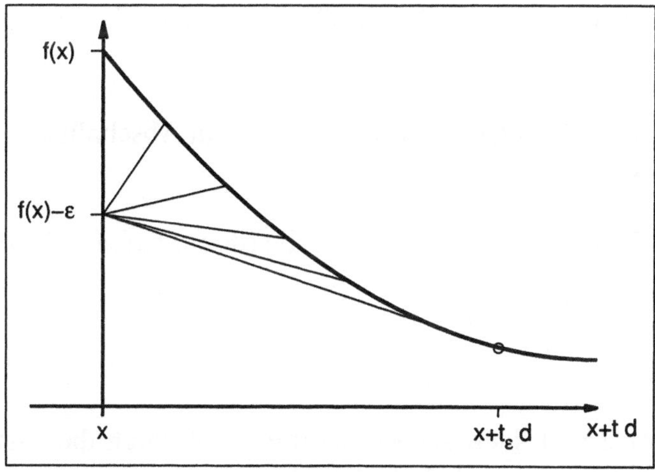

Abbildung 5.2: Konstruktion der ε-Richtungsableitung

diejenige mit der kleinsten Steigung ist, d. h., es gilt

$$\frac{f(x + t_\varepsilon d) - f(x) + \varepsilon}{t_\varepsilon} = \inf_{t>0} \frac{f(x+td) - f(x) + \varepsilon}{t}.$$

Dann ist $f'_\varepsilon(x,d)$ die Steigung der Gerade g_{t_ε}. Für $t \downarrow 0$ geht die Steigung der Geraden g_t gegen $+\infty$.

Beispiel 5.2.2: Ist $f \colon \mathbb{R}^n \to \mathbb{R}$, $f(x) = \langle a, x \rangle + r$ mit $a \in \mathbb{R}^n$, $r \in \mathbb{R}$ eine affine Funktion, dann gilt für $\varepsilon \geq 0$

$$f'_\varepsilon(x,d) = \inf_{t>0} \frac{\langle a, x+td \rangle - \langle a, x \rangle + \varepsilon}{t} = \langle a, d \rangle + \inf_{t>0} \frac{\varepsilon}{t} = \langle a, d \rangle$$

für alle $x, d \in \mathbb{R}^n$. Hier ist $t_\varepsilon = +\infty$. $\diamond$

Beispiel 5.2.3: Ist $f\colon \mathbb{R}^n \to \mathbb{R}$ eine quadratische Funktion, d.h. $f(x) = \frac{1}{2}\langle Qx, x\rangle + \langle b, x\rangle$ mit einer positiv definiten, symmetrischen $n \times n$-Matrix Q und $b \in \mathbb{R}^n$, dann gilt für $\varepsilon \geq 0$

$$f_\varepsilon'(x, d) = \inf_{t>0} \frac{\frac{1}{2}t^2\langle Qd, d\rangle + t\langle \nabla f(x), d\rangle + \varepsilon}{t}$$

$$= \langle \nabla f(x), d\rangle + \inf_{t>0}\left[\frac{1}{2}t\langle Qd, d\rangle + \frac{\varepsilon}{t}\right]$$

für alle $x, d \in \mathbb{R}^n$. Ist $\langle Qd, d\rangle \neq 0$, dann wird das Infimum für $t_\varepsilon = \sqrt{\frac{2\varepsilon}{\langle Qd,d\rangle}}$ angenommen, und wir erhalten

$$f_\varepsilon'(x, d) = \langle \nabla f(x), d\rangle + \sqrt{2\varepsilon\langle Qd, d\rangle}\,.$$

Diese Formel gilt auch für den Fall $\langle Qd, d\rangle = 0$, da dann der Wert des Infimums 0 ist. $\qquad\qquad\diamond$

Die drei folgenden Resultate wurden für $\varepsilon = 0$ in Abschnitt 2.8 bewiesen (vgl. Satz 2.8.10 und Aufgabe 5.3).

Lemma 5.2.4: *Es sei* $f \in \mathrm{Conv}\,\mathbb{R}^n$, $x \in \mathrm{int}\,(\mathrm{dom}\,f)$ *und* $\varepsilon \geq 0$. *Dann ist die Abbildung*

$$f_\varepsilon'(x, \cdot)\colon \mathbb{R}^n \to \mathbb{R}, \quad d \mapsto f_\varepsilon'(x, d)\,,$$

positiv homogen. $\qquad\qquad\diamond$

Analog zu Satz 2.8.11 kann das ε-Subdifferential durch die ε-Richtungsableitung charakterisiert werden (vgl. Aufgabe 5.4).

Satz 5.2.5: *Es sei* $f \in \mathrm{Conv}\,\mathbb{R}^n$, $x \in \mathrm{int}\,(\mathrm{dom}\,f)$ *und* $\varepsilon \geq 0$. *Dann ist*

$$\partial_\varepsilon f(x) = \{s \in \mathbb{R}^n \mid \langle s, d\rangle \leq f_\varepsilon'(x, d) \text{ für alle } d \in \mathbb{R}^n\}\,. \qquad \diamond$$

Man kann auch umgekehrt die ε-Richtungsableitung durch das ε-Subdifferential charakterisieren (vgl. Satz 2.8.12). Wir zeigen zunächst

Lemma 5.2.6: *Es sei* $f \in \mathrm{Conv}\,\mathbb{R}^n$, $x \in \mathrm{int}\,(\mathrm{dom}\,f)$, $d \in \mathbb{R}^n$ *und* $\varepsilon \geq 0$. *Weiter sei*

$$C_1 = \{(x + td, f(x) - \varepsilon + tf_\varepsilon'(x, d)) \mid t \geq 0\} \subset \mathbb{R}^{n+1}$$

der Halbstrahl ausgehend vom Punkt $(x, f(x)-\varepsilon) \in \mathbb{R}^{n+1}$ *in Richtung* $(d, f_\varepsilon'(x, d))$ *und* $C_2 = \mathrm{epi}\,f$. *Dann gilt* $\mathrm{int}\,C_2 \neq \emptyset$ *und* $C_1 \cap \mathrm{int}\,C_2 = \emptyset$. $\qquad \diamond$

Beweis: Anmerkung: In Abb. 5.2 ist C_1 der Halbstrahl ausgehend von $(x, f(x) - \varepsilon)$, der durch $(x + t_\varepsilon d, f(x + t_\varepsilon d))$ geht, also die Steigung $f'_\varepsilon(x, d)$ hat. Dieser Halbstrahl definiert eine Stützhyperebene an $C_2 = \text{epi } f$ und kann daher keine gemeinsamen Punkte mit int C_2 haben.

Wegen $\text{int}\,(\text{dom } f) \neq \emptyset$ folgt (wie im Beweis von Satz 2.6.3) $\text{int } C_2 \neq \emptyset$. Wir nehmen an, dass $C_1 \cap \text{int } C_2 \neq \emptyset$ ist. Dann gibt es einen Vektor $(z, r) \in C_1 \cap \text{int } C_2$, d. h., es gibt ein $\tau \geq 0$ mit

$$\binom{z}{r} = \binom{x + \tau d}{f(x) - \varepsilon + \tau f'_\varepsilon(x, d)} \in \text{int epi } f,$$

also $f(x) - \varepsilon + \tau f'_\varepsilon(x, d) > f(x + \tau d)$. Ist $\tau = 0$, liefert dies den Widerspruch $-\varepsilon > 0$. Ist $\tau > 0$, so erhalten wir

$$f'_\varepsilon(x, d) > \frac{f(x + \tau d) - f(x) + \varepsilon}{\tau}$$

im Widerspruch zu Definition (5.6) von $f'_\varepsilon(x, d)$. Also war die Annahme falsch, und die Behauptung ist bewiesen. $\qquad\square$

Satz 5.2.7: *Ist* $f \in \text{Conv } \mathbb{R}^n$, $x \in \text{int}\,(\text{dom } f)$ *und* $\varepsilon \geq 0$, *dann ist für alle* $d \in \mathbb{R}^n$

$$f'_\varepsilon(x, d) = \max_{s \in \partial_\varepsilon f(x)} \langle s, d \rangle. \qquad\qquad \diamond$$

Beweis: Wir wählen $d \in \mathbb{R}^n$ und $\varepsilon \geq 0$ beliebig und zeigen als erstes

$$(1) \qquad\qquad f'_\varepsilon(x, d) \leq \sup_{s \in \partial_\varepsilon f(x)} \langle s, d \rangle.$$

Der Beweis erfolgt durch Anwendung des Trennungssatzes 2.3.5 auf die in Lemma 5.2.6 definierten Mengen C_1 und C_2. Diese Mengen sind nichtleer und konvex, und nach Lemma 5.2.6 ist $C_1 \cap \text{int } C_2 = \emptyset$. Nach dem Trennungssatz 2.3.5 gibt es einen Vektor $(c, \lambda) \in \mathbb{R}^{n+1}$, $(c, \lambda) \neq (0_n, 0)$, mit

$$(2) \qquad \left\langle \binom{c}{\lambda}, \binom{z}{r} \right\rangle \geq \left\langle \binom{c}{\lambda}, \binom{x + td}{f(x) - \varepsilon + t f'_\varepsilon(x, d)} \right\rangle$$

für alle $(z, r) \in \text{epi } f$ und alle $t \geq 0$. Weiter ist $\lambda > 0$, denn mit $\lambda = 0$ würde aus (2) mit $t = 0$ folgen, dass $\langle c, z \rangle \geq \langle c, x \rangle$ für alle $z \in \mathbb{R}^n$ ist und damit $c = 0_n$ im Widerspruch zu $(c, \lambda) \neq (0_n, 0)$; mit $\lambda < 0$ würde aus (2) mit $t = 0$, $z = x$, $r = f(x) + \mu$ mit beliebigem $\mu > 0$ folgen, dass $\lambda\mu \geq -\lambda\varepsilon$ ist, und wegen $\lambda < 0$ müsste $\mu \leq -\varepsilon$ sein im Widerspruch zu $\mu > 0$.

Wegen $\lambda > 0$ folgt aus (2) mit $t = 0$, $r = f(z)$, dass

$$\left\langle \begin{pmatrix} c \\ \lambda \end{pmatrix}, \begin{pmatrix} z \\ f(z) \end{pmatrix} \right\rangle \geq \left\langle \begin{pmatrix} c \\ \lambda \end{pmatrix}, \begin{pmatrix} x \\ f(x) - \varepsilon \end{pmatrix} \right\rangle \quad \forall z \in \mathbb{R}^n,$$

also $f(z) \geq f(x) + \langle -\frac{1}{\lambda}c, z - x \rangle - \varepsilon$ für alle $z \in \mathbb{R}^n$ ist, d. h., es gilt

$$(3) \qquad\qquad -\frac{1}{\lambda}c \in \partial_\varepsilon f(x).$$

Mit $z = x$, $r = f(x)$ folgt aus (2)

$$\langle c, x \rangle + \lambda f(x) \geq \langle c, x + td \rangle + \lambda f(x) - \lambda\varepsilon + \lambda t f'_\varepsilon(x, d)$$

für alle $t \geq 0$. Damit folgt weiter $0 \geq t\langle c, d \rangle - \lambda\varepsilon + \lambda t f'_\varepsilon(x, d)$ für alle $t \geq 0$, für alle $t > 0$ also

$$-\frac{1}{\lambda}\langle c, d \rangle \geq -\frac{\varepsilon}{t} + f'_\varepsilon(x, d).$$

Für $t \to +\infty$ erhalten wir $-\frac{1}{\lambda}\langle c, d \rangle \geq f'_\varepsilon(x, d)$. Wegen (3) ist damit (1) gezeigt. Wir zeigen als nächstes

$$(4) \qquad\qquad f'_\varepsilon(x, d) \geq \sup_{s \in \partial_\varepsilon f(x)} \langle s, d \rangle.$$

Für beliebiges $s \in \partial_\varepsilon f(x)$ folgt aus der ε-Subgradientenungleichung (5.1) mit $y = x + td$, wobei $t > 0$ beliebig ist, $f(x + td) \geq f(x) + t\langle s, d \rangle - \varepsilon$ und damit

$$\inf_{t > 0} \frac{f(x + td) - f(x) + \varepsilon}{t} \geq \langle s, d \rangle,$$

was (4) impliziert. Aus (1) und (4) erhalten wir

$$f'_\varepsilon(x, d) = \sup_{s \in \partial_\varepsilon f(x)} \langle s, d \rangle = \max_{s \in \partial_\varepsilon f(x)} \langle s, d \rangle,$$

wobei die letzte Gleichung wegen der Kompaktheit von $\partial_\varepsilon f(x)$ (nach Satz 5.1.6) gilt. $\square$

Beispiel 5.2.8: Es sei $f: \mathbb{R} \to \mathbb{R}$ definiert durch $f(x) = |x|$. Dann gilt für $\varepsilon > 0$ nach Satz 5.2.7 und Beispiel 5.1.2

$$f'_\varepsilon(x, 1) = \begin{cases} -1 - \varepsilon/x, & \text{falls } x < -\varepsilon/2, \\ 1, & \text{falls } x \geq -\varepsilon/2. \end{cases} \qquad \diamond$$

Korollar 5.2.9: *Für $f \in \operatorname{Conv}\mathbb{R}^n$, $x \in \operatorname{int}(\operatorname{dom} f)$ und $\varepsilon \geq 0$ ist die Abbildung $f'_\varepsilon(x, \cdot): \mathbb{R}^n \to \mathbb{R}$ sublinear.* $\diamond$

Beweis: Nach Lemma 5.2.4 ist $f'_\varepsilon(x, \cdot)$ positiv homogen. Bleibt zu zeigen, dass die Abbildung konvex ist (vgl. Lemma 2.8.9). Dies folgt aber aus Satz 5.2.7 und Lemma 2.5.2. $\square$

5.3 Approximative Minima

Wir betrachten das unrestringierte Optimierungsproblem (PU) aus Abschnitt 3.1. Entsprechend den Approximationen von Subdifferential und Richtungsableitung betrachten wir jetzt approximative Minima.

Definition 5.3.1: Für eine Funktion $f\colon \mathbb{R}^n \to \mathbb{R}$ heißt ein Punkt $x^* \in \mathbb{R}^n$ *approximativer Minimalpunkt* oder *ε-Minimalpunkt* oder *ε-optimal*, wenn gilt

$$f(x) \geq f(x^*) - \varepsilon \quad \forall x \in \mathbb{R}^n . \qquad \diamond$$

Beispiel 5.3.2: Es sei $f\colon \mathbb{R} \to \mathbb{R}$ definiert durch $f(x) = |x|$. Dann ist jedes $x \in \mathbb{R}$ mit $|x| \leq \varepsilon$ ε-optimal.

Ist $f\colon \mathbb{R} \to \mathbb{R}$ definiert durch $f(x) = e^x$, dann hat das Problem (P) keine Lösung. Für beliebiges $\varepsilon > 0$ ist $0 \leq f(x) \leq \varepsilon$ genau dann, wenn $x \leq \log \varepsilon$ ist. Für $x \leq \log \varepsilon$ gilt also

$$f(y) \geq 0 \geq f(x) - \varepsilon \quad \forall y \in \mathbb{R} ,$$

d. h., jedes $x \leq \log \varepsilon$ ist ε-Lösung von (P). $\qquad \diamond$

Charakterisierungen eines ε-Minimums erhält man analog zu Satz 3.1.1 (siehe Aufgabe 5.5).

Satz 5.3.3: *Für eine konvexe Funktion $f\colon \mathbb{R}^n \to \mathbb{R}$ und $x^* \in \mathbb{R}^n$ sind die folgenden Aussagen äquivalent:*

(i) x^* ist ε-Minimalpunkt;

(ii) $0_n \in \partial_\varepsilon f(x^*)$;

(iii) $f'_\varepsilon(x^*, d) \geq 0$ für alle $d \in \mathbb{R}^n$. $\qquad \diamond$

5.4 Approximative Abstiegsrichtungen

Ist $f\colon \mathbb{R}^n \to \mathbb{R}$ eine konvexe Funktion und ist $\varepsilon > 0$ fest gewählt, dann gibt es zu einem Punkt $x \in \mathbb{R}^n$, der kein ε-Minimalpunkt von f ist, nach Satz 5.3.3 eine Richtung $d \in \mathbb{R}^n$ mit $f'_\varepsilon(x, d) < 0$. Analog zu Definition 3.2.1 definieren wir approximative Abstiegsrichtungen.

Definition 5.4.1: Für eine Funktion $f\colon \mathbb{R}^n \to \mathbb{R}$, $\varepsilon > 0$ und $x \in \mathbb{R}^n$ heißt ein Vektor $d \in \mathbb{R}^n$ *approximative Abstiegsrichtung* oder *ε-Abstiegsrichtung von f in x*, wenn es ein $t > 0$ mit $f(x + td) < f(x) - \varepsilon$ gibt. $\qquad \diamond$

Für approximative Abstiegsrichtungen gilt analog zu Satz 3.2.2:

Satz 5.4.2: *Ist* $f \colon \mathbb{R}^n \to \mathbb{R}$ *konvex,* $\varepsilon > 0$ *und* $x, d \in \mathbb{R}^n$, *dann sind die folgenden Aussagen äquivalent:*

  (i) $d \in \mathbb{R}^n$ *ist* ε-*Abstiegsrichtung von* f *in* x;

  (ii) $f'_\varepsilon(x, d) < 0$;

  (iii) $\displaystyle \max_{s \in \partial_\varepsilon f(x)} \langle s, d \rangle < 0.$ $\Diamond$

Beweis: „(i) $\Rightarrow$ (ii)" Ist $d \in \mathbb{R}^n$ ε-Abstiegsrichtung von f in x, d. h., es gibt ein $t > 0$ mit $f(x + td) < f(x) - \varepsilon$, dann folgt aus der Definition der ε-Richtungsableitung

$$f'_\varepsilon(x, d) \leq \frac{f(x + td) - f(x) + \varepsilon}{t} < 0,$$

d. h., es gilt (ii).

„(ii) $\Rightarrow$ (i)" Ist $f'_\varepsilon(x, d) < 0$, d. h.,

$$0 > f'_\varepsilon(x, d) = \inf_{t > 0} \frac{f(x + td) - f(x) + \varepsilon}{t},$$

dann gibt es ein $t > 0$ mit $f(x + td) - f(x) + \varepsilon < 0$, also gilt (i).

„(ii) $\Leftrightarrow$ (iii)" folgt aus Satz 5.2.7. $\square$

Ist d ε-Abstiegsrichtung von f in x, L die lokale Lipschitz-Konstante von f auf $B(x, \delta)$ und ist $0 < \eta < \min \left\{ \delta, \frac{\varepsilon}{2L} \right\}$, so gilt nach Korollar 5.1.10 $\partial f(y) \subset \partial_\varepsilon f(x)$ für $y \in B(x, \eta)$ und damit

$$f'(y, d) = \max_{s \in \partial f(y)} \langle s, d \rangle \leq \max_{s \in \partial_\varepsilon f(x)} \langle s, d \rangle = f'_\varepsilon(x, d) < 0,$$

d. h., d ist Abstiegsrichtung von f in y für alle $y \in B(x, \eta)$.

Ist d ε-Abstiegsrichtung von f in x, dann folgt aus der positiven Homogenität von $f'_\varepsilon(x, \cdot)$, dass für $\alpha > 0$ auch αd eine ε-Abstiegsrichtung ist. Insbesondere ist $\tilde{d} = d/\|d\|$ ε-Abstiegsrichtung.

Zur (theoretischen) Berechnung einer ε-Abstiegsrichtung kann man wie im Fall $\varepsilon = 0$ vorgehen (vgl. Abschnitt 3.2). Man berechnet die eindeutig bestimmte Projektion $s^{(k)}$ von 0_n auf $\partial_\varepsilon f(x^{(k)})$. Ist $s^{(k)} = 0_n$, dann ist $0_n \in \partial_\varepsilon f(x^{(k)})$, d. h., $x^{(k)}$ ist ε-optimal (Satz 5.3.3). Andernfalls zeigt das folgende Resultat, das man analog zu Satz 3.2.3 beweist (siehe Aufgabe 5.6), dass $s^{(k)}$ eine ε-Abstiegsrichtung definiert.

Satz 5.4.3: *Ist $s^{(k)} \neq 0_n$ die eindeutig bestimmte Projektion von 0_n auf $\partial_\varepsilon f(x^{(k)})$, dann ist $d^{(k)} := -s^{(k)}/\|s^{(k)}\|$ eine ε-Abstiegsrichtung von f in $x^{(k)}$, und es gilt*

$$f_\varepsilon'(x^{(k)}, d^{(k)}) = -\|s^{(k)}\|, \quad f_\varepsilon'(x^{(k)}, -s^{(k)}) = -\|s^{(k)}\|^2.$$

$\Diamond$

Bemerkung: Man kann zeigen, dass die Richtung $d^{(k)}$ die eindeutig bestimmte Lösung des Problems

$$\min_{d \in \mathbb{R}^n} \; f_\varepsilon'(x, d), \quad \text{Nb. } \|d\| = 1$$

ist. Für eine differenzierbare Funktion f und $\varepsilon = 0$ erhält man damit die Suchrichtung des Gradientenverfahrens 1.3.2 (vgl. Alt [4], Kap. 4). $\Diamond$

Mit der Abstiegsrichtung $d^{(k)}$ von Satz 5.4.3 kann man einen theoretischen Algorithmus für das Problem (PU) formulieren.

Verfahren 5.4.4: Theoretisches ε-Abstiegsverfahren
Wähle einen Startpunkt $x^{(0)} \in \mathbb{R}^n$ und setze $k := 0$.

1. Berechne die Projektion $s^{(k)}$ von 0_n auf $\partial_\varepsilon f(x^{(k)})$.

2. Abbruchkriterium: Ist $s^{(k)} = 0_n$, dann stoppe das Verfahren.

3. Berechne zu $d^{(k)} = -s^{(k)}$ eine Schrittweite $t_k > 0$, so dass mit $x^{(k+1)} := x^{(k)} + t_k d^{(k)}$ gilt: $f(x^{(k+1)}) < f(x^{(k)}) - \varepsilon$.

4. Setze $k := k + 1$ und gehe zu 1. $\Diamond$

Da der Zielfunktionswert in jedem Iterationsschritt um mindestens ε verringert wird, gilt für die Konvergenz des Verfahrens:

Lemma 5.4.5: *Es gilt entweder $f(x^{(k)}) \to -\infty$ oder nach endlich vielen Schritten m ist $x^{(m)}$ ε-optimal.* $\Diamond$

Beweis: Nach Konstruktion des Verfahrens gilt

$$f(x^{(k)}) < f(x^{(0)}) - k\varepsilon, \quad k = 1, 2, \dots.$$

Ist f nicht nach unten beschränkt, dann folgt $f(x^{(k)}) \to -\infty$. Ist f durch $\bar{f}$ nach unten beschränkt und ist m die kleinste ganze Zahl mit $m\varepsilon \geq f(x^{(0)}) - \bar{f} - \varepsilon$, dann gilt nach spätestens m Iterationsschritten $f(x^{(m)}) < \bar{f} + \varepsilon$, d.h., $x^{(m)}$ ist ε-optimal. $\square$

Weitere Vorgehensweise

Das Konvergenzresultat zeigt, dass man durch Übergang zum ε-Subdifferential ein konvergentes Verfahren erhält, da in jedem Iterationsschritt eine Abnahme des Funktionswertes um mindestens ε erreicht wird. Damit liegt ein richtiges Konzept zur Konstruktion eines Abstiegsverfahrens vor.

Das wesentliche Problem des Verfahren 5.4.4 besteht darin, dass man das ε-Subdifferential bzw. die ε-Richtungsableitung in der Regel nicht kennt. Daher ist das Verfahren in der vorliegenden Form nicht implementierbar. Als Abhilfe werden wir eine innere Approximation des ε-Subdifferentials $\partial_\varepsilon f(x)$ konstruieren. Da beim theoretischen Verfahren 5.4.4 der Zielfunktionswert in jeder Iteration um mindestens ε abnimmt, ist zu erwarten, dass man auch mit einer geeigneten Approximation des ε-Subdifferentials und einer dazu passenden Berechnung einer Schrittweite noch ein konvergentes Abstiegsverfahren erhält.

6 Approximative Abstiegsverfahren

Auf der Basis des theoretischen Verfahrens 5.4.4 wollen wir jetzt für das unrestringierte Optimierungsproblem (PU) ein implementierbares, approximatives Abstiegsverfahren herleiten, d. h. ein Verfahren das approximative Abstiegsrichtungen zur Berechnung eines approximativen Minimums benutzt.

6.1 Grundlegende Verfahrenskonzepte

6.1.1 Verwendung eines Bundles

Um eine innere Approximation des ε-Subdifferentials $\partial_\varepsilon f(x^{(k)})$ zu erhalten, konstruiert man eine Menge $S_k = \{s^1, \ldots, s^l\}$ von Vektoren $s^i \in \partial f(y^i)$, $i = 1, \ldots, l$, wobei die Vektoren y^i Hilfspunkte aus einer Umgebung von $x^{(k)}$ sind. Mit Hilfe dieser Vektoren und den Subgradienten s^i möchte man hinreichend viel Information über das Verhalten von f in der Nähe von $x^{(k)}$ sammeln. Man nennt die Menge S_k *Bundle (Bündel)*. Im Gegensatz zum Subgradientenverfahren wird hier also nicht nur ein Subgradient $s \in \partial f(x^{(k)})$ benutzt, sondern auch Subgradienten zu Punkten y in der Nachbarschaft von $x^{(k)}$, was bessere Konvergenzeigenschaften des resultierenden Verfahrens erwarten läßt.

Es gibt verschiedene Strategien zur Konstruktion eines Bundles; Verfahren, die ein solches Bundle benutzen, nennt man allgemein *Bundle-Verfahren*. Wir werden diesen Begriff erst im folgenden Kapitel für Algorithmen verwenden, die zusätzlich noch ε variieren.

Bevor wir auf eine Strategie zur Konstruktion des Bundles eingehen, wollen wir uns überlegen, wie man mit einem gegebenem Bundle S_k eine Approximation von $\partial_\varepsilon f(x^{(k)})$ gewinnen kann. Es sei $I_k = \{1, \ldots, l\}$. Mit Hilfe der im Bundle S_k gespeicherten Subgradienten $s^i \in \partial f(y^i)$, $i \in I_k$, definieren wir affine Funktionen $\bar{f}_i \colon \mathbb{R}^n \to \mathbb{R}$, $i \in I_k$, durch $\bar{f}_i(x) = f(y^i) + \langle s^i, x - y^i \rangle$. Dann gilt $\bar{f}_i(y^i) = f(y^i)$, $i \in I_k$, und wegen für $s^i \in \partial f(y^i)$, $i \in I_k$, folgt

$$f(x) \geq f(y^i) + \langle s^i, x - y^i \rangle = \bar{f}_i(x) \quad \forall x \in \mathbb{R}^n.$$

Dies zeigt, dass die Funktionen $\bar{f}_i$ in den Punkten $(y^i, f(y^i))$, $i \in I_k$, Stützhyperebenen an den Graphen von f definieren. Daher ist die Funktion

$$\bar{f} = \max\{\,\bar{f}_i \mid i \in I_k\,\}$$

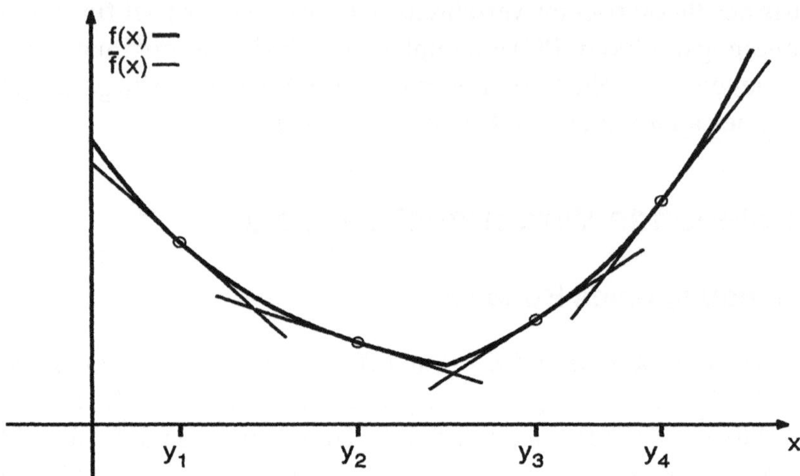

Abbildung 6.1: Approximation von f durch $\bar{f}$

eine stückweise affine Minorante von f (siehe Abb. 6.1). Man kann außerdem zeigen, dass

$$\partial_\varepsilon \bar{f}(x^{(k)}) = \left\{ \sum_{i \in I_k} \beta_i s^i \mid \beta_i \geq 0, \ i \in I_k, \sum_{i \in I_k} \beta_i = 1, \ \sum_{i \in I_k} \beta_i \bar{\alpha}_i^k \leq \varepsilon \right\}$$

ist (vgl. Beispiel 5.1.5 und Hiriart-Urruty/Lemaréchal [17], XI, Example 3.5.3), wobei die Zahlen

$$(6.1) \qquad \bar{\alpha}_i^k = \bar{f}(x^{(k)}) - f(y^i) - \langle s^i, x^{(k)} - y^i \rangle$$

die Linearisierungsfehler von $\bar{f}$ im Iterationspunkt $x^{(k)}$ sind. Es erscheint daher sinnvoll, das ε-Subdifferential $\partial_\varepsilon f(x^{(k)})$ durch die Menge $\partial_\varepsilon \bar{f}(x^{(k)})$ zu approximieren. Wir wollen uns noch überlegen, wann man die Zahlen $\bar{\alpha}_i^k$, $i \in I_k$, durch die Zahlen

$$(6.2) \qquad \alpha_i^k = e(x^{(k)}, y^i, s^i) = f(x^{(k)}) - f(y^i) - \langle s^i, x^{(k)} - y^i \rangle,$$

die Linearisierungsfehler von f im Iterationspunkt $x^{(k)}$, ersetzen kann. Aus der Definiton der Funktionen $\bar{f}_i$, $i \in I_k$, folgt sofort

$$\bar{f}_i(x^{(k)}) = f(y^i) + \langle s^i, x^{(k)} - y^i \rangle = f(x^{(k)}) - \alpha_i^k \,.$$

Ist $x^{(k)}$ einer der Hilfspunkte, d. h., gibt es ein $j \in I_k$ mit $y^{(j)} = x^{(k)}$, dann ist $\alpha_j^k = 0$ und $\bar{f}_j(x^{(k)}) = f(x^{(k)})$. Da $\bar{f}$ Minorante der Funktion f ist, gilt dann auch

$\bar{f}(x^{(k)}) = f(x^{(k)})$. In diesem Fall ist also nach (6.1) $\bar{\alpha}_i^k = \alpha_i^k$, $i \in I_k$, und daher für $i \in I_k$ nach Satz 5.1.9

$$s^i \in \partial_\varepsilon \bar{f}(x^{(k)}) \iff \alpha_i^k \leq \varepsilon.$$

Unter der Voraussetzung $\alpha_j^k = 0$ für ein $j \in I_k$ kann man also $\bar{\alpha}_i^k$, $i \in I_k$, durch α_i^k ersetzen, d. h., definiert man zu $\varepsilon \geq 0$

$$(6.3) \quad S_{k,\varepsilon} = \Big\{ \sum_{i=1}^{l} \beta_i s^i \mid \beta_i \geq 0,\ i = 1, \ldots, l,\ \sum_{i=1}^{l} \beta_i = 1,\ \sum_{i=1}^{l} \beta_i \alpha_i^k \leq \varepsilon \Big\},$$

dann ist $S_{k,\varepsilon} \subset \mathrm{co}\, S_k$ und $\partial_\varepsilon \bar{f}(x^{(k)}) = S_{k,\varepsilon}$. Unter der Voraussetzung $\alpha_j^k = 0$ für ein $j \in I_k$ benutzen wir daher im Folgenden die Menge $S_{k,\varepsilon}$ als Approximation für $\partial_\varepsilon f(x^{(k)})$. Wir werden das Bundle später so konstruieren, dass nach jedem Iterationsschritt der betrachteten Minimierungsverfahren (genauer nach einem „Abstiegsschritt") diese Voraussetzung erfüllt ist (siehe Abschnitt 6.3).

Im Hinblick auf die Konstruktion von Verfahren beweisen wir noch zwei Resultate zur Menge $S_{k,\varepsilon}$.

Lemma 6.1.1: *Die Menge $S_{k,\varepsilon}$ ist konvex und kompakt. Weiter ist $S_{k,\varepsilon}$ nichtleer genau dann, wenn gilt*

$$(6.4) \qquad\qquad \varepsilon \geq \min\{\alpha_i^k \mid i = 1, \ldots, l\} =: M.$$

Speziell ist $s^j \in S_{k,\varepsilon}$ für $j \in \{1, \ldots, l\}$ mit $\alpha_j^k = M$.

Beweis: Konvexität und Kompaktheit von $S_{k,\varepsilon}$ folgen aus der Definition der Menge. Ist $S_{k,\varepsilon} \neq \emptyset$ und $s = \sum_{i=1}^{l} \beta_i s^i \in S_{k,\varepsilon}$, dann ist wegen $\sum_{i=1}^{l} \beta_i = 1$

$$\varepsilon \geq \sum_{i=1}^{l} \beta_i \alpha_i^k \geq M \sum_{i=1}^{l} \beta_i = M.$$

Ist umgekehrt $\varepsilon \geq M$ und $j \in \{1, \ldots, l\}$ mit $\alpha_j^k = M$, dann ist $\alpha_j^k \leq \varepsilon$. Mit $\beta_j = 1$, $\beta_i = 0$ für $i \neq j$ folgt daher

$$\sum_{i=1}^{l} \beta_i s^i = s^j,\quad \beta_i \geq 0,\ i = 1, \ldots, l,\quad \sum_{i=1}^{l} \beta_i = 1,\quad \sum_{i=1}^{l} \beta_i \alpha_i^k = \alpha_j^k \leq \varepsilon,$$

also $s^j \in S_{k,\varepsilon}$ und damit $S_{k,\varepsilon} \neq \emptyset$. $\diamond$

Wir konstruieren das Bundle später so, dass die Bedingung (6.4) erfüllt und damit $S_{k,\varepsilon} \neq \emptyset$ ist (siehe Abschnitt 6.3).

Ist der Vektor s eine Konvexkombination der Vektoren des Bundles S_k, gilt also

$$(6.5) \qquad s = \sum_{i=1}^{l} \beta_i s^i, \quad \beta_i \geq 0, \ i = 1, \ldots, l, \quad \sum_{i=1}^{l} \beta_i = 1,$$

dann gilt für $i = 1, \ldots, l$ wegen $s^i \in \partial f(y^i)$ nach Definition der Zahlen α_i^k

$$f(z) \geq f(y^i) + \langle s^i, z - y^i \rangle = f(x^{(k)}) + \langle s^i, z - x^{(k)} \rangle - \alpha_i^k \ \forall z \in \mathbb{R}^n.$$

Multipliziert man die Ungleichungen mit β_i, so erhält man nach Aufsummieren wegen $\sum_{i=1}^{l} \beta_i = 1$

$$f(z) \geq f(x^{(k)}) + \left\langle \sum_{i=1}^{l} \beta_i s^i, z - x^{(k)} \right\rangle - \sum_{i=1}^{l} \beta_i \alpha_i^k$$

für alle $z \in \mathbb{R}^n$. Daher gilt

$$(6.6) \qquad s \in \partial_\eta f(x^{(k)}) \ \text{ mit } \ \eta = \sum_{i=1}^{l} \beta_i \alpha_i^k.$$

Für $s \in S_{k,\varepsilon}$ gilt (6.5) und $\eta \leq \varepsilon$. Mit (6.6) erhalten wir

Lemma 6.1.2: *Es gilt $S_{k,\varepsilon} \subset \partial_\varepsilon f(x^{(k)})$.* $\qquad\qquad\qquad\qquad\qquad\qquad\qquad$ $\Diamond$

Wir können die Menge $S_{k,\varepsilon}$ daher als eine *innere* Approximation des ε-Subdifferentials $\partial_\varepsilon f(x^{(k)})$ benutzen. Das Resultat des Lemmas ist auch im Hinblick auf ein Abbruchkriterium interessant (siehe Abschnitt 6.1.3). Ist nämlich $0_n \in S_{k,\varepsilon}$, dann gilt auch $0_n \in \partial_\varepsilon f(x^{(k)})$, und $x^{(k)}$ ist ε-optimal.

6.1.2 Approximative Suchrichtungen

Da wir die durch (6.3) definierte Menge $S_{k,\varepsilon}$ als innere Approximation des ε-Subdifferentials $\partial_\varepsilon f(x^{(k)})$ benutzen, berechnen wir im k-ten Iterationsschritt anstelle der Projektion von 0_n auf $\partial_\varepsilon f(x^{(k)})$ (siehe Verfahren 5.4.4) die Projektion von 0_n auf $S_{k,\varepsilon}$, d.h., den eindeutig bestimmten Vektor $\tilde{s}^{(k)} := P_{S_{k,\varepsilon}}(0_n)$, und benutzen $d^{(k)} := -\tilde{s}^{(k)}$ als approximative Suchrichtung.

Berechnung der Suchrichtung

Da $P_{S_{k,\varepsilon}}(0_n)$ der Vektor minimaler Norm in $S_{k,\varepsilon}$ ist, berechnen wir $\tilde{s}^{(k)}$ durch Lösung des quadratischen Optimierungsproblems (vgl. hierzu Beispiel 2.2.2)

$$(QS)_{k,\varepsilon} \quad \min_{\beta \in \mathbb{R}^l} \; F(\beta) := \frac{1}{2} \left\| \sum_{i=1}^{l} \beta_i s^i \right\|^2$$

$$\text{Nb. } \beta_i \geq 0, \; i = 1, \dots, l,$$

$$\text{Nb. } \sum_{i=1}^{l} \beta_i = 1, \quad \sum_{i=1}^{l} \beta_i \alpha_i^k \leq \varepsilon.$$

Die zulässige Menge ist die Menge $S_{k,\varepsilon}$, die nach Lemma 6.1.1 konvex und kompakt ist. Weiter ist $S_{k,\varepsilon}$ nichtleer genau dann, wenn (6.4) erfüllt ist. Da wir das Bundle später so konstruieren, dass (6.4) erfüllt ist (siehe Abschnitt 6.3), können wir $S_{k,\varepsilon} \neq \emptyset$ annehmen.

Die Zielfunktion ist konvex. Sind die Vektoren $s^1, \dots, s^l$ linear unabhängig (in diesem Fall muss $l \leq n$ sein), so ist die Zielfunktion strikt konvex und daher die Lösung eindeutig bestimmt (siehe Aufgabe 6.2). Im Allgemeinen (insbesondere im Fall $l > n$) ist die Zielfunktion aber nicht strikt konvex und die Lösung nicht notwendig eindeutig bestimmt; aber jede Lösung $\tilde{\beta} \in \mathbb{R}^l$ definiert durch $\tilde{s}^{(k)} = \sum_{i=1}^{l} \tilde{\beta}_i s^i$ den eindeutig bestimmten Vektor $\tilde{s}^{(k)}$.

Optimalitätsbedingungen

Das Problem $(QS)_{k,\varepsilon}$ ist vom Typ (PL) mit einer linearen Gleichungsnebenbedingung und $l + 1$ linearen Ungleichungsnebenbedingungen. Die Zielfunktion ist differenzierbar mit

$$\frac{\partial F}{\partial \beta_j}(\beta) = \langle s(\beta), s^j \rangle, \; j = 1, \dots, l, \; \text{ mit } s(\beta) = \sum_{i=1}^{l} \beta_i s^i.$$

Nach Satz 3.4.6 ist $\tilde{\beta} \in \mathbb{R}^l$ genau dann Lösung von $(QS)_{k,\varepsilon}$, wenn $\tilde{\beta}$ zulässig ist und wenn es Lagrange-Multiplikatoren $\lambda \in \mathbb{R}$, $\nu \in \mathbb{R}^l$, $\mu \in \mathbb{R}$ zu $\tilde{\beta}$ gibt, und die Lagrange-Multiplikatoren sind nach Lemma 3.4.8 unabhängig von der Lösung $\tilde{\beta}$. Damit gilt

$$(6.7) \qquad \begin{pmatrix} \langle s(\tilde{\beta}), s^1 \rangle \\ \vdots \\ \langle s(\tilde{\beta}), s^l \rangle \end{pmatrix} + \lambda \begin{pmatrix} 1 \\ \vdots \\ 1 \end{pmatrix} - \begin{pmatrix} \nu_1 \\ \vdots \\ \nu_l \end{pmatrix} + \mu \begin{pmatrix} \alpha_1^k \\ \vdots \\ \alpha_l^k \end{pmatrix} = 0_l,$$

$$(6.8) \qquad \nu_i \geq 0\,, \quad \nu_i \tilde{\beta}_i = 0\,, \quad i = 1, \ldots, l\,,$$

$$(6.9) \qquad \mu \geq 0\,, \quad \mu \left(\sum_{i=1}^{l} \tilde{\beta}_i \alpha_i^k - \varepsilon \right) = 0\,.$$

Aus (6.7) und (6.8) folgt

$$(6.10) \qquad \langle s(\tilde{\beta}), s^i \rangle + \lambda + \mu \alpha_i^k = \nu_i \geq 0\,, \quad i = 1, \ldots, l\,,$$

und

$$\tilde{\beta}_i \nu_i = \tilde{\beta}_i \left[\langle s(\tilde{\beta}), s^i \rangle + \lambda + \mu \alpha_i^k \right] = 0\,, \quad i = 1, \ldots, l\,.$$

Addiert man diese l Gleichungen, so folgt

$$-\lambda = \|s(\tilde{\beta})\|^2 + \mu \sum_{i=1}^{l} \tilde{\beta}_i \alpha_i^k = \|s(\tilde{\beta})\|^2 + \mu \varepsilon\,,$$

wobei die letzte Gleichung wegen (6.9) gilt. Setzt man dies in (6.10) ein, so erhält man für $i = 1, \ldots, l$

$$\langle s(\tilde{\beta}), s^i \rangle + \mu \alpha_i^k \geq -\lambda = \|s(\tilde{\beta})\|^2 + \mu \varepsilon$$

mit Gleichheit, wenn $\tilde{\beta}_i > 0$ ist, da dann wegen (6.8) $\nu_i = 0$ ist.

Wir zeigen noch umgekehrt, dass ein für $(\text{QS})_{k,\varepsilon}$ zulässiger Vektor $\tilde{\beta}$ Lösung dieses Problems ist, wenn es ein $\mu \in \mathbb{R}$ mit (6.9) und

$$\langle s(\tilde{\beta}), s^i \rangle + \mu \alpha_i^k \geq \|s(\tilde{\beta})\|^2 + \mu \varepsilon$$

mit Gleichheit, wenn $\tilde{\beta}_i > 0$ ist, gibt. Dazu definieren wir $-\lambda := \|s(\tilde{\beta})\|^2 + \mu \varepsilon$ und $\nu_i = \langle s(\tilde{\beta}), s^i \rangle + \lambda + \mu \alpha_i^k$, $i = 1, \ldots, l$. Dann glt (6.7), $\nu_i \geq 0$, $i = 1, \ldots, l$, und $\nu_i = 0$, falls $\tilde{\beta}_i > 0$ ist, d. h., (6.8) ist erfüllt. Damit sind λ, μ, ν Lagrange-Multiplikatoren zu $\tilde{\beta}$, also $\tilde{\beta}$ Lösung von $(\text{QS})_{k,\varepsilon}$. Wegen $s(\tilde{\beta}) = \tilde{s}^{(k)}$ haben wir damit gezeigt:

Satz 6.1.3: *Ein Vektor $\tilde{\beta} \in \mathbb{R}^l \in S_{k,\varepsilon}$ ist genau dann Lösung von $(\text{QS})_{k,\varepsilon}$, wenn es ein $\mu = \mu_k \in \mathbb{R}$ gibt mit*

$$(6.11) \qquad \mu_k \geq 0\,, \quad \mu_k \left(\sum_{i=1}^{l} \tilde{\beta}_i \alpha_i^k - \varepsilon \right) = 0\,,$$

und wenn für $i = 1, \ldots, l$ gilt

$$(6.12) \qquad \langle \tilde{s}^{(k)}, s^i \rangle + \mu_k \alpha_i^k \geq \|\tilde{s}^{(k)}\|^2 + \mu_k \varepsilon$$

mit Gleichheit, wenn $\tilde{\beta}_i > 0$ ist. Außerdem ist die Menge dieser μ_k unabhängig von der speziellen Lösung $\tilde{\beta}$. $\diamond$

6.1.3 Verfahren mit approximativer Suchrichtung

Wir wollen jetzt Kriterien dafür herleiten, wann die im letzten Abschnitt betrachtete approximative Suchrichtung $d^{(k)} = -\tilde{s}^{(k)}$ einen hinreichenden Abstieg garantiert und damit eine akzeptable Suchrichtung ist. Ist dies nicht der Fall, dann soll die durch das Bundle definierte Approximation des ε-Subdifferentials verbessert werden. Um ein implementierbares Verfahren zu erhalten, gehen wir wie beim Subgradientenverfahren von der realistischen Voraussetzung aus, dass man das ε-Subdifferential $\partial_\varepsilon f(x^{(k)})$ in der Regel nicht berechnen kann, sondern dass nur die Bedingung (S1) aus Abschnitt 3.2 gilt.

Abbruchkriterium

Als Abbruchkriterium können wir (theoretisch) $\tilde{s}^{(k)} = 0_n$ testen. Ist diese Bedingung erfüllt, dann gilt $0_n \in S_{k,\varepsilon} \subset \partial_\varepsilon f(x^{(k)})$ (siehe Lemma 6.1.2), und wir können das Verfahren abbrechen, da $x^{(k)}$ ε-optimal ist (siehe Satz 5.3.3). Um das Abbruchkriterium wenigstens näherungsweise erfüllen zu können, muss das Bundle so konstruiert werden, dass bei vorgegebenem $\eta > 0$ für die Vektoren $\tilde{s}^{(k)}$ nach endlich vielen Iterationsschritten

$$(6.13) \qquad \|\tilde{s}^{(k)}\| = \|d^{(k)}\| \leq \eta$$

gilt.

Schrittweitenverfahren

Ist $\tilde{s}^{(k)} \neq 0_n$, dann benutzt man $d^{(k)} = -\tilde{s}^{(k)}$ als Approximation für die ε-Abstiegsrichtung des Verfahrens 5.4.4 (vgl. Satz 5.4.3). Approximiert $S_{k,\varepsilon}$ das ε-Subdifferential $\partial_\varepsilon f(x^{(k)})$ nicht hinreichend genau, dann muss die Richtung $d^{(k)}$ keine ε-Abstiegsrichtung, nicht einmal eine Abstiegsrichtung in $x^{(k)}$ sein. Wir müssen also testen, ob $d^{(k)}$ eine Abstiegsrichtung ist; andernfalls müssen wir versuchen, das Bundle zu verbessern. Hierzu benutzen wir ein *Schrittweiten-Verfahren* (engl. line search). Ein solches Verfahren soll in der hier betrachteten Situation einen der beiden folgenden Ausgänge haben:

(AS) Es wird ein $t_k > 0$ (Schrittweite) berechnet, so dass mit $x^{(k)} + t_k d^{(k)}$ ein hinreichender Abstieg erzielt wird.

(NS) Es wird festgestellt, dass $d^{(k)}$ keine brauchbare Abstiegsrichtung ist. Dies bedeutet, dass die Menge $S_{k,\varepsilon}$ eine zu schlechte Approximation für $\partial_\varepsilon f(x^{(k)})$ ist. In diesem Fall muss man einen neuen Vektor zum Bundle S_k hinzufügen, um eine bessere Approximation zu erhalten.

Im Fall (AS) erhält man also einen hinreichenden Abstieg; man setzt daher als neuen Iterationspunkt $x^{(k+1)} := x^{(k)} + t_k d^{(k)}$, berechnet ein neues Bundle und führt anschließend die nächste Iteration des Verfahrens durch. Wir nennen dies einen *Abstiegsschritt* (engl. serious step).

Im Fall (NS) wird der aktuelle Iterationspunkt nicht geändert; man setzt $x^{(k+1)} := x^{(k)}$, verbessert das Bundle und berechnet mit dem neuen Bundle eine neue Suchrichtung. Wir nennen dies einen *Nullschritt* (engl. null step). Zur Berechnung einer brauchbaren Abstiegsrichtung muss man also möglicherweise einige Nullschritte durchführen.

Konzept für ein implementierbares Abstiegsverfahren

Mit den obigen Überlegungen können wir jetzt ein Konzept für ein implementierbares Abstiegsverfahren formulieren. Dabei sei $\varepsilon > 0$ vorgegeben, das Bundle in Iterationsschritt k wird mit S_k bezeichnet, und die Menge $S_{k,\varepsilon}$ sei durch (6.3) definiert.

Verfahren 6.1.4: Konzeptionelles ε-Abstiegsverfahren
Wähle einen Startpunkt $x^{(0)} \in \mathbb{R}^n$ und ein $\eta > 0$; berechne ein $s^1 \in \partial f(x^{(0)})$, definiere $S_0 = \{s^1\}$; setze $k := 0$.

1. Berechne $\tilde{s}^{(k)} = P_{S_{k,\varepsilon}}(0_n)$ durch Lösen des quadratischen Optimierungsproblems $(QS)_{k,\varepsilon}$.

2. Abbruchkriterium: Ist $\|\tilde{s}^{(k)}\| \leq \eta$, dann stoppe das Verfahren.

3. Berechne zu $d^{(k)} := -\tilde{s}^{(k)}$ eine Schrittweite $t_k > 0$, setze $y^{(k,+)} := x^{(k)} + t_k d^{(k)}$ und berechne $s^{(k,+)} \in \partial f(y^{(k,+)})$.
   Fall (AS): $x^{(k+1)} := y^{(k,+)}$ (Abstiegsschritt).
   Fall (NS): $x^{(k+1)} := x^{(k)}$ (Nullschritt).

4. Definiere neues Bundle S_{k+1}; setze $k := k+1$ und gehe zu 1. $\qquad \diamond$

Das Verfahren muss insbesondere die folgenden, bereits früher genannten Ziele verfolgen:

- Um Konvergenz der berechneten Iterationsfolge gegen einen Minimalpunkt zu erhalten, muss mit einem Abstiegsschritt ein hinreichend großer Abstieg der Zielfunktion erreicht werden.

- Im Hinblick auf ein Abbruchkriterium muss die Bedingung (6.13) erfüllt werden.

Die Durchführung des Schrittweitenverfahrens und die Konstruktion des Bundles werden wir im Folgenden im Hinblick auf diese Ziele diskutieren. Eine geeignete Schrittweite werden wir iterativ bestimmen. Dabei wird in jedem Iterationsschritt mit der aktuellen Schrittweite getestet, ob die Voraussetzungen für (AS) oder (NS) gegeben sind. Falls ja, stoppt das Schrittweitenverfahren, falls nein, muss die Schrittweite verbessert werden. Wir benötigen daher Kriterien zum Test der Voraussetzungen für (AS) oder (NS).

Verbesserung des Bundles

Im Fall (NS) soll die Approximation des ε-Subdifferentials durch Hinzunahme eines neuen Subgradienten zum Bundle verbessert werden. Dazu sei im Punkt $x = x^{(k)}$ die approximative Suchrichtung $d = d^{(k)} = -\tilde{s}^{(k)}$ durch Lösung von $(QS)_{k,\varepsilon}$ berechnet worden. Weiter sei $t > 0$ die aktuelle Schätzung für die Schrittweite. Nach (S1) können wir einen Subgradienten $s^+ \in \partial f(x + td)$ berechnen. Wir wollen uns überlegen, wann die Hinzunahme von s^+ zum aktuellen Bundle die innere Approximation verbessert. Es sei $\alpha^+ = f(x) - f(x+td) + \langle s^+, td \rangle$ der zugehörige Linearisierungsfehler, und $\mu = \mu_k$ sei der Lagrange-Multiplikator von Satz 6.1.3. Wir nehmen zunächst an, dass die Bedingung (6.12) auch für s^+ erfüllt ist, d. h.

$$(6.14) \qquad \langle \tilde{s}^{(k)}, s^+ \rangle + \mu_k \alpha^+ \geq \|\tilde{s}^{(k)}\|^2 + \mu_k \varepsilon \,.$$

Ist $\tilde{\beta} = (\tilde{\beta}_1, \ldots, \tilde{\beta}_l)^{\mathsf{T}}$ Lösung von $(QS)_{k,\varepsilon}$, dann definieren wir $\tilde{\beta}_{l+1} = 0$ und $s^{l+1} = s^+$. Mit dem neuen Bundle $S_k \cup \{s^+\}$ ist

$$\tilde{s}^{(k)} = \sum_{i=1}^{l+1} \tilde{\beta}_i s^i \,,$$

und die Bedingung (6.12) ist für $i = 1, \ldots, l+1$ erfüllt. Nach Satz 6.1.3 bleibt daher $\tilde{s}^{(k)}$ Lösung von $(QS)_{k,\varepsilon}$, wenn wir den Vektor $s^{l+1} = s^+$ zum Bundle hinzunehmen.

Die obigen Überlegungen zeigen: Wenn (6.14) erfüllt ist, wird die innere Approximation durch Hinzunahme von s^+ nicht verbessert. Damit die innere Approximation verbessert wird, muss daher

$$\langle \tilde{s}^{(k)}, s^+ \rangle + \mu_k \alpha^+ < \|\tilde{s}^{(k)}\|^2 + \mu_k \varepsilon$$

gelten. Diese Bedingung ist erfüllt, wenn

$$(6.15) \qquad \langle \tilde{s}^{(k)}, s^+ \rangle < \|\tilde{s}^{(k)}\|^2$$

und

$$(6.16) \qquad \alpha^+ \leq \varepsilon \quad (\Leftrightarrow s^+ \in \partial_\varepsilon f(x^{(k)}))$$

gilt. Zur numerischen Verifikation von (6.15) ersetzen wir diese Bedingung mit einer Zahl mit $0 < m_2 < 1$ durch

$$(6.17) \quad \langle \tilde{s}^{(k)}, s^+ \rangle \leq m_2 \| \tilde{s}^{(k)} \|^2 \iff \langle s^+, d \rangle \geq -m_2 \| d \|^2 = -m_2 \| \tilde{s}^{(k)} \|^2 \,.$$

Damit haben wir für den Ausgang (NS) des Schrittweitenverfahrens die beiden Kriterien (6.16) und (6.17).

Test auf hinreichenden Abstieg

Zum Test für den Ausgang (AS) muss das Schrittweitenverfahren prüfen, ob im Punkt $x = x^{(k)}$ mit der Suchrichtung $d = d^{(k)}$ und der aktuellen Schrittweite t ein brauchbarer Abstieg erzielt wird. Bei den Kriterien zur Akzeptanz der Schrittweite orientieren wir uns an den Schrittweitenverfahren der differenzierbaren Optimierung. Ist f differenzierbar, und ist d eine Abstiegsrichtung von f in x, dann wird beim Schrittweitenverfahren von Powell (vgl. Alt [4], Kap. 4) eine Schrittweite $t > 0$ akzeptiert, wenn sie die beiden folgenden Forderungen erfüllt:

$$(6.18) \qquad f(x + td) - f(x) \leq m_1 t \, \nabla f(x)^\mathsf{T} d \,,$$

wobei m_1 mit $0 < m_1 < 1$ vorgegeben ist, und

$$(6.19) \qquad \nabla f(x + td)^\mathsf{T} d \geq m_2 \, \nabla f(x)^\mathsf{T} d \,,$$

wobei m_2 mit $0 < m_1 < m_2 < 1$ vorgegeben ist. Diese beiden Forderungen haben folgenden Hintergrund:

- Durch die Forderung (6.18) soll ein hinreichend großer Abstieg erreicht werden. Die Bedingung ist äquivalent zu

$$q(t) = \frac{f(x + td) - f(x)}{t} \leq m_1 \, \nabla f(x)^\mathsf{T} d \,.$$

  Da die Funktion $q(\cdot)$ auf $]0, \infty[$ monoton steigend ist (siehe Lemma 2.8.4), impliziert dies auch, dass t nicht zu groß werden darf.

- Da die Funktion $\varphi(t) = f(x + td)$ auf $[0, \infty[$ konvex ist, gilt im differenzierbaren Fall $\varphi'(0) = f'(x, d) = \nabla f(x)^\mathsf{T} d < 0$ und $\varphi'(t)$ ist monoton steigend. Daher gibt es ein $t_0 > 0$ mit $\varphi'(t_0) = m_2 f'(x, d)$ und (6.19) ist nur für $t \geq t_0$ erfüllt. Damit wird erreicht, dass t nicht zu klein ist. Damit beide Forderungen gleichzeitig erfüllt werden können, muss $m_1 < m_2$ sein.

Wir betrachten jetzt eine allgemeine konvexe Funktion f, $d = d^{(k)} = -\tilde{s}^{(k)}$ sei die approximative Suchrichtung im Punkt $x = x^{(k)}$, und $t > 0$ sei die aktuelle Schrittweite. Für den Test, ob diese Schrittweite akzeptiert werden kann, ersetzen wir die Forderung (6.18) zunächst durch die (im differenzierbaren Fall äquivalente) Forderung

$$(6.20) \qquad f(x + td) - f(x) \leq m_1 t f'(x, d)\,.$$

Da wir $f'(x, d)$ nicht kennen, benötigen wir eine Abschätzung für diesen Wert.

Lemma 6.1.5: *Es sei $S_{k,\varepsilon} \neq \emptyset$, $\tilde{s}^{(k)}$ sei die eindeutig bestimmte Projektion von 0_n auf $S_{k,\varepsilon}$, und $\tilde{\beta} \in \mathbb{R}^l$ sei Lösung von* $(QS)_{k,\varepsilon}$. *Weiter sei $\alpha_j^k = 0$ und $\tilde{\beta}_j > 0$ für ein $j \in \{1, \ldots, l\}$. Dann gilt $f'(x^{(k)}, -\tilde{s}^{(k)}) \geq -\|\tilde{s}^{(k)}\|^2 - \mu_k \varepsilon$, wobei μ_k der Lagrange-Multiplikator aus Satz 6.1.3 ist.* $\Diamond$

Beweis: Wegen $\alpha_j^k = 0$ ist $s^j \in \partial f(x^{(k)})$ (vgl. Satz 5.1.9) und daher

$$f'(x^{(k)}, -\tilde{s}^{(k)}) = \max_{s \in \partial f(x^{(k)})} \langle s, -\tilde{s}^{(k)} \rangle \geq \langle s^j, -\tilde{s}^{(k)} \rangle\,.$$

Wegen $\alpha_j^k = 0$ und $\tilde{\beta}_j > 0$ ist nach Satz 6.1.3

$$\langle \tilde{s}^{(k)}, s^j \rangle = \langle \tilde{s}^{(k)}, s^j \rangle + \mu_k \alpha_j^k = \|\tilde{s}^{(k)}\|^2 + \mu_k \varepsilon\,,$$

woraus die Behauptung folgt. $\square$

Nach obigem Lemma können wir

$$(6.21) \qquad v = -\|\tilde{s}\|^2 - \mu \varepsilon$$

als Näherung für $f'(x, d)$ benutzen, wobei $\mu = \mu_k$ der Lagrange-Multiplikator aus Satz 6.1.3 ist. Dann ist nach Lemma 6.1.5 die Bedingung (6.20) erfüllt, wenn

$$(6.22) \qquad f(x + td) - f(x) \leq m_1 t v$$

gilt; außerdem ist $v < 0$ (es muss aber nicht $f'(x, d) < 0$ sein), so dass (6.22) als Abstiegsforderung geeignet ist. Wir ersetzen also die Forderung (6.18) durch (6.22).

Für die Konvergenz des im nächsten Abschnitt behandelten Verfahrens ist es sowohl theoretisch als auch praktisch gleichwertig, für v eine Approximation von $f'_\varepsilon(x, d)$ zu benutzen. Hierzu zeigen wir für die ε-Richtungsableitung:

Lemma 6.1.6: *Es sei $S_{k,\varepsilon} \neq \emptyset$, und $\tilde{s}^{(k)}$ sei die eindeutig bestimmte Projektion von 0_n auf $S_{k,\varepsilon}$. Dann gilt $f'_\varepsilon(x^{(k)}, -\tilde{s}^{(k)}) \geq -\|\tilde{s}^{(k)}\|^2$.* $\Diamond$

Beweis: Nach Lemma 6.1.2 ist $S_{k,\varepsilon} \subset \partial_\varepsilon f(x^{(k)})$. Damit folgt

$$f'_\varepsilon(x^{(k)}, -\tilde{s}^{(k)}) = \max_{s \in \partial_\varepsilon f(x^{(k)})} \langle s, -\tilde{s}^{(k)} \rangle \geq \max_{s \in S_{k,\varepsilon}} \langle s, -\tilde{s}^{(k)} \rangle$$

$$\geq \langle \tilde{s}^{(k)}, -\tilde{s}^{(k)} \rangle = -\|\tilde{s}^{(k)}\|^2,$$

womit die Behauptung bewiesen ist.   □

Nach obigem Lemma können wir also auch

$$(6.23) \qquad\qquad\qquad v = -\|\tilde{s}\|^2$$

setzen. Wir müssen jetzt noch die Bedingung (6.19) ersetzen. Zu t können wir nach Voraussetzung (S1) einen Subgradienten $s^+ \in \partial f(x + td)$ berechnen. Dann ist

$$f'(x + td, d) = \max_{s \in \partial f(x+td)} \langle s, d \rangle \geq \langle s^+, d \rangle.$$

Wir ersetzen daher die Forderung (6.19) durch

$$(6.24) \qquad\qquad\qquad \langle s^+, d \rangle \geq m_2 v.$$

Wählt man v wie in (6.23), so ist diese Bedingung gerade die Forderung (6.17), die wir auch im Zusammenhang mit Nullschritten verwenden wollen.

Damit haben wir für den Ausgang (AS) des Schrittweitenverfahrens die beiden Kriterien (6.24) und (6.22).

6.2 Das Schrittweitenverfahren

Nachdem wir im letzten Abschnitt Kriterien für die Akzeptanz einer Schrittweite hergeleitet haben, wollen wir uns jetzt überlegen, wie man eine geeignete Schrittweite iterativ berechnen kann.

6.2.1 Iterative Berechnung der Schrittweite

Wie oben seien $x = x^{(k)}, d = d^{(k)}$, $v < 0$ (entsprechend (6.21) oder (6.23) und die Schrittweitenparameter $0 < m_1 < m_2 < 1$ gegeben. Zur iterativen Berechnung der Schrittweite startet man mit einem $\tau_0 > 0$ und berechnet eine Folge τ_j, $j = 1, 2, \ldots$. Dabei benutzt man zwei weitere Folgen τ_j^L und τ_j^R mit $\tau_j^L < \tau_j < \tau_j^R$, wobei man mit $\tau_0^L := 0$ und $\tau_0^R := +\infty$ startet.

In Iterationsschritt j berechnet man zu τ_j den Wert $f(x + \tau_j d)$, einen Subgradienten $s^+ \in \partial f(x + \tau_j d)$ und den Linearisierungsfehler $\alpha^+ = f(x) - f(x + \tau_j d) + \tau_j \langle s^+, d \rangle$.

Bemerkung: Um mit einem endlichen Bundle auszukommen, muss man Nullschritten Priorität vor einem Abstiegsschritt einräumen (siehe die Konvergenzbeweise für das approximative Abstiegsverfahren in Abschnitt 6.4; vgl. auch die Bemerkung nach Satz 6.4.5).

Um ein konvergentes ε-Abstiegsverfahren zu erhalten, führt man das Schrittweitenverfahren mit einem $\tilde{\varepsilon} < \varepsilon$ durch (vgl. Beweis von Lemma 6.4.4). Bei den bereits angegebenen Kriterien für einen Nullschritt oder einen Abstiegsschritt ersetzen wir daher im Folgenden ε durch $\tilde{\varepsilon}$. $\diamond$

In Iterationsschritt j testet das Schrittweitenverfahren zuerst, ob die Voraussetzungen für einen Nullschritt vorliegen. Dies waren die beiden Bedingungen (6.17) und (6.16), also

$$\langle s^+, d\rangle \geq -m_2\|\tilde{s}^{(k)}\|^2, \quad \alpha^+ \leq \tilde{\varepsilon} \quad (\Leftrightarrow s^+ \in \partial_{\tilde{\varepsilon}} f(x)).$$

Wählt man v entsprechend (6.23), dann ist die erste Forderung äquivalent zu (6.24), d. h. zu $\langle s^+, d\rangle \geq m_2 v$. Wählt man v entsprechend (6.21), dann ist diese Forderung etwas schwächer (wenn $\mu_k > 0$ ist) als (6.17). Die Konvergenzbetrachtungen werden zeigen, dass diese Forderung aber noch ausreicht, um Konvergenz des Schrittweitenverfahrens zu erhalten. In Iterationsschritt j des Schrittweitenverfahrens führt man daher zuerst den Test

$$\langle s^+, d\rangle \geq m_2 v, \quad \alpha^+ \leq \tilde{\varepsilon} \quad (\Leftrightarrow s^+ \in \partial_{\tilde{\varepsilon}} f(x))$$

durch. Falls die beiden Kriterien erfüllt sind, akzeptiert das Schrittweitenverfahren die aktuelle Schrittweite τ_j und stoppt mit dem Ausgang (NS).

Sind die beiden Kriterien nicht gleichzeitig erfüllt, testet man als nächstes, ob die Voraussetzungen für einen hinreichenden Abstieg erfüllt sind. Dies waren die beiden Forderungen (6.24) und (6.22),

$$\langle s^+, d\rangle \geq m_2 v, \quad f(x + \tau_j d) - f(x) \leq m_1 \tau_j v.$$

Sind beide Bedingungen erfüllt, akzeptiert das Schrittweitenverfahren die aktuelle Schrittweite τ_j und stoppt mit dem Ausgang (AS). Ansonsten gibt es zwei Möglichkeiten (vgl. hierzu die Motivation der Kriterien (6.18), (6.19)):

1. (6.22) ist nicht erfüllt; dann ist die Schrittweite τ_j zu groß.

2. (6.24) ist nicht erfüllt; dann ist die Schrittweite τ_j zu klein.

Im 1. Fall muss die Schrittweite verkleinert werden. Dazu setzt man $\tau_j^R := \tau_j$ als neue obere Schranke und führt einen *Interpolationsschritt*

$$(6.25) \qquad \tau_{j+1} := \mathrm{Interpol}(\tau_j^L, \tau_j^R) \quad \text{mit } \tau_{j+1} \in \,]\tau_j^L, \tau_j^R[$$

durch. Im 2. Fall muss die Schrittweite vergrößert werden. Dazu wählt man $\tau_j^L :=$ τ_j als neue untere Schranke. Anschließend berechnet man $\tau_{j+1} > \tau_j$, wobei wir zwei Fälle unterscheiden. Ist $\tau_j^R = +\infty$, dann führt man einen *Extrapolationsschritt*

$$(6.26) \qquad \tau_{j+1} := \text{Extrapol}(\tau_j) \quad \text{mit } \tau_{j+1} > \tau_j$$

durch. Ist $\tau_j^R < +\infty$, dann führt man den Interpolationsschritt (6.25) aus.

Um die Konvergenz des Schrittweitenverfahrens sicher zu stellen, benötigen wir zusätzlich die folgenden Forderungen:

- *Forderung an Extrapol:* Werden unendlich viele Extrapolationsschritte durchgeführt, d. h., wird für $j \geq m$ mit einem $m \in \mathbb{N}$ die Folge $\{\tau_j\}$ durch (6.26) definiert, so ist

$$\lim_{j \to \infty} \tau_j = +\infty.$$

Dies erreicht man beispielsweise mit $\text{Extrapol}(t) = 2t$.

- *Forderung an Interpol:* Werden unendlich viele Interpolationsschritte durchgeführt, so gilt

$$\lim_{j \to \infty} \left(\tau_j^R - \tau_j^L\right) = 0.$$

Dies erreicht man beispielsweise mit $\text{Interpol}(\tau_1, \tau_2) = \frac{1}{2}(\tau_1 + \tau_2)$. Dann ist $\tau_{j+1}^R - \tau_{j+1}^L = \frac{1}{2}(\tau_j^R - \tau_j^L)$.

Bemerkung 6.2.1: Die obigen Forderungen haben folgende Konsequenzen für das Schrittweitenverfahren:

1. Da τ_j^L in einem Iterationsschritt gleich bleibt oder vergrößert wird, ist die Folge $\{\tau_j^L\}$ monoton wachsend; da τ_j^R in einem Iterationsschritt gleich bleibt oder verkleinert wird, ist die Folge $\{\tau_j^R\}$ monoton fallend.

2. Bei Stopp in Iteration j gilt $\tau_j > \tau_j^L \geq 0$.

3. Ist $\tau_j^R < +\infty$, so erfolgt die Schrittweitenanpassung in den folgenden Iterationen nur noch durch Interpolation. $\diamond$

6.2.2 Das Verfahren

Zusammenfassend erhalten wir das folgende Verfahren, mit dem wir in jedem Iterationsschritt des ε-Abstiegsverfahrens eine Schrittweite $t_k = \tilde{t}$ berechnen:

Verfahren 6.2.2: Schrittweitenverfahren

Vorgegeben seien $x, d \in \mathbb{R}^n$, $\tilde{\varepsilon} > 0$, $v < 0$ und die Schrittweiten-Parameter $0 < m_1 < m_2 < 1$. Weiter sei $\tau_0^L := 0$, $\tau_0^R := +\infty$. Wähle eine Startschrittweite $\tau_0 > 0$ und setze $j := 0$.

LS1: Berechne $f(x + \tau_j d)$, $s^+ \in \partial f(x + \tau_j d)$ und $\alpha^+ = f(x) - f(x + \tau_j d) + \langle s^+, \tau_j d \rangle$.

LS2: Ist $\langle s^+, d \rangle \geq m_2 v$ und $\alpha^+ \leq \tilde{\varepsilon}$ $(\Leftrightarrow s^+ \in \partial_{\tilde{\varepsilon}} f(x))$: Setze $\tilde{t} := \tau_j$ und stoppe mit Ausgang (NS).

LS3: Ist $\langle s^+, d \rangle \geq m_2 v$ und $f(x + \tau_j d) - f(x) \leq m_1 \tau_j v$ (hier ist $\alpha^+ > \tilde{\varepsilon}$): Setze $\tilde{t} := \tau_j$ und stoppe mit Ausgang (AS).

LS4: Ist $f(x + \tau_j d) - f(x) \geq m_1 \tau_j v$: Verkleinere die Schrittweite, d. h., setze $\tau_j^R := \tau_j$ und führe die Interpolation (6.25) aus; gehe zu **LS5**.

Hier ist $\langle s^+, d \rangle < m_2 v$: Vergrößere die Schrittweite, d. h., setze $\tau_j^L := \tau_j$; ist $\tau_j^R = +\infty$, dann führe die Extrapolation (6.26) aus, andernfalls die Interpolation (6.25).

LS5: Setze $\tau_{j+1}^L := \tau_j^L$, $\tau_{j+1}^R := \tau_j^R$, $j := j + 1$ und gehe zu **LS1**. $\diamond$

In LS4 soll eigentlich zunächst getestet werden, ob der Abstiegstest (6.22) nicht erfüllt ist, d. h. ob $f(x + \tau_j d) - f(x) > m_1 \tau_j v$ ist. Um Konvergenz des Schrittweitenverfahrens in endlich vielen Schritten zeigen zu können, müssen wir die Schrittweite jedoch auch dann verkleinern, wenn $f(x + \tau_j d) - f(x) = m_1 \tau_j v$ ist.

Bemerkung: Als Startschrittweite τ_0 kann man theoretisch eine beliebige Startschrittweite wählen. In der differenzierbaren Optimierung benutzt man Schätzungen für die „exakte Schrittweite" als Startschrittweite (vgl. Alt [4], Kap. 4). Entsprechende Schätzungen stehen hier nicht zur Verfügung, so dass man in der Regel mit $\tau_0 = 1$ startet. $\diamond$

6.2.3 Konvergenz des Schrittweitenverfahrens

Für den Konvergenzbeweis des Schrittweitenverfahrens benötigen noch die folgende Eigenschaft konvexer Funktionen:

Satz 6.2.3: *Die Funktion $f \colon \mathbb{R}^n \to \mathbb{R}$ sei konvex. Sind $x, d \in \mathbb{R}^n$ und ist $\{t_k\}$ eine Folge positiver, reeller Zahlen mit $t_k \downarrow 0$ und $s^{(k)} \in \partial f(x + t_k d)$ für alle $k \in \mathbb{N}$, dann gilt $\lim_{k \to \infty} \langle s^{(k)}, d \rangle = f'(x, d)$.* $\diamond$

Beweis: Wegen $s^{(k)} \in \partial f(x + t_k d)$ gilt

$$f(y) \geq f(x + t_k d) + \langle s^{(k)}, y - x - t_k d \rangle \quad \forall y \in \mathbb{R}^n.$$

Mit $y = x$ folgt $f(x) \geq f(x + t_k d) - t_k \langle s^{(k)}, d \rangle$ und daher

$$\langle s^{(k)}, d \rangle \geq \frac{f(x + t_k d) - f(x)}{t_k} \geq f'(x, d).$$

Für $k \to \infty$ folgt $\lim_{k \to \infty} \langle s^{(k)}, d \rangle \geq f'(x, d)$. Zum Beweis der umgekehrten Ungleichung benutzen wir Satz 2.8.11,

$$(1) \qquad\qquad \langle s^{(k)}, d \rangle \leq f'(x + t_k d, d).$$

Aus der Definition der Richtungsableitung folgt für $\tau > 0$

$$(2) \qquad \begin{aligned} f'(x + t_k d, d) &\leq \frac{f(x + t_k d + \tau d) - f(x + t_k d)}{\tau} \\ &= \frac{f(x + t_k d + \tau d) - f(x + \tau d)}{\tau} + \frac{f(x + \tau d) - f(x)}{\tau} \\ &\quad + \frac{f(x) - f(x + t_k d)}{\tau}. \end{aligned}$$

Die Zahlen $\delta = \delta(x) > 0$ und $L = L(x) \geq 0$ seien nach Satz 2.7.3 (lokale Lipschitz-Stetigkeit von f) bestimmt. Wir wählen k so groß, dass $x + \sqrt{t_k}d$, $x + t_k d$, $x + (t_k + \sqrt{t_k})d \in B(x, \delta)$ ist. Dann können wir für $\tau = \sqrt{t_k}$ den ersten und den dritten Term nach dem Gleichheitszeichen in (2) nach oben durch $L t_k \|d\| / \sqrt{t_k} = L\sqrt{t_k}\|d\|$ abschätzen. Zusammen mit (1) erhalten wir

$$\langle s^{(k)}, d \rangle \leq f'(x + t_k d, d) \leq \frac{f(x + \sqrt{t_k}d) - f(x)}{\sqrt{t_k}} + 2L\sqrt{t_k}\|d\|.$$

Für $k \to \infty$ folgt $\lim_{k \to \infty} \langle s^{(k)}, d \rangle \leq f'(x, d)$. $\qquad\qquad\square$

Wir können jetzt den folgenden Konvergenzsatz für das Schrittweitenverfahren beweisen.

Satz 6.2.4: *Ist die Funktion $f \colon \mathbb{R}^n \to \mathbb{R}$ nach unten beschränkt, dann stoppt das Schrittweitenverfahren 6.2.2 nach endlich vielen Iterationen entweder mit dem Ausgang* (NS) *oder mit dem Ausgang* (AS). *In beiden Fällen wird eine Schrittweite $\tilde{t} > 0$ berechnet.* $\qquad\qquad\Diamond$

Beweis: Aus den Regeln zur Schrittweitenanpassung folgt, dass die berechnete Schrittweite $\tilde{t} > 0$ ist, falls das Verfahren nach endlich vielen Schritten stoppt (vgl. hierzu und auch für den folgenden Beweis die Bemerkung 6.2.1).

Wir nehmen an, dass das Verfahren nicht nach endlich vielen Iterationen stoppt, und führen dies zu einem Widerspruch. Es sind 3 Fälle möglich:

(a) $\tau_j^R = +\infty$ für alle $j \in \mathbb{N}$;

(b) $\tau_j^L = 0$ für alle $j \in \mathbb{N}$;

(c) es existieren $k, l \in \mathbb{N}$ mit $t_k^L > 0$ und $t_l^R < \infty$; nach Bemerkung 6.2.1 ist dann für $j \geq \max\{k, l\}$ sowohl $\tau_j^L > 0$ als auch $\tau_j^R < \infty$.

Zu (a): In diesem Fall wird in jeder Iteration in **LS4** ein Extrapolationsschritt zur Vergrößerung der Schrittweite durchgeführt, d. h., es muss

$$(1) \qquad f(x + \tau_j d) - f(x) < m_1 \tau_j v \quad \forall j \in \mathbb{N}$$

gelten. Weiter ist nach Voraussetzung an Extrapol $\lim_{j \to \infty} \tau_j = +\infty$. Wegen $v < 0$ folgt damit aus (1)

$$\lim_{j \to \infty} f(x + \tau_j d) = -\infty,$$

im Widerspruch zur Voraussetzung, dass f nach unten beschränkt ist.

Zu (b): In diesem Fall wird in jeder Iteration in **LS4** der Interpolationsschritt

$$\tau_{j+1} := \mathrm{Interpol}(0, \tau_j^R) = \mathrm{Interpol}(0, \tau_j)$$

durchgeführt. Da das Verfahren nicht stoppt, folgt aus den Voraussetzungen an Interpol, dass

$$\lim_{j \to \infty} \tau_j = 0, \quad \tau_j > 0 \quad \forall j \in \mathbb{N}$$

ist. Nach Korollar 5.1.10 gibt es daher ein $j_1 \in \mathbb{N}$, so dass

$$(2) \qquad s^+ = s(x + \tau_j d) \in \partial f(x + \tau_j d) \subset \partial_{\bar{\varepsilon}} f(x) \quad \forall j \geq j_1$$

ist. Weiter ist der Test am Anfang von **LS4** erfolgreich, also

$$\frac{f(x + \tau_j d) - f(x)}{\tau_j} \geq m_1 v \quad \forall j \in \mathbb{N}.$$

Wegen $0 < m_1 < m_2$ und $v < 0$ folgt damit

$$f'(x, d) = \lim_{j \to \infty} \frac{f(x + \tau_j d) - f(x)}{\tau_j} \geq m_1 v > m_2 v.$$

Aus Satz 6.2.3 erhalten wir weiter

$$\lim_{j \to \infty} \langle s(x + \tau_j d), d \rangle = f'(x, d) > m_2 v \,.$$

Daher gibt es ein $j_2 \in \mathbb{N}$ mit

$$(3) \qquad\qquad \langle s(x + \tau_j d), d \rangle \geq m_2 v$$

für alle $j \geq j_2$. Für $j \geq \max\{j_1, j_2\}$ gilt dann sowohl (2) als auch (3). Dann müsste das Verfahren in **LS2** stoppen, im Widerspruch zur Annahme.

Zu (c): Es sei $m = \max\{k, l\}$. Für $j \geq m$ werden nur noch Interpolationsschritte durchgeführt. Aus den Voraussetzungen an Interpol folgt

$$0 < \tau_m^L \leq \tau_j^L < \tau_{j+1} < \tau_j^R \leq \tau_m^R < \infty \quad \forall j \geq m$$

und

$$\tau_j^L \leq \tau_{j+1}^L < \tau_{j+1}^R \leq \tau_j^R \quad \forall j \geq m \,.$$

Die Folge $\{\tau_j^L\}_{j \geq m}$ ist also beschränkt und monoton wachsend, die Folge $\{\tau_j^R\}_{j \geq m}$ ist beschränkt und monoton fallend. Da nach Voraussetzung an Interpol außerdem $\lim_{j \to \infty} \left(\tau_j^R - \tau_j^L \right) = 0$ gilt, gibt es ein $\bar{t} > 0$ mit

$$(4) \qquad\qquad \lim_{j \to \infty} \tau_j^L = \bar{t} = \lim_{j \to \infty} \tau_j^R = \lim_{j \to \infty} \tau_j \,.$$

Wird in **LS4** die Schrittweitenanpassung $\tau_j^L := \tau_j$ durchgeführt, dann ist (1) für τ_j und damit auch für τ_j^L erfüllt (die Bedingung (1) gilt dann auch für τ_j^L in allen direkt folgenden Iterationsschritten, in denen die Schrittweite verkleinert wird, da hierbei τ_j^L nicht verändert wird); wird in **LS4** die Schrittweitenanpassung $\tau_j^R := \tau_j$ durchgeführt, dann ist (1) für τ_j und damit auch für τ_j^R nicht erfüllt (die Bedingung (1) gilt dann auch nicht für τ_j^R in allen direkt folgenden Iterationsschritten, in denen die Schrittweite vergrößert wird, da hierbei τ_j^R nicht verändert wird). Damit folgt

$$(5) \qquad f(x + \tau_j^L d) - f(x) < m_1 \tau_j^L v \,, \quad f(x + \tau_j^R d) - f(x) \geq m_1 \tau_j^R v$$

für alle $j \geq m$. Da f stetig ist, folgt zusammen mit (4)

$$(6) \qquad\qquad f(x + \bar{t} d) - f(x) = m_1 \bar{t} v \,.$$

Wegen der ersten Ungleichung in (5), (6) und $\tau_j^L \uparrow \bar{t}$ muss $\tau_j^L < \bar{t}$ für alle $j \in \mathbb{N}$ gelten. Daher muss in **LS4** der Wert τ_j^L unendlich oft vergrößert werden, um $\tau_j^L \uparrow \bar{t}$

zu erhalten. Ist $j \geq m$ ein Iterationsschritt, in dem die Anpassung $\tau_j^L := \tau_j$ durchgeführt wird, dann folgt mit $s^+ \in \partial f(x + \tau_j^L d)$ aus der Subgradientenungleichung

$$f(x) \geq f(x + \tau_j^L d) + \langle s^+, x - x - \tau_j^L d \rangle = f(x + \tau_j^L d) - \tau_j^L \langle s^+, d \rangle$$

und wegen $\tau_j^L > 0$ für $j \geq m$

$$\langle s^+, d \rangle \geq \frac{f(x + \tau_j^L d) - f(x)}{\tau_j^L}.$$

Wegen (4) und (6) konvergiert die rechte Seite für $j \to \infty$ gegen $m_1 v > m_2 v$. Daher gibt es ein $j_0 \geq m$, so dass für $j \geq j_0$ gilt

$$\langle s^+, d \rangle \geq m_2 v \quad \text{und} \quad f(x + \tau_j^L d) - f(x) < m_1 \tau_j^L v,$$

wobei die letzte Ungleichung aus (5) folgt. Dann waren für τ_j aber die beiden Abbruchkriterien in LS3 erfüllt, und das Verfahren hätte in Iterationsschritt j entweder in LS2 (wenn $\alpha^+ \leq \tilde{\varepsilon}$ ist) oder in LS3 stoppen müssen. $\qquad\square$

Die Aussage des Satzes bleibt richtig, wenn man beim Schrittweitenverfahren die Schritte LS2 und LS3 vertauscht. Wie bereits an früherer Stelle erwähnt muss man jedoch Nullschritten Priorität einräumen, wenn man das noch zu behandelnde, implementierbare Abstiegsverfahren mit einem endlichen Bundle durchführen will (siehe Beweisteil (iii) von Lemma 6.4.3).

6.3 Konstruktion des Bundles

Im Folgenden bezeichnen wir das Bundle im k-ten Iterationsschritt des Verfahrens 6.1.4 wieder mit S_k und mit $S_{k,\varepsilon}$ die durch (6.3) definierte Menge. Weiter sei l die aktuelle Größe des Bundles im k-ten Iterationsschritt, d. h. $S_k = \{s^1, \ldots, s^l\}$. Um sicher zu stellen, dass $S_{k,\varepsilon} \neq \emptyset$ ist, konstruieren wir das Bundle so, dass die Bedingung (6.4), also $\varepsilon \geq \min\{\alpha_i^k \mid i = 1, \ldots, l\}$, erfüllt ist. Außerdem muss nach einem Abstiegsschritt die Voraussetzung $\alpha_j^k = 0$ für ein $j \in I_k$ erfüllt sein (vgl. die Ausführungen vor Lemma 6.1.1).

Zum Start des Verfahrens 6.1.4 (bzw. einer implementierbaren Variante) wählen wir einen Vektor $x^{(0)} \in \mathbb{R}^n$ und berechnen einen Subgradienten $s^1 \in \partial f(x^{(0)})$. Weiter setzen wir $S_0 := \{s^1\}$, $l := 1$ und $\alpha_1^0 := 0$.

Im k-ten Iterationsschritt wird zunächst $\tilde{s}^{(k)} = s(\tilde{\beta}) = P_{S_{k,\varepsilon}}(0_n)$ berechnet. Dazu müssen wir neben den Vektoren s^i des aktuellen Bundles S_k auch die Linearisierungsfehler α_i^k, $i = 1, \ldots, l$, im Iterationspunkt $x^{(k)}$ speichern, die wir zur

Lösung des quadratischen Optimierungsproblems $(QS)_{k,\varepsilon}$ benötigen. Die Linearisierungsfehler sind durch

$$(6.27) \qquad \alpha_i^k := f(x^{(k)}) - f(y^i) - \langle s^i, x^{(k)} - y^i \rangle ,$$

für $i = 1, \ldots, l$ definiert, wobei die y^i, $i = 1, \ldots, l$, Hilfspunkte mit $s^i \in \partial f(y^i)$ sind.

Für ein implementierbares Verfahren wäre es günstig, wenn man die Hilfspunkte y^i, $i = 1, \ldots, l$, nicht speichern müsste, d. h., wenn man die Vektoren s^i auch ohne Kenntnis von Hilfspunkten konstruieren könnte. Wir haben bisher nur die Tatsache benutzt, dass mit den durch (6.27) definierten Linearisierungsfehlern nach Satz 5.1.9

$$(6.28) \qquad s^i \in \partial_{\alpha_i^k} f(x^{(k)})$$

für $i = 1, \ldots, l$ gilt. Wir werden daher im Folgenden eine Konstruktion des Bundles angeben, bei der Vektoren s^i und Zahlen α_i^k mit (6.28) und (6.4) ohne Verwendung von Hilfspunkten konstruiert werden.

Für $k = 0$ sind beide Bedingungen erfüllt. Im k-ten Iterationsschritt sei das Bundle $S_k = \{s^1, \ldots, s^l\}$ so berechnet, dass mit den zugehörigen Zahlen α_i^k, $i = 1, \ldots, l$, die Bedingungen (6.4) und (6.28) erfüllt sind. Zur Konstruktion des neuen, verbesserten Bundles zeigen wir im Folgenden, wie man zwei neue Vektoren s^{l+1}, s^{l+2} zum aktuellen Bundle hinzufügt und die zugehörigen Linearisierungsfehler α_i^{k+1}, $i = 1, \ldots, l + 2$, berechnet, so dass wieder (6.4) und (6.28) für $i = 1, \ldots, l + 2$ erfüllt sind. Wird das Bundle dabei zu groß, werden wir anschließend einen oder zwei Vektoren aus dem neuen Bundle löschen.

Ist das Abbruchkriterium nicht erfüllt, so wird $d^{(k)} = -\tilde{s}^{(k)}$ als Suchrichtung benutzt. Das Schrittweitenverfahren 6.2.2 berechnet dann eine Schrittweite $t_k > 0$ und Vektoren

$$y^{(k,+)} = x^{(k)} + t_k d^{(k)} , \quad s^{(k,+)} \in \partial f(y^{(k,+)}) ,$$

sowie den Linearisierungsfehler $\alpha^{(k,+)}$ zu $y^{(k,+)}$.

Bei einem Abstiegsschritt ist $x^{(k+1)} = y^{(k,+)}$, so dass es sinnvoll erscheint, dass der Vektor $s^{(k,+)}$ im neuen Bundle S_{k+1} enthalten ist. Für einen Nullschritt haben wir uns in Abschnitt 6.1.3 überlegt, dass der Vektor $s^{(k,+)}$ zur Verbesserung des Bundles benutzt werden kann. Da wir (6.13) anstreben, erscheint es sinnvoll, dass auch der Vektor kleinster Norm von $S_{k,\varepsilon}$, also $\tilde{s}^{(k)}$, im neuen Bundle S_{k+1} enthalten ist. Der Beweis von Lemma 6.4.4 wird zeigen, dass dies für die Konvergenz des approximativen Abstiegsverfahrens wesentlich ist.

Wir wollen also in jedem Iterationsschritt die Vektoren $\tilde{s}^{(k)}$ und $s^{(k,+)}$ zum aktuellen Bundle S_k hinzufügen. Dazu definieren wir

$$(6.29) \qquad s^{l+1} := \tilde{s}^{(k)} , \quad s^{l+2} := s^{(k,+)} ,$$

und definieren als neues Bundle zunächst $S_{k+1} = \{s^1, \ldots, s^l, s^{l+1}, s^{l+2}\}$. Für die Neuberechnung der Zahlen α_i^{k+1} betrachten wir zuerst einen Nullschritt. Hier bleiben die Zahlen $\alpha_i^{k+1} := \alpha_i^k$, $i = 1, \ldots, l$, unverändert, da $x^{(k+1)} = x^{(k)}$ sich nicht ändert. Damit ist die Bedingung (6.28) für $i = 1, \ldots, l$ erfüllt. Für $s^{l+1} = \tilde{s}^{(k)}$ definieren wir mit der Lösung $\tilde{\beta}$ von $(QS)_{k,\varepsilon}$

$$(6.30) \qquad \alpha_{l+1}^{k+1} = \tilde{\alpha}_k = \sum_{i=1}^{l} \tilde{\beta}_i \alpha_i^k \,.$$

Dann ist $\alpha_{l+1}^{k+1} \geq 0$ und nach (6.6) gilt $s^{l+1} \in \partial_{\alpha_{l+1}^{k+1}} f(x^{(k)})$, d. h., (6.28) ist auch für $i = l+1$ erfüllt.

Bemerkung: In obigem Fall steht kein geeigneter Hilfspunkt zur Verfügung; dies ist ein weiterer Grund, die Linearisierungsfehler durch Zahlen α_i^k mit (6.28) zu ersetzen. Wenn das Bundle zu groß wird, werden wir einen oder zwei der Vektoren s^i, $i = 1, \ldots, l$, aus dem Bundle entfernen. Um (6.4) für das neue Bundle S_{k+1} sicher zu stellen, müssen wir daher $\alpha_i^{k+1} \leq \varepsilon$ für $i = l+1$ oder $i = l+2$ zeigen. $\diamond$

Aufgrund der Nebenbedingungen des Problems $(QS)_{k,\varepsilon}$ gilt

$$0 \leq \alpha_{l+1}^{k+1} = \tilde{\alpha}_k \leq \varepsilon \,.$$

Daher ist auch die Bedingung (6.4) erfüllt. Wegen (6.11) gilt außerdem $\alpha_{l+1}^{k+1} = \varepsilon$, falls $\mu_k > 0$ ist. Andernfalls ist $\tilde{\alpha}_k = \alpha_{l+1}^{k+1}$ nicht eindeutig bestimmt, da $\tilde{\beta}$ nicht eindeutig bestimmt ist. Da im Fall eines Nullschritts das Schrittweitenverfahren 6.2.2 in Schritt LS2 mit $s^{l+2} = s^{(k,+)} \in \partial_{\tilde{\varepsilon}} f(x^{(k)})$ und $0 \leq \alpha^{(k,+)} \leq \tilde{\varepsilon} < \varepsilon$ stoppt, ist mit $\alpha_{l+2}^{k+1} := \alpha^{(k,+)}$ die Bedingung (6.28) auch für $i = l+2$ erfüllt und noch einmal die Bedingung (6.4) sicher gestellt.

Im Fall eines Abstiegsschritts ist $s^{l+2} = s^{(k,+)} \in \partial f(y^{(k,+)}) = \partial f(x^{(k+1)})$ und daher $\alpha_{l+2}^{k+1} = 0$, womit die Bedingungen (6.4) und (6.28) für $i = l+2$ erfüllt sind. Für $s^{l+1} = \tilde{s}^{(k)}$ definieren wir zunächst mit der Lösung $\tilde{\beta}$ von $(QS)_{k,\varepsilon}$ analog zu (6.30)

$$\alpha_{l+1}^k = \tilde{\alpha}_k = \sum_{i=1}^{l} \tilde{\beta}_i \alpha_i^k \,.$$

Dann ist $\alpha_{l+1}^k \geq 0$ und nach (6.6)

$$(6.31) \qquad s^{l+1} \in \partial_{\alpha_{l+1}^k} f(x^{(k)}) \,.$$

Da sich bei einem Abstiegsschritt der Iterationspunkt ändert, müssen die Zahlen α_i^{k+1}, $i = 1, \ldots, l+1$, neu berechnet werden. Als Update-Formel hierzu erhalten

wir bei der Verwendung von Hilfspunkten y^i, $i = 1, \ldots, l + 1$, und der Definition
(6.27) der Zahlen α_i^{k+1}

$$\begin{aligned}
\alpha_i^{k+1} &= f(x^{(k)}) - f(y^i) - \langle s^i, x^{(k)} - y^i \rangle \\
&\quad + f(x^{(k+1)}) - f(x^{(k)}) - \langle s^i, x^{(k+1)} - x^{(k)} \rangle \\
&= \alpha_i^k + f(x^{(k+1)}) - f(x^{(k)}) - \langle s^i, x^{(k+1)} - x^{(k)} \rangle .
\end{aligned}$$

Man könnte die Zahlen α_i^{k+1}, $i = 1, \ldots, l + 1$, also auch ohne Kenntnis der Hilfspunkte y^i durch

$$(6.32) \qquad \alpha_i^{k+1} = \alpha_i^k + f(x^{(k+1)}) - f(x^{(k)}) - t_k \langle s^i, d^{(k)} \rangle$$

neu berechnen. Es ist daher nahe liegend, (6.32) als Update-Formel zu benutzen.
Dies ist aber nur sinnvoll, wenn dabei $\alpha_i^{k+1} \geq 0$ ist, was man jedoch leicht zeigen
kann. Zunächst ist wegen $x^{(k+1)} - x^{(k)} = t_k d^{(k)}$

$$(6.33) \qquad \alpha_i^{k+1} = \alpha_i^k + f(x^{(k+1)}) - f(x^{(k)}) - \langle s^i, x^{(k+1)} - x^{(k)} \rangle .$$

Nach Konstruktion des Bundles ist $s^i \in \partial_{\alpha_i^k} f(x^{(k)})$ für $i = 1, \ldots, l$. Wegen (6.31)
gilt dies auch für $i = l + 1$. Damit folgt

$$(6.34) \qquad f(y) \geq f(x^{(k)}) + \langle s^i, y - x^{(k)} \rangle - \alpha_i^k \quad \forall y \in \mathbb{R}^n$$

für $i = 1, \ldots, l + 1$. Speziell mit $y = x^{(k+1)}$ folgt

$$f(x^{(k+1)}) - f(x^{(k)}) - \langle s^i, x^{(k+1)} - x^{(k)} \rangle + \alpha_i^k \geq 0, \quad i = 1, \ldots, l + 1,$$

was wegen (6.33) gleichbedeutend mit $\alpha_i^{k+1} \geq 0$, $i = 1, \ldots, l + 1$ ist.

Wir zeigen jetzt, dass mit der Updateformel (6.32) auch in Iterationsschritt $k + 1$
(6.28) für $i = 1, \ldots, l + 1$ gilt. Dazu schreiben wir (6.34) in der Form

$$\begin{aligned}
f(y) &\geq f(x^{(k+1)}) + \langle s^i, y - x^{(k+1)} \rangle - \alpha_i^k \\
&\quad + f(x^{(k)}) - f(x^{(k+1)}) - \langle s^i, x^{(k+1)} - x^{(k)} \rangle .
\end{aligned}$$

Zusammen mit (6.33) erhalten wir

$$f(y) \geq f(x^{(k+1)}) + \langle s^i, y - x^{(k+1)} \rangle - \alpha_i^{k+1} \ \forall y \in \mathbb{R}^n,$$

also $s^i \in \partial_{\alpha_i^{k+1}} f(x^{(k+1)})$.

Wie wir gesehen haben, werden bis auf die im Schrittweitenverfahren 6.2.2 berechneten Punkte $y^{(k,+)}$ keine weiteren Hilfspunkte benötigt. Im Fall eines Null-
schritts gilt $\alpha_i^{k+1} \leq \varepsilon$ für $i = l + 1, l + 2$ und damit $s^i \in S_{k+1,\varepsilon}$ für $i = l + 1, l + 2$;

im Fall eines Abstiegsschritts ist $\alpha_{l+2}^{k+1} = 0 \leq \varepsilon$ und damit $s^{l+2} \in S_{k+1,\varepsilon}$. In beiden Fällen ist also insbesondere $S_{k+1,\varepsilon} \neq \emptyset$.

Als neues Bundle haben wir jetzt $S_{k+1} = \{s^1, \ldots, s^{l+2}\}$ erhalten. Aus praktischer Sicht ist es erforderlich, die Größe von S_k zu begrenzen. Es sei $\bar{l} \geq 2$ die maximal zulässige Größe des Bundles (Anzahl der im Bundle gespeicherten Subgradienten). Wird das Bundle zu groß, dann müssen wir Subgradienten aus dem Bundle löschen. Die Konvergenzanalyse wird nur voraussetzen, dass $s^{l+1}, s^{l+2} \in S_{k+1}$ ist. Im Fall $l = \bar{l} - 1$ löschen wir daher einen beliebigen Subgradienten s^i mit $i \in \{1, \ldots, l\}$, im Fall $l = \bar{l}$ können wir zwei beliebige Subgradienten s^i, s^j mit $i, j \in \{1, \ldots, l\}$ löschen; anschließend nummerieren wir die verbleibenden Subgradienten und Linearisierungsfehler wieder mit $1, \ldots, l$. Beim Löschen kann man theoretisch zwar beliebige Vektoren s^i mit $1 \leq i \leq l$ auswählen, praktisch benutzt man aber bestimmte Regeln, beispielsweise die Fifo-Regel (first in, first out).

Zusammenfassend erhalten wir das folgende Verfahren zur Aktualisierung des Bundles im k-ten Iterationsschritt:

Verfahren 6.3.1: Aktualisierung des Bundles
Gegeben seien das Bundle $S_k = \{s^1, \ldots, s^l\}$, die Zahlen α_i^k, $i = 1, \ldots, l$, und die vom Schrittweitenverfahren 6.2.2 berechnete Schrittweite $t_k > 0$ mit dem Vektor $y^{(k,+)} = x^{(k)} + t_k d^{(k)}$, dem Linearisierungsfehler $\alpha^{(k,+)}$ und einem Subgradienten $s^{(k,+)} \in \partial f(y^{(k,+)})$.

Bu1: Einfügen von $\tilde{s}^{(k)}$ und $s^{(k,+)}$ in das aktuelle Bundle: Setze $s^{l+1} := \tilde{s}^{(k)}$, $s^{l+2} := s^{(k,+)}$ und $S_{k+1} = \{s^1, \ldots, s^{l+2}\}$.

Nullschritt: Definiere $\alpha_i^{k+1} = \alpha_i^k$, $i = 1, \ldots, l$, $\alpha_{l+1}^{k+1} = \tilde{\alpha}_k$ durch (6.30) und $\alpha_{l+2}^{k+1} := \alpha^{(k,+)}$.

Abstiegsschritt: Definiere $\alpha_{l+2}^{k+1} = 0$ und berechne α_i^{k+1}, $i = 1, \ldots, l+1$, nach (6.32).

Bu2: Anpassung der Größe des Bundles: Ist $l = \bar{l} - 1$, dann lösche einen Subgradienten s^i mit $i \in \{1, \ldots, l\}$ aus S_{k+1}; ist $l = \bar{l}$, dann lösche zwei Subgradienten s^i, s^j mit $i, j \in \{1, \ldots, l\}$ aus S_{k+1}. Nummeriere die verbleibenden Vektoren des Bundles und die Linearisierungsfehler wieder mit $1, \ldots, l$. $\diamond$

6.4 Ein implementierbares Abstiegsverfahren

Aufgrund der Betrachtungen der beiden letzten Abschnitte können wir jetzt ein implementierbares Abstiegsverfahren diskutieren, das von Wolfe [46] vorgeschlagen und von Lemaréchal [23] weiterentwickelt wurde. Dabei werden bereits die wesentlichen Aspekte der Bundle-Verfahren deutlich.

6.4.1 Das Verfahren

Gegeben seien eine konvexe Funktion $f\colon \mathbb{R}^n \to \mathbb{R}$ mit der Voraussetzung (S1) aus Abschnitt 3.2 und

- die Schrittweitenparameter $0 < m_1 < m_2 < 1$ und $0 < m_3 < 1$,

- $\varepsilon > 0$ und eine Abbruchschranke $\eta > 0$,

- die maximale Bundle-Größe $\bar{l} \geq 2$.

Um für den im Folgenden vorgestellten Algorithmus Konvergenz zeigen zu können, müssen wir das Schrittweitenverfahren 6.2.2 mit einem etwas kleineren ε durchführen (vgl. Beweis von Lemma 6.4.4). Dazu benutzen wir einen weiteren Parameter $0 < m_3 < 1$ und führen das Schrittweitenverfahren mit $\tilde{\varepsilon} = m_3\varepsilon$ durch.

Mit S_k bezeichnen wir wieder das Bundle in Iterationsschritt k, und die Menge $S_{k,\varepsilon}$ sei durch (6.3) definiert.

Verfahren 6.4.1: Implementierbares ε-Abstiegsverfahren
Wähle einen Startpunkt $x^{(0)} \in \mathbb{R}^n$. Berechne einen Vektor $s^1 \in \partial f(x^{(0)})$, definiere $S_0 = \{s^1\}$, $l := 1$, $\alpha_1^0 := 0$; setze $k := 0$.

1. Berechne eine Lösung $\tilde{\beta}$ des Problems $(QS)_{k,\varepsilon}$, einen Lagrange-Multiplikator μ_k und setze

$$\tilde{s}^{(k)} = \sum_{i=1}^{l} \tilde{\beta}_i s^i , \quad \tilde{\alpha}_k = \sum_{i=1}^{l} \tilde{\beta}_i \alpha_i^k .$$

2. Abbruchkriterium: Ist $\|\tilde{s}^{(k)}\| \leq \eta$: Stopp.

3. Setze $d^{(k)} := -\tilde{s}^{(k)}$ und $v_k = -\|d^{(k)}\|^2 - \mu_k\varepsilon$ oder $v_k = -\|d^{(k)}\|^2$. Berechne mit dem Schrittweitenverfahren 6.2.2 mit $\tilde{\varepsilon} = m_3\varepsilon$ eine Schrittweite $t_k > 0$ und $y^{(k,+)} := x^{(k)} + t_k d^{(k)}$, $s^{(k,+)} \in \partial f(y^{(k,+)})$.

   Bei Ausgang (NS): $x^{(k+1)} := x^{(k)}$ (Nullschritt).

   Bei Ausgang (AS): $x^{(k+1)} := y^{(k,+)}$ (Abstiegsschritt).

4. Aktualisierung des Bundles mit dem Verfahren 6.3.1;
   setze $k := k + 1$ und gehe zu 1. $\diamond$

Bemerkung: Im 0-ten Iterationsschritt ist $S_{k,\varepsilon} = \{s^1\}$. Daher hat das Problem $(QS)_{k,\varepsilon}$ die Lösung s^1. Da dieser Vektor bereits im Bundle enthalten ist, wird nur der Vektor $s^{(0,+)}$ zum Bundle hinzugefügt. $\diamond$

Empfohlene Werte für die Schrittweitenparameter sind $m_1 = m_3 = 0.1$, $m_2 = 0.2$. Wie wir noch sehen werden, muss man für die Konvergenz des Verfahrens $m_2 + m_3 \leq 1$ fordern.

Der wesentliche Aufwand des Verfahrens in jedem Iterationsschritt besteht in der Berechnung von Subgradienten und der Lösung des quadratischen Optimierungsproblems $(QS)_{k,\varepsilon}$. Da bei der Aktualisierung des Bundles nur zwei Vektoren ausgetauscht werden, kann man zur effektiven Lösung von $(QS)_{k,\varepsilon}$ die Informationen des vorherigen Iterationsschritts berücksichtigen. Hierzu wurde von Kiwiel [20, 21] ein spezielles Verfahren entwickelt. Numerische Tests in Schröder [40] zeigen, dass auch das Verfahren QPSOL von Gill et al. [10, 11] diese Probleme effektiv löst.

6.4.2 Konvergenz des Verfahrens

Wir wollen zeigen, dass das Verfahren 6.4.1 nach endlich vielen Schritten stoppt und dass in jedem Iterationspunkt $x^{(k)}$ gilt

$$(6.35) \qquad f(y) \geq f(x^{(k)}) - \varepsilon - \|d^{(k)}\| \, \|y - x^{(k)}\| \quad \forall y \in \mathbb{R}^n.$$

Dass diese Bedingung wichtig für die Konvergenz des Verfahrens ist, zeigen die folgenden Überlegungen. Gilt nach m Iterationsschritten $\|d^{(m)}\| = \|s^{(m)}\| \leq \eta$ und ist x^* Minimalpunkt von f, so folgt aus (6.35) mit $y = x^*$

$$f(x^*) \geq f(x^{(m)}) - \varepsilon - \eta \, \|x^* - x^{(m)}\|$$

und daher für alle $y \in \mathbb{R}^n$

$$(6.36) \qquad f(y) \geq f(x^*) \geq f(x^{(m)}) - \varepsilon - \eta \, \|x^* - x^{(m)}\|.$$

Konvergiert die Folge $\{x^{(k)}\}$ gegen x^*, dann konvergiert der letzte Term der rechten Seite gegen Null. Die Bedingung für ein ε-Minimum ist dann approximativ erfüllt.

Satz 6.4.2: *In jedem von dem Verfahren 6.4.1 berechneten Iterationspunkt $x^{(k)}$ gilt die Beziehung* (6.35). $\diamond$

Beweis: Wir wählen $k \in \mathbb{N}$ beliebig. Für $i \in \{1, \dots, l\}$ und $s^i \in S_k$ ist nach Konstruktion des Bundles $s^i \in \partial_{\alpha_i^k} f(x^{(k)})$, also

$$(1) \qquad f(y) \geq f(x^{(k)}) + \langle s^i, y - x^{(k)} \rangle - \alpha_i^k \quad \forall y \in \mathbb{R}^n.$$

Da $\tilde{s}^{(k)}$ Lösung von $(QS)_{S_{k,\varepsilon}}$ ist, gibt es $\beta_i \geq 0$, $i = 1, \dots, l$, mit

$$(2) \qquad \tilde{s}^{(k)} = \sum_{i=1}^{l} \beta_i s^i, \quad \sum_{i=1}^{l} \beta_i = 1, \quad \sum_{i=1}^{l} \beta_i \alpha_i^k \leq \varepsilon.$$

Multipliziert man (1) mit β_i für $i = 1, \ldots, l$ und summiert die resultierenden Ungleichungen, so folgt mit (2)

$$f(y) \geq f(x^{(k)}) + \Big\langle \sum_{i=1}^{l} \beta_i s^i, y - x^{(k)} \Big\rangle - \sum_{i=1}^{l} \beta_i \alpha_i^k$$
$$\geq f(x^{(k)}) + \langle \tilde{s}^{(k)}, y - x^{(k)} \rangle - \varepsilon = f(x^{(k)}) - \langle d^{(k)}, y - x^{(k)} \rangle - \varepsilon$$

für alle $y \in \mathbb{R}^n$. Die Behauptung erhält man dann mit der Ungleichung von Cauchy-Schwarz. $\qquad\qquad \Box$

Um zu zeigen, dass das Verfahren nach endlich vielen Schritten stoppt, benötigen wir zwei Hilfsresultate.

Lemma 6.4.3: *Gilt $f(x^{(k)}) \nrightarrow -\infty$ für $k \to \infty$, dann werden nur endlich viele Abstiegsschritte durchgeführt.* $\qquad\qquad \Diamond$

Beweis: Wenn das Verfahren nach endlich vielen Schritten stoppt, ist nichts zu zeigen. Wir müssen also nur den Fall betrachten, dass das Verfahren nicht nach endlich vielen Schritten stoppt. Wir zeigen, dass $f(x^{(k)})$ in diesem Fall nach einem Abstiegsschritt um einen festen Wert ε^* verkleinert wird. Dazu benötigen wir die Beschränktheit der Folgen $\{x^{(k)}\}$, $\{s^{(k,+)}\}$ und $\{d^{(k)}\}$.

(i) Wir berechnen zunächst eine Abschätzung für die Abnahme des Funktionswertes. Nach einem Nullschritt ist $x^{(k+1)} = x^{(k)}$. Damit gilt trivialerweise

$$(1) \qquad f(x^{(k+1)}) - f(x^{(k)}) \leq -m_1 \|x^{(k+1)} - x^{(k)}\| \, \|d^{(k)}\|$$

Nach einem Abstiegsschritt ist $x^{(k+1)} = x^{(k)} + t_k d^{(k)}$, also $t_k \|d^{(k)}\| = \|x^{(k+1)} - x^{(k)}\|$. Wegen $v_k = -\|d^{(k)}\|^2 - \mu_k \varepsilon$ mit $\mu_k \geq 0$ bzw. $v_k = -\|d^{(k)}\|^2$ ist $v_k \leq -\|d^{(k)}\|^2$ und daher

$$t_k v_k \leq -t_k \|d^{(k)}\|^2 = -\|x^{(k+1)} - x^{(k)}\| \, \|d^{(k)}\|.$$

Bei einem Abstiegsschritt stoppt das Schrittweitenverfahren 6.2.2 in **LS3**, und die Abstiegsforderung $f(x^{(k+1)}) - f(x^{(k)}) \leq m_1 t_k v_k$ ist erfüllt, womit (1) folgt.

(ii) Zum Beweis der Beschränktheit von $\{x^{(k)}\}$ schreiben wir (1) in der äquivalenten Form

$$f(x^{(k)}) - f(x^{(k+1)}) \geq m_1 \|x^{(k+1)} - x^{(k)}\| \, \|d^{(k)}\|.$$

Da $\|d^{(k)}\| \geq \eta$ in jeder Iteration k ist, folgt für $k = 1, 2, \ldots$

$$(2) \qquad f(x^{(k)}) - f(x^{(k+1)}) \geq m_1 \|x^{(k+1)} - x^{(k)}\| \, \eta \, .$$

Wegen $m_1\eta > 0$ erhält man damit für $k = 1, 2, \ldots$

$$(3) \qquad \|x^{(k+1)} - x^{(k)}\| \leq \frac{1}{m_1\eta} \left(f(x^{(k)}) - f(x^{(k+1)}) \right) .$$

Ist $k \in \mathbb{N}$ fest gewählt, dann erhalten wir für beliebiges $l \in \mathbb{N}$ durch Aufsummieren der Ungleichungen (3)

$$(4) \quad \|x^{(k+l)} - x^{(k)}\| \leq \sum_{i=1}^{l} \|x^{(k+i)} - x^{(k+i-1)}\| \leq \frac{1}{m_1\eta} \left(f(x^{(k)}) - f(x^{(k+l)}) \right) .$$

Nach Voraussetzung ist die Folge $\{f(x^{(k)}\}$ nach unten beschränkt. Außerdem ist die Folge $\{f(x^{(k)}\}$ nach Konstruktion des Schrittweitenverfahrens 6.2.2 monoton fallend (denn nach einem Nullschritt gilt $f(x^{(k+1)}) = f(x^{(k)})$, und nach einem Abstiegsschritt ist $f(x^{(k+1)}) < f(x^{(k)})$), also konvergent und damit eine Cauchy-Folge. Wegen (4) ist dann auch die Folge $\{x^{(k)}\}$ eine Cauchy-Folge und damit konvergent und beschränkt.

(iii) Als nächstes zeigen wir, dass es ein $M > 0$ gibt, so dass für die durch das Schrittweitenverfahren 6.2.2 in Schritt **LS3** berechnete Folge $\{s^{(k,+)}\}$ und die Folge $\{d^{(k)}\}$ gilt

$$\|s^{(k,+)}\| \leq M \, , \quad \|d^{(k)}\| \leq M \quad \forall k \in \mathbb{N} \, ,$$

d. h., auch diese Folgen sind beschränkt. Das Schrittweitenverfahren 6.2.2 berechnet $s^{(k,+)} \in \partial f(y^{(k,+)})$. Ist $k \mapsto k + 1$ ein Abstiegsschritt, so ist $x^{(k+1)} = y^{(k,+)}$ und wegen $\partial f(x^{(k+1)}) \subset \partial_{m_3\varepsilon} f(x^{(k+1)})$ folgt

$$(5) \qquad s^{(k,+)} \in \partial_{m_3\varepsilon} f(x^{(k+1)}) \subset \partial_\varepsilon f(x^{(k+1)}) \, .$$

Ist $k \mapsto k + 1$ ein Nullschritt, so ist nach **LS2** $s^{(k,+)} \in \partial_{m_3\varepsilon} f(x^{(k)})$ und wegen $x^{(k+1)} = x^{(k)}$ gilt ebenfalls (5). Da die Folge $\{x^{(k)}\}$ beschränkt ist, folgt aus Satz 5.1.11, dass die Menge

$$S := \left\{ s \in \mathbb{R}^n \mid s \in \partial_\varepsilon f(x^{(k)}) \text{ für ein } k \in \mathbb{N} \right\}$$

beschränkt ist, d. h., es gibt ein $M > 0$ mit $\|s\| \leq M$ für alle $s \in S$. Wegen $s^{(k,+)} \in S$ ist insbesondere $\|s^{(k,+)}\| \leq M$ für alle $k \in \mathbb{N}$. Da $d^{(k)} = -\tilde{s}^{(k)}$ und $\tilde{s}^{(k)} \in \partial_{\tilde{\alpha}} f(x^{(k)})$ mit $\tilde{\alpha} \leq \varepsilon$ ist (siehe Abschnitt 6.3), ist auch $-d^{(k)} = \tilde{s}^{(k)} \in S$ und damit $\|d^{(k)}\| \leq M$ für alle $k \in \mathbb{N}$.

(iv) Wir können jetzt zeigen, dass der Funktionswert $f(x^{(k)})$ nach einem Abstiegsschritt um einen festen Wert ε^* verkleinert wird. Im Fall eines Abstiegsschritts ist $\alpha^+ > \tilde{\varepsilon}$ (Anmerkung: An dieser Stelle wird die Tatsache benutzt, dass beim Schrittweitenverfahren 6.2.2 Nullschritte Priorität haben). Also ist

$$(6) \qquad \tilde{\varepsilon} = m_3\varepsilon < \alpha^+ = f(x^{(k)}) - f(x^{(k+1)}) - \langle s^{(k,+)}, x^{(k)} - x^{(k+1)} \rangle .$$

Da die Folge $\{x^{(k)}\}$ beschränkt ist, gibt es nach Korollar 2.7.4 ein $L > 0$ mit

$$f(x^{(k)}) - f(x^{(k+1)}) \leq L \, \|x^{(k)} - x^{(k+1)}\| \quad k = 1, 2, \ldots .$$

Zusammen mit (6) und (ii) folgt

$$\tilde{\varepsilon} = m_3\varepsilon \leq (L + M) \, \|x^{(k)} - x^{(k+1)}\| \quad k = 1, 2, \ldots .$$

Aus (2) erhalten wir damit

$$f(x^{(k)}) - f(x^{(k+1)}) \geq \frac{m_1\eta m_3\varepsilon}{(L + M)} =: \varepsilon^* .$$

Nach jedem Abstiegsschritt wird also ein Abstieg um mindestens ε^* erzielt. Da die Folge $\{f(x^{(k)}\}$ nach Voraussetzung nach unten beschränkt ist, können nur endlich viele Iterationsschritte mit Abstiegsschritt durchgeführt werden (vgl. auch Lemma 5.4.5 zur Konvergenz des konzeptionellen Verfahrens). $\qquad\qquad \square$

Als weiteres Hilfsresultat für den Konvergenzsatz zeigen wir

Lemma 6.4.4: *Gilt $f(x^{(k)}) \not\to -\infty$ für $k \to \infty$ und ist $m_2 + m_3 \leq 1$, dann führt das Verfahren nach einem Nullschritt höchstens endlich viele weitere Nullschritte bis zu einem Abstiegsschritt oder zum Stopp des Verfahrens durch.* $\qquad \Diamond$

Beweis: In Iterationsschritt k_0 werde ein Nullschritt durchgeführt. Wir nehmen an, dass danach nur noch Nullschritte durchgeführt werden und dass das Verfahren nicht stoppt. Nach jedem Nullschritt ist (siehe Abschnitt 6.3) $s^{l+1} = \tilde{s}^{(k)} \in S_{k+1}$, und es gilt $\alpha_{l+1}^{k+1} \leq \varepsilon$. Daher ist $\tilde{s}^{(k)} \in S_{k+1,\varepsilon}$. Da $\tilde{s}^{(k+1)}$ die Projektion von 0_n auf $S_{k+1,\varepsilon}$ ist, muss

$$(1) \qquad\qquad \|\tilde{s}^{(k+1)}\| \leq \|\tilde{s}^{(k)}\| \quad \forall k \geq k_0$$

sein. Aus der Charakterisierung der Projektion folgt

$$\langle \tilde{s}^{(k+1)}, y - \tilde{s}^{(k+1)} \rangle \geq 0 \quad \forall y \in S_{k+1,\varepsilon} .$$

Mit $y = \tilde{s}^{(k)}$, der Ungleichung von Cauchy-Schwarz und (1) erhalten wir

$$\|\tilde{s}^{(k+1)}\|^2 = \langle \tilde{s}^{(k+1)}, \tilde{s}^{(k+1)} \rangle \leq \langle \tilde{s}^{(k+1)}, \tilde{s}^{(k)} \rangle \leq \|\tilde{s}^{(k+1)}\| \, \|\tilde{s}^{(k)}\| \leq \|\tilde{s}^{(k)}\|^2 .$$

Wegen (1) ist die Folge $\{\|\tilde{s}^{(k)}\|\}$ monoton fallend. Daher gibt es ein $\delta \geq 0$, so dass für $k \to \infty$ folgt

$$(2) \quad \|\tilde{s}^{(k)}\| \to \delta, \quad \langle \tilde{s}^{(k+1)}, \tilde{s}^{(k)} \rangle \to \delta^2,$$

$$\|\tilde{s}^{(k+1)} - \tilde{s}^{(k)}\|^2 = \|\tilde{s}^{(k+1)}\|^2 - 2\langle \tilde{s}^{(k+1)}, \tilde{s}^{(k)} \rangle + \|\tilde{s}^{(k)}\|^2 \to 0.$$

Da das Verfahren nicht stoppt, ist das Abbruchkriterium nicht erfüllt. Daher muss $\|\tilde{s}^{(k)}\| \geq \eta$ für alle $k \geq k_0$ und damit $\delta \geq \eta > 0$ sein.

Nach Konstruktion des Bundles (siehe Abschnitt 6.3) ist nach einem Nullschritt $s^{(k,+)} = s^{l+2} \in S_{k+1}$ und $\alpha_{l+2}^{k+1} \leq m_3\varepsilon$. Für $\tilde{s}^{(k+1)}$ folgt daher aus der Optimalitätsbedingung (6.12)

$$\|\tilde{s}^{(k+1)}\|^2 + \mu_{k+1}\varepsilon \leq \langle \tilde{s}^{(k+1)}, s^{(k,+)} \rangle + \mu_{k+1}\alpha_{l+2}^{k+1} \leq \langle \tilde{s}^{(k+1)}, s^{(k,+)} \rangle + \mu_{k+1}m_3\varepsilon,$$

also (hier wird die Tatsache benutzt, dass das Schrittweitenverfahren 6.2.2 mit der Schrittweite $m_3\varepsilon$ durchgeführt wird)

$$(1 - m_3)\varepsilon\mu_{k+1} \leq \langle \tilde{s}^{(k+1)}, s^{(k,+)} \rangle - \|\tilde{s}^{(k+1)}\|^2,$$

was wir in der Form

$$(3) \quad (1 - m_3)\varepsilon\mu_{k+1} \leq \langle \tilde{s}^{(k)}, s^{(k,+)} \rangle + \langle \tilde{s}^{(k+1)} - \tilde{s}^{(k)}, s^{(k,+)} \rangle - \|\tilde{s}^{(k+1)}\|^2$$

schreiben. Andererseits gilt nach einem Nullschritt (siehe **LS2** im Schrittweitenverfahren 6.2.2)

$$\langle \tilde{s}^{(k)}, s^{(k,+)} \rangle = -\langle d^{(k)}, s^{(k,+)} \rangle \leq -m_2 v_k$$

mit $v_k = -\|d^{(k)}\|^2 - \mu_k\varepsilon$, $\mu_k \geq 0$ bzw. $v_k = -\|d^{(k)}\|^2$, also

$$\langle \tilde{s}^{(k)}, s^{(k,+)} \rangle \leq m_2(\|\tilde{s}^{(k)}\|^2 + \mu_k\varepsilon).$$

Wegen $m_2 + m_3 \leq 1$, also $m_2 \leq 1 - m_3$, folgt zusammen mit (3)

$$(4) \quad (1 - m_3)\varepsilon\mu_{k+1} \leq m_2\mu_k\varepsilon + \delta_k \leq (1 - m_3)\varepsilon\mu_k + \delta_k$$

mit $\delta_k = m_2\|\tilde{s}^{(k)}\|^2 + \langle \tilde{s}^{(k+1)} - \tilde{s}^{(k)}, s^{(k,+)} \rangle - \|\tilde{s}^{(k+1)}\|^2$. Wegen (2) und der Beschränktheit der Folge $\{s^{(k,+)}\}$ (Beweisteil (iii) von Lemma 6.4.3) gilt

$$\delta_k \to (m_2 - 1)\delta^2 =: \delta' < 0.$$

Daher ist $\delta_k < \frac{1}{2}\delta' < 0$ für hinreichend großes k, und wegen (4) gilt

$$\mu_{k+1} \leq \mu_k + \frac{\delta_k}{(1 - m_3)\varepsilon} \leq \mu_k + \frac{\delta'}{2(1 - m_3)\varepsilon}.$$

In jedem Iterationsschritt mit Nullschritt wird der Wert von μ_k also um einen festen Wert vermindert. Daher muss nach endlich vielen Nullschritten $\mu_k < 0$ sein im Widerspruch zu $\mu_k \geq 0$. $\qquad\square$

Wir können jetzt einen Konvergenzsatz für das Verfahren 6.4.1 beweisen.

Satz 6.4.5: *Ist $m_2 + m_3 \leq 1$, dann gilt für die vom Verfahren 6.4.1 berechnete Folge $\{x^{(k)}\}$ entweder $f(x^{(k)}) \to -\infty$ oder das Abbruchkriterium ist nach endlich vielen Iterationen erfüllt. Weiter ist in jedem Iterationspunkt $x^{(k)}$ die Beziehung (6.35) erfüllt.* $\Diamond$

Beweis: Gilt $f(x^{(k)}) \nrightarrow -\infty$ für $k \to \infty$, dann wird nach Lemma 6.4.4 nach endlich vielen Nullschritten ein Abstiegsschritt ausgeführt oder das Abbruchkriterium ist erfüllt, und nach Lemma 6.4.3 werden nur endlich viele Abstiegsschritte durchgeführt. Daher muss das Verfahren nach endlich vielen Iterationsschritten stoppen. Die Beziehung (6.35) wurde in Satz 6.4.2 bewiesen. $\square$

Satz 6.4.5 zeigt, dass bei beliebig vorgegebenem $\eta > 0$ nach endlich vielen Schritten $\|\tilde{s}^{(k)}\| \leq \eta$ ist. Damit ist die Bedingung (6.13) erfüllt.

Bemerkung: Der Konvergenzbeweis benutzt nur die Tatsache, dass im k-ten Iterationsschritt des Verfahrens die Vektoren $\tilde{s}^{(k)}$, $s^{(k,+)}$ zum aktuellen Bundle hinzugefügt werden, und berücksichtigt keine Informationen, die weitere Vektoren im Bundle liefern. Wesentlich ist dabei die Priorität von Nullschritten im Schrittweitenverfahren 6.2.2. Das Verfahren konvergiert also mit $\bar{l} \geq 2$. Praktisch zeigt das Verfahren jedoch ein besseres Konvergenzverhalten, wenn man $\bar{l} \approx 10$ benutzt.

Lässt man ein beliebig großes Bundle zu, dann kann man mit einem etwas anderen Beweis auch Konvergenz zeigen, wenn Abstiegsschritte beim Schrittweitenverfahren Priorität haben. Bei der praktischen Implementierung des Verfahrens führt man dann nach endlich vielen Schritten ein „Reset" durch, d. h., man startet das Verfahren mit dem aktuellen Iterationspunkt neu (siehe Schramm [36]). Dies empfiehlt sich auch für die hier betrachtete Variante des Verfahrens, da man, wie einige Testbeispiele in Schröder [40] zeigen, praktisch oft beobachten kann, dass die Konvergenz des Verfahrens mit zunehmender Schrittzahl immer schlechter wird. $\Diamond$

Weitere Vorgehensweise

Bei der praktischen Durchführung des Verfahrens 6.4.1 tritt folgendes Problem auf: Wählt man ε sehr klein, um eine hohe Genauigkeit der Lösung zu erhalten, dann braucht man sehr viele Iterationsschritte. Dies erfordert einen sehr hohen Rechenaufwand und führt oft zu numerischen Problemen, insbesondere bei der Durchführung des Schrittweitenverfahrens (vgl. obige Bemerkung). Man benutzt daher das Verfahren 6.4.1 iterativ. Dazu startet man mit einem „großen" ε, das während der Iteration immer weiter verkleinert wird, bis die gewünschte Genauigkeit erreicht ist. Das resultierende Verfahren, das Bundle-Verfahren, wird im nächsten Kapitel vorgestellt.

7 Bundle-Verfahren

Im praktischen Einsatz hat sich die Implementierung `mlfcl` [25] des Bundle-Verfahrens von Lemaréchal, Strodiot und Bihain [26]) gut bewährt. Wir behandeln im Folgenden die Grundlagen dieses Verfahrens.

7.1 Stopp-Kriterien

Aus den am Ende des letzten Kapitels genannten Gründen benutzt das Bundle-Verfahren das approximative Abstiegsverfahren 6.4.1 iterativ, wobei man mit einem „großen" ε startet, das während der Iteration verkleinert wird, bis die gewünschte Genauigkeit erreicht ist. Als Stopp-Kriterium fordern wir wieder $\|\tilde{s}^{(k)}\| \leq \eta$, wobei $\eta > 0$ eine vorgegebene Genauigkeit ist. In jedem Iterationsschritt benutzen wir ein ε_k, mit dem das Problem $(QS)_{k,\varepsilon}$ gelöst wird. Neben ε_k benutzen wir zwei weitere Werte $\underline{\varepsilon}$ und $\overline{\varepsilon}$ als untere und obere Schranke für ε_k:

- Als zweites Stopp-Kriterium testen wir, ob $\tilde{s}^{(k)} \in \partial_{\underline{\varepsilon}} f(x^{(k)})$ ist, d. h., wir stoppen, wenn gilt: $\tilde{\alpha}_k = \sum_{i=1}^{l} \tilde{\beta}_i \alpha_i^k \leq \underline{\varepsilon}$. Gelten beide Stopp-Kriterien, dann ist die Optimalitätsbedingung $0_n \in \partial f(x^{(k)})$ approximativ erfüllt.

- Im Fall $\|\tilde{s}^{(k)}\| \leq \eta$, d. h., das erste Stopp-Kriterium ist mit dem aktuellen ε_k erfüllt, reduzieren wir die obere Schranke $\overline{\varepsilon}$. Das aktuelle ε_k bleibt nach einem Nullschritt unverändert; nach einem Abstiegsschritt wählen wir ε_k neu.

7.2 Allgemeiner Verfahrensablauf

Wir können jetzt das Bundle-Verfahren formulieren. Gegeben sei eine konvexe Funktion $f : \mathbb{R}^n \to \mathbb{R}$ mit der Voraussetzung (S1) aus Abschnitt 3.2, d. h., zu jedem $x \in \mathbb{R}^n$ kann man (mindestens) einen Subgradienten $s(x) \in \partial f(x)$ berechnen. Weiter seien gegeben

- die Schrittweitenparameter $0 < m_1 < m_2 < 1$ und $0 < m_3 < 1$,

- die Abbruchschranken $\underline{\varepsilon} > 0$ und $\eta > 0$,

- die maximale Bundle-Größe $\bar{l} \geq 2$.

Verfahren 7.2.1: Bundle-Verfahren
Wähle einen Startpunkt $x^{(0)}$ und eine Zahl $\overline{\varepsilon} > \underline{\varepsilon}$; initialisiere das Bundle mit $s^1 \in \partial f(x^{(0)})$, $\alpha_1^0 = 0$; setze $l = 1$, $k := 0$ und $\varepsilon_k := \overline{\varepsilon}$.

1. Setze $\varepsilon_k := \max\{\,\underline{\varepsilon}, \min(\varepsilon_k, \overline{\varepsilon})\,\}$.

2. Berechne eine Lösung $\tilde{\beta}$ des Problems $(QS)_{k,\varepsilon}$ mit $\varepsilon = \varepsilon_k$, einen Lagrange-Multiplikator μ_k und setze

$$\tilde{s}^{(k)} = \sum_{i=1}^{l} \tilde{\beta}_i s^i\,, \quad \tilde{\alpha}_k = \sum_{i=1}^{l} \tilde{\beta}_i \alpha_i^k\,.$$

3. Abbruchkriterium: Ist $\|\tilde{s}^{(k)}\| > \eta$, dann gehe zu 4.
   Ist $\tilde{\alpha}_k \leq \underline{\varepsilon}$, dann stoppe das Verfahren, andernfalls reduziere $\overline{\varepsilon}$ und gehe zu 1.

4. Setze $d^{(k)} := -\tilde{s}^{(k)}$ und $v_k := -\|d^{(k)}\|^2 - \mu_k\varepsilon_k$ oder $v_k := -\|d^{(k)}\|^2$.
   Berechnen mit dem Schrittweitenverfahren 6.2.2 mit $\tilde{\varepsilon} = m_3\varepsilon_k$ eine Schrittweite $t_k > 0$ und $y^{(k,+)} := x^{(k)} + t_k d^{(k)}$, $s^{(k,+)} \in \partial f(y^{(k,+)})$.

   Bei Ausgang (NS): $x^{(k+1)} := x^{(k)}$ (Nullschritt).

   Bei Ausgang (AS): $x^{(k+1)} := y^{(k,+)}$ (Abstiegsschritt).

5. Aktualisierung des Bundels mit dem Verfahren 6.3.1;
   bei Abstiegsschritt: wähle neues ε_{k+1};
   setze $k := k + 1$ und gehe zu 1. $\diamond$

Schritt 1 stellt sicher, dass $\varepsilon_k \in [\underline{\varepsilon}, \overline{\varepsilon}]$ ist, unabhängig von der Wahl von ε_{k+1} nach einem Abstiegsschritt. Die Reduktion von $\overline{\varepsilon}$ muss so durchgeführt werden, dass nach endlich vielen Reduktionsschritten $\overline{\varepsilon} = \underline{\varepsilon}$ ist. Hierzu kann man beispielsweise die Vorschrift $\overline{\varepsilon} = \max\{0.1\tilde{\alpha}_k, \underline{\varepsilon}\}$ benutzen.

Wie beim approximativen Abstiegsverfahren 6.4.1 sind empfohlene Werte für die Schrittweitenparameter $m_1 = m_3 = 0.1$, $m_2 = 0.2$. Der wesentliche Aufwand des Verfahrens in jedem Iterationsschritt besteht wie beim approximativen Abstiegsverfahren 6.4.1 in der Berechnung von Subgradienten und der Lösung des quadratischen Optimierungsproblems $(QS)_{k,\varepsilon}$. Hierzu kann man wieder das von Kiwiel [20, 21] entwickelte, spezielle Verfahren benutzen. Die numerischen Tests in Schröder [40] zeigen, dass das Verfahren QPSOL von Gill et al. [10, 11] auch hier diese Probleme effektiv löst.

Die Konvergenz des Verfahrens folgt unmittelbar aus der Konvergenz des zugrunde liegenden ε-Abstiegsverfahrens.

Satz 7.2.2: *Es sei $m_2+m_3 \leq 1$. Dann gilt für die vom Bundle-Verfahren berechnete Folge $\{x^{(k)}\}$ entweder $f(x^{(k)}) \to -\infty$, oder das Abbruchkriterium ist nach endlich vielen Iterationsschritten m erfüllt mit*

$$(7.1) \qquad f(y) \geq f(x^{(m)}) - \underline{\varepsilon} - \|d^{(m)}\| \, \|y - x^{(m)}\|$$

für alle $y \in \mathbb{R}^n$. $\diamond$

Beweis: Nach Satz 6.4.5 ist mit festem ε das Abbruchkriterium $\|\tilde{s}^{(k)}\| \leq \eta$ nach endlich vielen Schritten erfüllt, d. h., nach endlich vielen Schritten wird ε_k reduziert. Aufgrund der Reduktionsvorschrift für $\bar{\varepsilon}$ in Schritt 3 des Verfahrens muss nach endlich vielen Reduktionen $\varepsilon_k = \underline{\varepsilon}$ sein. Wiederum nach Satz 6.4.5 stoppt das Verfahren mit diesem ε nach endlich vielen Schritten. Ist m die Anzahl der Iterationsschritte, dann gilt nach Satz 6.4.2 in $x^{(m)}$ die Beziehung (6.35) mit $\varepsilon = \underline{\varepsilon}$, was gerade die Beziehung (7.1) ist. $\square$

Zur Bedeutung der Bedingung (7.1) für die Konvergenz des Verfahrens vergleiche man (6.36). Um theoretisch Konvergenz zu zeigen, kann man nach einem Abstiegsschritt ε_{k+1} beliebig wählen; insbesondere kann man $\varepsilon_{k+1} = \varepsilon_k$ setzen. Die richtige Wahl von ε_{k+1} und die passende Reduktion der oberen Schranke in Schritt 3 sind nicht befriedigend gelöste Probleme.

Zum Start des Bundle-Verfahrens wählt man ein „nicht zu kleines" ε. Mit $\varepsilon_0 = \bar{\varepsilon} = f(x^{(0)}) - f^*$ mit $f^* = \min\{f(x) \mid x \in \mathbb{R}^n\}$ würde man den größtmöglichen Abstieg wählen. Ebenso würde man nach einem Abstiegsschritt mit $\varepsilon_{k+1} = f(x^{(k)}) - f^*$ den größtmöglichen Abstieg wählen. Da man f^* in der Regel nicht kennt, benutzt man oft eine Schätzung $\bar{f}$ (siehe beispielsweise die Implementierung `m1fc1` [25] des Bundle-Verfahrens von Lemaréchal, Strodiot und Bihain [26]). Numerische Tests mit dieser Wahl von ε_{k+1} (die vergleichbare Resultate wie `m1fc1` liefern) findet man in Lindig [27] und Schröder [40]. Weitere Tests, die auch andere Strategien benutzen, werden in Hiriart-Urruty/Lemaréchal [17], XIV.4, diskutiert.

Ist das im k-ten Iterationsschritt benutzte ε_k zu klein, so macht das Verfahren evtl. zu geringe Fortschritte und berechnet eine schlechte Suchrichtung (nahe an der Richtung des steilsten Abstiegs). Bei einer weiteren Verkleinerung von ε_k kann das Verfahren dann instabil werden (vergleiche hierzu Hiriart-Urruty/Lemaréchal [17], XIV.4). In diesem Fall hilft oft ein „Reset" des Verfahrens (vgl. die Bemerkung nach Satz 6.4.5).

Entscheidend für die Konvergenz des Bundle-Verfahrens ist, dass im $k-$ten Iterationsschritt

$$f(x^{(k)}) - f(x^{(k+1)}) \geq \frac{m_1 m_3 \eta \varepsilon_k}{(L + M)}$$

gilt (siehe Beweis von Lemma 6.4.3). Wegen $\varepsilon_k \geq \underline{\varepsilon}$ erhält man nach jedem Abstiegsschritt also

$$(7.2) \qquad f(x^{(k)}) - f(x^{(k+1)}) \geq \frac{m_1 m_3 \eta \underline{\varepsilon}}{(L+M)} \,.$$

Zu beachten ist: Wählt man $\underline{\varepsilon} = 0$, so erhält man das Verfahren des steilsten Abstiegs; in diesem Fall kann man nicht mehr aus der Abschätzung (7.2) (rechte Seite ist 0) auf die Konvergenz des Verfahrens schließen.

Wir betrachten abschließend noch einige numerische Beipiele zum Bundle-Verfahren.

7.3 Numerische Beispiele

Die Scilab-Funktion `optim` ([13, 41]) ist eine Implementierung des Bundle-Verfahrens, die das Fortran-Programm `mlfc1` von Lemaréchal [25] benutzt. Der Benutzer von `optim` muss ein Unterprogramm (Function) definieren, das zu gegebenem x den Funktionswert $f(x)$ und entsprechend der Bedingung (S1) (siehe Abschnitt 3.2) einen Subgradienten $s(x) \in \partial f(x)$ berechnet. Wir demonstrieren dies für die Funktion f_∞ aus Beispiel 1.2.15. Wie man zu $x \in \mathbb{R}^2$ einen Subgradienten $s(x) \in \partial f_\infty(x)$ berechnet, haben wir in Beispiel 2.9.6 gezeigt.

Speichert man die Messdaten ξ_i, η_i, $i = 1, \ldots, m$, in einer $m \times 2$-Matrix z, dann kann man die folgende Scilab-Funktion zur Berechnung von $f(x)$ benutzen; ist `ind>2`, dann wird zusätzlich ein Subgradient $s \in \partial f_\infty(x)$ berechnet.

```
function [f,s,ind] = flinf(x,ind);
global m z
f=abs(x(1)*z(1,1)+x(2)-z(2,1)); imax=1;
for i=2:m
    y=abs(x(1)*z(i,1)+x(2)-z(i,2));
    if y>f
        f=y; imax = i;
    end;
end;
if ind>2
    s=zeros(2,1);
    if (x(1)*z(imax,1)+x(2)-z(imax,2))>=0.0 then
        epsi = 1.0
    else
        epsi = -1.0
    end;
    s(1)= epsi*z(imax,1); s(2)= epsi
end;
```

Das folgende Scilab-Programm berechnet das Minimum von f_∞:

```
global m z
z=read("mess.dat",-1,2);
m=size(z,1); n = 2; x=zeros(2,1)
getf('flinf.sci'); [fw,x] = optim(flinf,x,'nd')
```

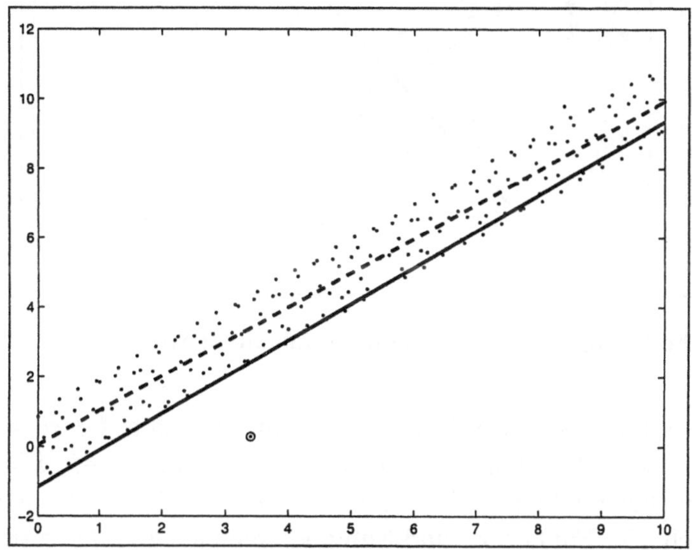

Abbildung 7.1: Approximation von Messdaten

Als Beispiel betrachten wir die Lösung zu einem speziellen Datensatz. Abb. 7.1 zeigt die Messdaten und die durch das Minimum von f_∞ definierte optimale Gerade (durchgezogene Linie). Zum Vergleich ist auch die durch das Minimum von f_1 (vgl. Beispiele 1.2.15 und 2.9.6) definierte optimale Gerade (gestrichelte Linie) eingezeichnet; diese Gerade wird weniger von dem „Ausreißer" (markierter Messpunkt) in den Messdaten beeinflusst als die zu f_∞ gehörige Gerade.

Zum Vergleich mit den numerischen Resultaten für das Subgradientenverfahren in Abschnitt 4.3 testen wir `optim` noch mit der Wolfe-Funktion (1.4) und der Maxq-Funktion aus Beispiel 2.9.4. Scilab-Anweisungen zur Berechnung eines Subgradienten der Wolfe-Funktion haben wir Abschnitt 4.3 angegeben; die Berechnung eines Subgradienten der Maxq-Funktion wurde in Beispiel 2.9.4 diskutiert.

Bei der Wolfe-Funktion berechnet `optim` mit dem Startpunkt $(5,4)^\mathsf{T}$ nach 37 Funktions- und Subgradientenauswertungen die Näherungslösung

$$x^{(37)} = (-1.000000, 0.8790675 \cdot 10^{-11})^\mathsf{T}.$$

Abb. 7.2 zeigt den Ablauf der Iteration.

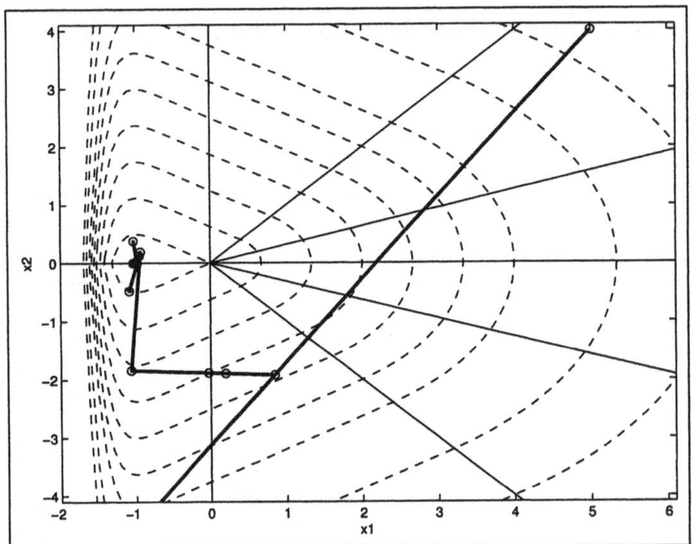

Abbildung 7.2: Scilab-Bundle-Verfahren für Wolfe-Funktion

Bei der Zielfunktion Maxq wählen wir wie in Abschnitt 4.3 $n = 20$, als ersten Startpunkt $u \in \mathbb{R}^{20}$ mit $u_i = i$, $i = 1, \dots, 10$, $u_i = -i$, $i = 11, \dots, 20$, und als zweiten Startpunkt $v \in \mathbb{R}^{20}$ mit $v_i = i$, $i = 1, \dots, 20$. Mit dem Startpunkt u ist nach 199 Funktions- und Subgradientenauswertungen der Funktionswert im aktuellen Iterationspunkt $4.145 \cdot 10^{-9}$. Mit dem Startpunkt v ist nach 247 Funktions- und Subgradientenauswertungen der Funktionswert im aktuellen Iterationspunkt $1.090 \cdot 10^{-9}$.

Bemerkung: Für den Vergleich des Aufwands der Verfahren ist die Anzahl der Funktions- und Subgradientenberechnungen wichtiger als die Iterationszahl. $\diamond$

Ein Vergleich mit den numerischen Resultaten aus Abschnitt 4.3 zeigt, dass man mit dem Bundle-Verfahren ohne Experimente bei der Schrittweitenwahl (und damit in der Regel schneller) zu besseren Ergebnissen kommt.

Weitere Vorgehensweise

Da das Bundle-Verfahren 7.2.1 oft sensibel auf die Wahl von ε reagiert, gibt es verschiedene Ansätze zur „Stabilisierung" des Verfahrens (siehe Hiriart-Urruty/Lemaréchal [17], Kapitel XV, Bonnans et al. [5], 9.3). Wir diskutieren im folgenden Kapitel die theoretischen Grundlagen eines solchen Verfahrens und zeigen einige numerische Beispiele.

8 Bundle-Trust-Region-Verfahren

Beim Bundle-Verfahren wurde in jedem Iterationsschritt zunächst eine Abstiegsrichtung berechnet und anschließend eine geeignete Schrittweite bestimmt. Als Al-
ternative zu dieser Vorgehensweise benutzt man Trust-Region-Verfahren. Wir diskutieren im Folgenden ein Verfahren, das die Trust-Region-Idee mit dem Bundle-
Konzept kombiniert. Dazu betrachten wir wieder das unrestringierte Optimierungsproblem (PU).

8.1 Grundlage des Verfahrens

In Schramm [37] wird eine Kombination der Trust-Region-Idee mit dem Bundle-
Konzept, das *Bundle-Trust-Region-Verfahren,* beschrieben. Da sich dieses Verfahren praktisch gut bewährt hat, behandeln wir im Folgenden die wichtigsten Aspekte
seiner theoretischen Grundlagen und Implementierung. Dabei folgen wir im Wesentlichen der Darstellung in Schramm [37], wo man weitere interessante Resultate
findet. Eine Kurzdarstellung des Verfahrens findet man auch in Schramm/Zowe [39]
und in Outrata et al. [32].

Der theoretische Ansatz des Verfahrens orientiert sich an den Trust-Region-Verfahren der differenzierbaren Optimierung (siehe Alt [4], 4.10). Im k-ten Iterationsschritt benutzt man ein lokales Modell f_k der Zielfunktion f, bei einer zweimal
stetig differenzierbaren Funktion f beispielsweise

$$f_k(d) = f(x^{(k)}) + \nabla f(x^{(k)})^{\mathsf{T}} d + \frac{1}{2} d^{\mathsf{T}} f''(x^{(k)}) d,$$

und einen Radius $\rho_k > 0$, der einen Vertrauensbereich $B(x^{(k)}, \rho_k)$ (engl. trust region) für das Modell definiert. Damit berechnet man die Suchrichtung $d^{(k)}$ als globale Lösung des Minimierungsproblems

$$\min_{\|d\| \leq \rho_k} f_k(d).$$

Man „vertraut" dem Modell, wenn mit $d^{(k)}$ ein hinreichend großer Abstieg des Zielfunktionswertes erzielt wird; in diesem Fall kann man den Radius ρ_k versuchsweise
vergrößern, andernfalls muss man ρ_k verkleinern und eine neue Suchrichtung berechnen.

Beim Bundle-Trust-Region-Verfahren wird eine Modellfunktion f_k benutzt, die auf der in Abschnitt 6.1.1 diskutierten Approximation $\tilde{f}$ beruht. Daher benutzt man auch hier ein Bundle.

Mit dem Bundle $S_k = \{s^1, \dots, s^l\}$ und den Linearisierungsfehlern α_i^k, $i = 1, \dots, l$, berechnet das Bundle-Verfahren 7.2.1 im k-ten Iterationsschritt die Suchrichtung mit der Lösung des quadratischen Optimierungsproblem $(QS)_{k,\varepsilon}$ (siehe Abschnitt 6.1.2). Addiert man die letzte Nebenbedingung dieses Problems versehen mit einem Multiplikator $u = 1/t$ zur Zielfunktion, so erhält man das Problem

$$(QP)_{k,t} \quad \min_{\beta \in \mathbb{R}^l} \frac{1}{2}\left\| \sum_{i=1}^{l} \beta_i s^i \right\|^2 + \frac{1}{t} \sum_{i=1}^{l} \beta_i \alpha_i^k$$

$$\text{Nb.} \ \ \beta_i \geq 0, \ i = 1, \dots, l, \quad \sum_{i=1}^{l} \beta_i = 1.$$

Zwischen den Problemen $(QP)_{k,t}$ und $(QS)_{k,\varepsilon}$ besteht der folgende Zusammenhang:

Lemma 8.1.1: *Ist $\tilde{\beta} \in \mathbb{R}^l$ Lösung von $(QS)_{k,\varepsilon}$ und $\mu > 0$ Lagrange-Multiplikator der letzten Nebenbedingung, dann ist $\tilde{\beta}$ Lösung von $(QP)_{k,t}$ für $t = 1/\mu$. Ist umgekehrt $\tilde{\beta} \in \mathbb{R}^l$ Lösung von $(QP)_{k,t}$ für ein $t > 0$, dann ist $\tilde{\beta}$ Lösung von $(QS)_{k,\varepsilon}$ für $\varepsilon = \sum_{i=1}^{l} \tilde{\beta}_i \alpha_i^k$, und $\mu = 1/t$ ist der Lagrange-Multiplikator der letzten Nebenbedingung von $(QS)_{k,\varepsilon}$.* $\diamond$

Beweis: $(QS)_{k,\varepsilon}$ und $(QP)_{k,t}$ sind konvexe Optimierungsprobleme mit linearen Restriktionen. Daher ist $\tilde{\beta}$ genau dann Lösung von $(QS)_{k,\varepsilon}$ bzw. von $(QP)_{k,t}$, wenn $\tilde{\beta}$ zulässig für $(QS)_{k,\varepsilon}$ bzw. für $(QP)_{k,t}$ ist und die Optimalitätsbedingungen erfüllt sind (siehe Satz 3.4.6). Der Vergleich der Optimalitätsbedingungen liefert daher die Behauptungen, wobei wir die Resultate aus Abschnitt 6.1.2 verwenden können.

Ist $\tilde{\beta} \in \mathbb{R}^l$ Lösung von $(QS)_{k,\varepsilon}$. Dann ist $\tilde{\beta}$ zulässig für $(QP)_{k,t}$, und es gibt Lagrange-Multiplikatoren $\lambda \in \mathbb{R}$, $\nu \in \mathbb{R}^l$, $\mu \in \mathbb{R}$, so dass (6.7), (6.8) und (6.9) gelten. Wählt man $t = 1/\mu$, so folgt aus (6.7) und (6.8), dass λ und ν Lagrange-Multiplikatoren zu $\tilde{\beta}$ für das Problem $(QP)_{k,t}$ sind. Daher ist $\tilde{\beta}$ Lösung von $(QP)_{k,t}$ für $t = 1/\mu$.

Ist umgekehrt $\tilde{\beta}$ Lösung von $(QP)_{k,t}$ und $\varepsilon = \sum_{i=1}^{l} \tilde{\beta}_i \alpha_i^k$, dann ist $\tilde{\beta}$ zulässig für $(QS)_{k,\varepsilon}$. Zu $\tilde{\beta}$ gibt es Lagrange-Multiplikatoren $\lambda \in \mathbb{R}$, $\nu \in \mathbb{R}^l$, so dass (6.7) mit $\mu = 1/t$ und (6.8) gelten. Nach Voraussetzung ist $\mu = 1/t > 0$ und nach Wahl von ε ist auch die zweite Bedingung in (6.9) erfüllt. Daher sind λ, ν und $\mu = 1/t$ Lagrange-Multiplikatoren zu $\tilde{\beta}$ für das Problem $(QS)_{k,\varepsilon}$, also $\tilde{\beta}$ Lösung von $(QS)_{k,\varepsilon}$ für die obige Wahl von ε. $\square$

Die Lösung $\tilde{\beta} \in \mathbb{R}^l$ von $(QS)_{k,\varepsilon}$ ist Lagrange-Multiplikator für das konvexe Optimierungsproblem

$$(DP)_{k,t} \quad \min_{(v,d)\in\mathbb{R}^{1+n}} v + \frac{1}{2t}\,\|d\|^2$$
$$\text{Nb. } -\alpha_i^k + \langle s^i, d\rangle \le v,\ i = 1,\dots,l.$$

Zwischen den beiden Problemen $(DP)_{k,t}$ und $(QP)_{k,t}$ besteht der folgende Zusammenhang:

Lemma 8.1.2: *Ist $\beta(t) \in \mathbb{R}^l$ Lösung von $(QP)_{k,t}$ für ein $t > 0$, dann ist $(v(t), d(t))$ mit*

$$(8.1) \qquad d(t) = -ts(\beta(t)), \quad v(t) = -t\,\|s(\beta(t))\|^2 - \sum_{i=1}^{l} \beta(t)_i \alpha_i^k$$

Lösung von $(DP)_{k,t}$, wobei $s(\beta) = \sum_{i=1}^{l} \beta_i s^i$ ist. Ist umgekehrt $(v(t), d(t))$ Lösung von $(DP)_{k,t}$ für ein $t > 0$ und ist $\beta(t)$ der zugehörige Lagrange-Multiplikator, dann ist $\beta(t)$ Lösung von $(QP)_{k,t}$. Weiter gilt (8.1) und

$$(8.2) \qquad v(t) = \max\{\langle s^i, d(t)\rangle - \alpha_i^k \mid 1 \le i \le l\}. \qquad\qquad \diamond$$

Aufgrund dieses Zusammenhangs nennt man die Probleme $(QP)_{k,t}$ und $(DP)_{k,t}$ *duale* Probleme. Man kann das Lemma analog zu Lemma 8.1.1 durch Vergleich der Optimalitätsbedingungen beweisen (Aufgabe 8.1).

8.2 Das Trust-Region-Problem

In Abschnitt 6.1.1 haben wir die Funktion $\bar{f} = \max\{\bar{f_i} \mid 1 \le i \le l\}$ mit

$$\bar{f_i}(x) = f(y^i) + \langle s^i, x - y^i\rangle = \langle s^i, x - x^{(k)}\rangle - \alpha_i^k + f(x^{(k)})$$

zur Approximation von f benutzt. Es gilt

$$\bar{f}(x) = \max\{\langle s^i, x - x^{(k)}\rangle - \alpha_i^k \mid 1 \le i \le l\} + f(x^{(k)}).$$

Ohne die Konstante $f(x^{(k)})$ und mit $d = x - x^{(k)}$ erhalten wir die Funktion

$$f_k(d) = \max\{\langle s^i, d\rangle - \alpha_i^k \mid 1 \le i \le l\}.$$

Mit dieser Funktion ist in Lemma 8.1.2

$$(8.3) \qquad v(t) = \max\{\langle s^i, d(t)\rangle - \alpha_i^k \mid 1 \le i \le l\} = f_k(d(t)),$$

und wir können das Problem $(\mathrm{DP})_{k,t}$ auch in der äquivalenten Form

$$(\mathrm{TP})_{k,t} \quad \min_{d\in\mathbb{R}^n} f_k(d) + \frac{1}{2t}\,\|d\|^2$$

schreiben. Wir nennen dieses Problem *Trust-Region-Problem*. Wir werden $(\mathrm{TP})_{k,t}$ zur Berechnung der Suchrichtung benutzen.

Für die Konvergenz des Bundle-Trust-Region-Verfahrens benötigen wir einige Eigenschaften der Lösungen des Problems $(\mathrm{TP})_{k,t}$ in Abhängigkeit von $t > 0$. Wir zeigen zunächst die eindeutige Lösbarkeit des Problems. Für einen beliebigen Index $i \in \{1,\dots,l\}$ ist

$$f_k(d) \geq \langle s^i, d\rangle - \alpha_i^k \geq -\|s^i\|\,\|d\| - \alpha_i^k$$

mit $\alpha_i^k \geq 0$ und daher

$$\lim_{\|d\|\to\infty} f_k(d) + \frac{1}{2t}\,\|d\|^2 \geq \lim_{\|d\|\to\infty} -\|s^i\|\,\|d\| + \frac{1}{2t}\,\|d\|^2 = +\infty\,.$$

Nach Satz 1.2.9 hat das Problem $(\mathrm{TP})_{k,t}$ eine Lösung. Die Zielfunktion ist als Summe der konvexen Funktion $f_k(d)$ und der strikt konvexen Funktion $\frac{1}{2t}\,\|d\|^2$ strikt konvex, weshalb die Lösung nach Satz 1.2.8 eindeutig bestimmt ist.

Ist $(v(t), d(t))$ Lösung von $(\mathrm{DP})_{k,t}$ für ein $t > 0$, dann ist $d(t)$ Lösung von $(\mathrm{TP})_{k,t}$ und damit eindeutig bestimmt; weiter ist nach (8.2) dann auch $v(t)$ eindeutig bestimmt, so dass auch das Problem $(\mathrm{DP})_{k,t}$ eine eindeutig bestimmte Lösung hat. Damit können wir für das Trust-Region-Problem $(\mathrm{TP})_{k,t}$ bzw. für das äquivalente Problem $(\mathrm{DP})_{k,t}$ eine Lösungsfunktion

$$(8.4) \qquad (v(\cdot), d(\cdot))\colon\ ]0, +\infty[\ \to\ \mathbb{R}^{1+n}\,,\quad t \mapsto (v(t), d(t))$$

definieren.

Wir untersuchen jetzt das Verhalten von $d(t)$ für $t \downarrow 0$. Nach Satz 3.1.1 ist $d(t)$ genau dann Lösung von $(\mathrm{TP})_{k,t}$, wenn

$$0_n \in \partial\Big(f_k(\cdot) + \frac{1}{2t}\,\|\cdot\|^2\Big)(d(t))$$

ist. Nach Satz 2.8.14 und Satz 2.8.15 ist dies äquivalent zu

$$0_n \in \partial f_k(d(t)) + \frac{1}{t}\,d(t)\,.$$

Mit $I(d) := \{1 \leq i \leq l \mid f_k(d) = \langle s^i, d\rangle - \alpha_i^k\}$ gilt nach Korollar 2.9.5

$$\partial f_k(d) = \mathrm{co}\,\{\, s^i \mid i \in I(d)\,\}\,.$$

Damit folgt weiter

$$0_n = \sum_{i \in I(d(t))} \beta(t)_i s^i + \frac{1}{t} d(t) \quad \text{mit } \beta(t)_i \geq 0 \; \forall i \in d(t)\,, \quad \sum_{i \in I(d(t))} \beta(t)_i = 1\,.$$

Mit $\beta(t)_i := 0$ für $i \notin I(d(t))$ erhalten wir (vgl. Lemma 8.1.2)

$$(8.5) \quad d(t) = -t \sum_{i=1}^{l} \beta(t)_i s^i \quad \text{mit } \beta(t)_i \geq 0 \; \forall i = 1,\ldots,l\,, \; \sum_{i=1}^{l} \beta(t)_i = 1$$

und damit

$$(8.6) \quad \|d(t))\| \leq t \sum_{i=1}^{l} \beta(t)_i \|s^i\| \leq t \max_{1 \leq j \leq l} \|s^j\| \sum_{i=1}^{l} \beta(t)_i = t \max_{1 \leq j \leq l} \|s^j\|\,.$$

Daher ist
$$(8.7) \qquad\qquad \lim_{t \downarrow 0} d(t) = 0_n\,.$$

Zum Beweis der Stetigkeit der Lösungsfunktion benötigen wir die Beschränktheit von $v(\cdot)$. Nach (8.3) ist

$$v(t) = \max\{\langle s^i, d(t)\rangle - \alpha_i^k \mid 1 \leq i \leq l\}\,.$$

Mit (8.5) erhalten wir (vgl. (8.6))

$$|v(t)| = -v(t) = \max\left\{ t\left\langle s^i, \sum_{j=1}^{l} \beta(t)_j s^j \right\rangle + \alpha_i^k \mid 1 \leq i \leq l \right\}$$

$$\leq \max\left\{ t\|s^i\| \max_{1 \leq j \leq l} \|s^j\| + \alpha_i^k \mid 1 \leq i \leq l \right\}$$

$$\leq t\left(\max_{1 \leq j \leq l} \|s^j\| \right)^2 + \max_{i=1,\ldots,l} \alpha_i^k\,.$$

Daher gilt
$$(8.8) \qquad\qquad |v(t)| \leq t\left(\max_{1 \leq j \leq l} \|s^j\| \right)^2 + \max_{i=1,\ldots,l} \alpha_i^k\,.$$

Damit können wir jetzt die Stetigkeit von $d(\cdot)$ zeigen. Dazu betrachten wir das Problem $(\text{DP})_{k,t}$, dessen zulässige Menge

$$C = \{(v,d) \in \mathbb{R}^{1+n} \mid \langle s^i, d \rangle - \alpha_i^k \leq v\,, \; 1 \leq i \leq l\}$$

unabhängig von t ist. Nach Satz 3.3.11 (ii) gilt

$$(8.9) \qquad\qquad \frac{1}{t}\langle d(t), d - d(t)\rangle + v - v(t) \geq 0 \quad \forall(v,d) \in C\,.$$

Sind $t_1, t_2 > 0$, dann erhalten wir mit $t = t_1$ und $((v,d) = (v(t_2), d(t_2)))$ aus (8.9)

$$\frac{1}{t_1} \langle d(t_1), d(t_2) - d(t_1) \rangle + v(t_2) - v(t_1) \geq 0 \,,$$

und nach Multiplikation mit t_1

$$\langle d(t_1), d(t_2) - d(t_1) \rangle \geq t_1(v(t_1) - v(t_2)) \,.$$

Mit $t = t_2$ und $((v,d) = (v(t_1), d(t_1)))$ erhalten wir aus (8.9)

$$\langle d(t_2), d(t_1) - d(t_2) \rangle \geq t_2(v(t_2) - v(t_1)) \,.$$

Addition der beiden Ungleichungen ergibt

$$-\langle d(t_1) - d(t_2), d(t_2) - d(t_1) \rangle = -\|d(t_1) - d(t_2)\|^2 \geq (t_1 - t_2)(v(t_1) - v(t_2)) \,,$$

und nach Multiplikation mit -1

$$\|d(t_1) - d(t_2)\|^2 \leq (t_2 - t_1)(v(t_1) - v(t_2)) \leq |t_2 - t_1|(|v(t_1)| + |v(t_2)|) \,.$$

Zusammen mit (8.8) folgt daraus

$$(8.10) \quad \|d(t_1) - d(t_2)\|^2 \leq |t_2 - t_1| \left[(t_1 + t_2)(\max_{1 \leq j \leq l} \|s^j\|)^2 + 2 \max_{i=1,\dots,l} \alpha_i^k \right] \,.$$

Dies zeigt die Stetigkeit von $d(\cdot)$ womit wir auch die Stetigkeit der Lösungsfunktion $(v(\cdot), d(\cdot))$ erhalten.

Lemma 8.2.1: *Die durch* (8.4) *definierte Funktion* $(v(\cdot), d(\cdot))\colon \,]0, +\infty[\to \mathbb{R}^{1+n}$ *ist stetig.* $\diamond$

Beweis: Die Stetigkeit von $d(\cdot)$ folgt aus (8.10). Nach (8.3) ist $v(t) = f_k(d(t))$. Aus der Stetigkeit von f_k und $d(\cdot)$ folgt damit die Stetigkeit von $v(\cdot)$. $\square$

Berechnet man die Suchrichtung mit dem Trust-Region-Problem, dann muss man den Parameter t im Laufe des Verfahrens geeignet anpassen. Um hierfür Kriterien zu erhalten, ordnen wir analog zur Beziehung zwischen $(QS)_{k,\varepsilon}$ und $(QP)_{k,t}$ dem Problem $(TP)_{k,t}$ das Problem

$$(TR)_{k,\rho} \quad \min_{d \in \mathbb{R}^n} f_k(d)$$
$$\text{Nb. } \tfrac{1}{2}\|d\|^2 \leq \rho$$

zu. Wie bei den Trust-Region-Verfahren der differenzierbaren Optimierung wird das Modell f_k auf einer Kugel minimiert. Da die Funktion f_k auch bei Schnittebenen-Verfahren (engl. cutting plane methods) benutzt wird, findet man in der Literatur oft die Bezeichnung *Cutting-Plane-Modell*.

Eine äquivalente Formulierung des Problems $(TR)_{k,\rho}$ ist

$$(DS)_{k,\rho} \quad \min_{(v,d)\in\mathbb{R}^n} v$$

$$\text{Nb.} \quad -\alpha_i^k + \langle s^i, d \rangle \leq v, \ i = 1, \ldots, l,$$

$$\tfrac{1}{2} \|d\|^2 \leq \rho$$

Durch Vergleich der Optimalitätsbedingungen für $(DP)_{k,t}$ und $(DS)_{k,\rho}$ erhält man das folgende Resultat (vgl. Lemma 8.1.1 und Aufgabe 8.1).

Lemma 8.2.2: *Ist* $(\tilde{v}, \tilde{d})$ *Lösung von* $(DP)_{k,t}$ *für ein* $t > 0$, *dann ist* $(\tilde{v}, \tilde{d})$ *auch Lösung von* $(DS)_{k,\rho}$ *für* $\rho = \tfrac{1}{2}\|\tilde{d}\|^2$. *Ist umgekehrt* $(\tilde{v}, \tilde{d})$ *Lösung von* $(DS)_{k,\rho}$ *und gilt für den Lagrange-Multiplikator* μ *der letzten Restriktion* $\mu > 0$, *dann ist* $(\tilde{v}, \tilde{d})$ *auch Lösung von* $(DP)_{k,t}$ *für* $t = 1/\mu$. $\diamond$

Um die Trust-Region-Idee direkt umzusetzen, wäre es nahe liegend zur Berechnung der Suchrichtung $d^{(k)}$ das Problem $(TR)_{k,\rho}$ bzw. das äquivalente Problem $(DS)_{k,\rho}$ zu lösen und den Trust-Region-Radius ρ in Anlehnung an die Techniken der differenzierbaren Optimierung zu modifizieren. Wegen der nichtlinearen Nebenbedingung beim Problem $(TR)_{k,\rho}$ ist es einfacher, das Problem $(TP)_{k,t}$ bzw. das äquivalente Problem $(DP)_{k,t}$ zu lösen, da dieses Problem eine quadratische Zielfunktion und nur lineare Restriktionen hat.

Damit eine Verkleinerung bzw. eine Vergrößerung von t eine entsprechende Auswirkung auf den Trust-Region-Radius ρ hat, muss zwischen ρ und t eine monotone Beziehung bestehen, die das folgende Lemma präzisiert.

Lemma 8.2.3: *Für* $0 < t_1 < t_2$ *sei* $d(t_1)$ *bzw.* $d(t_2)$ *die Lösung von* $(DP)_{k,t_1}$ *bzw. von* $(DP)_{k,t_2}$. *Dann gilt* $\|d(t_1)\| \leq \|d(t_2)\|$. $\diamond$

Beweis: Da $d(t_1)$ auch Lösung des äquivalenten Problems $(TP)_{k,t_1}$ ist, folgt

$$f_k(d(t_1)) + \frac{1}{2t_1}\|d(t_1)\|^2 \leq f_k(d(t_2)) + \frac{1}{2t_1}\|d(t_2)\|^2,$$

und damit

$$f_k(d(t_2)) - f_k(d(t_1)) \geq \frac{1}{2t_1}(\|d(t_1)\|^2 - \|d(t_2)\|^2).$$

Analog zeigt man

$$f_k(d(t_1)) - f_k(d(t_2)) \geq \frac{1}{2t_2}\left(\|d(t_2)\|^2 - \|d(t_1)\|^2\right).$$

Addition der beiden Ungleichung ergibt

$$0 \geq \left(\frac{1}{2t_1} - \frac{1}{2t_2}\right)\left(\|d(t_1)\|^2 - \|d(t_2)\|^2\right).$$

Wegen $0 < t_1 < t_2$ folgt damit

$$2\rho_1 = \|d(t_1)\|^2 \leq \|d(t_2)\|^2 = 2\rho_2$$

und die Behauptung. $\qquad\square$

Wir nennen den Parameter t des Trust-Region-Problems im Folgenden *Trust-Region-Parameter*.

8.3 Das Verfahrenskonzept

Mit den bisherigen Überlegungen haben wir bereits ein Verfahrenskonzept für das Bundle-Trust-Region-Verfahren erarbeitet.

Verfahren 8.3.1: Konzeptionelles Bundle-Trust-Region-Verfahren
Wähle einen Startpunkt $x^{(0)} \in \mathbb{R}^n$; berechne ein $s^1 \in \partial f(x^{(0)})$, definiere $S_0 = \{s^1\}$ und setze $k := 0$.

1. Berechne (iterativ) einen Trust-Region-Parameter $t_k > 0$, die Lösung $d(t_k)$ des Problems $(TP)_{k,t}$ und $y^{(k,+)} := x^{(k)} + d^{(k)}$, so dass entweder

   - das Verfahren abgebrochen werden kann oder
   - mit $x^{(k+1)} := y^{(k,+)}$ ein hinreichend großer Abstieg der Zielfunktion erzielt wird (Abstiegsschritt) oder
   - das Modell der Zielfunktion verbessert wird (Nullschritt); in diesem Fall ist $x^{(k+1)} := x^{(k)}$.

2. Aktualisiere das Bundle; setze $k := k + 1$ und gehe zu 1. $\qquad\diamond$

In Schritt 1 des Verfahrens wird durch eine weitere Iteration (innere Iteration) ein geeigneter Trust-Region-Parameter berechnet. Zur Durchführung des Verfahrens gehen wir wie beim Bundle-Verfahren davon aus, dass die Voraussetzung (S1) aus Abschnitt 3.2 erfüllt ist, d. h., zu jedem $x \in \mathbb{R}^n$ kann man (mindestens) einen Subgradienten $s(x) \in \partial f(x)$ berechnen.

8.4 Implementierung des Verfahrens

Im k-ten Iterationsschritt sei $x^{(k)}$ der aktuelle Iterationspunkt, $S_k = \{s^1, \ldots, s^l\}$ das Bundle und α_i^k, $i = 1, \ldots, l$, seien die Linearisierungsfehler. Wir diskutieren zunächst die Anpassung des Trust-Region-Parameters.

8.4.1 Anpassung des Trust-Region-Parameters

In jedem Iterationsschritt soll der Trust-Region-Parameter $t_k > 0$ so gewählt werden, dass entweder das Verfahren gestoppt werden kann oder wie bei der Schrittweitenberechnung des Bundle-Verfahrens (vgl. Abschnitt 6.1.3) eine der beiden folgenden Situationen vorliegt:

(AS) Mit der Richtung $d(t_k)$ wird ein hinreichender Abstieg erzielt (Abstiegsschritt).

(NS) Die Richtung $d(t_k)$ ist keine brauchbare Abstiegsrichtung. Dies bedeutet, dass das aktuelle Modell f_k zu schlecht ist und durch Hinzunahme neuer Vektoren zum aktuellen Bundle S_k verbessert werden muss (Nullschritt).

Zur Berechnung eines geeigneten $t_k > 0$ geht man wie bei der Schrittweitenberechnung iterativ vor, wobei man hier eine obere Schranke $T > 0$ vorgibt. Man startet mit einem $0 < \tau_0 < T$ und berechnet eine Folge τ_j, $j = 1, 2, \ldots$. Dabei benutzt man zwei weitere Folgen τ_j^L und τ_j^R mit

$$\tau_j^L < \tau_j < \tau_j^R \leq T,$$

und $\tau_0^L := 0$ und $\tau_0^R := T$. Um die Konvergenz des Bundle-Trust-Region-Verfahrens sicher zu stellen, müssen wir mit einem vorgegebenen $\underline{\tau} > 0$ den Startparameter $\tau_0 \geq \underline{\tau}$ wählen (vgl. Lemma 8.6.6).

Die Anpassung des Trust-Region-Parameter erfolgt ähnlich wie die Schrittweitenanpassung. Muss der Parameter τ_j verkleinert werden, dann setzt man $\tau_j^R := \tau_j$ als neue obere Schranke und führt einen *Interpolationsschritt*

$$(8.11) \qquad \tau_{j+1} := \mathrm{Interpol}(\tau_j^L, \tau_j^R) \quad \text{mit } \tau_{j+1} \in \,]\tau_j^L + \gamma_I(\tau_j^R - \tau_j^L), \tau_j^R[$$

durch, wobei $0 < \gamma_I \leq \frac{1}{2}$ ein vorgegebener Parameter ist. Die Forderung an τ_{j+1} stellt sicher, dass τ_j nicht zu stark verkleinert wird.

Muss der Parameter τ_j vergrößert werden, dann wählt man $\tau_j^L := \tau_j$ als neue untere Schranke. Anschließend berechnet man $\tau_{j+1} > \tau_j$, wobei wir zwei Fälle unterscheiden. Ist $\tau_j^R = T$, dann berechnet man mit einem *Extrapolationsschritt*

$$(8.12) \qquad \tau_{j+1} := \mathrm{Extrapol}(\tau_j, T) \quad \text{mit } \tau_{j+1} > \tau_j.$$

Ist $\tau_j^R < T$, dann führt man den Interpolationsschritt (8.11) aus. Um die Konvergenz des Verfahrens sicher zu stellen, benötigen wir zusätzlich die folgenden Forderungen (vgl. hierzu die entsprechenden Forderungen in Abschnitt 6.2.1):

- Forderung an Extrapol: Werden unendlich viele Extrapolationsschritte durchgeführt, d. h., wird für $j \geq m$ mit einem $m \in \mathbb{N}$ die Folge $\{\tau_j\}$ durch (8.12) definiert, so ist

$$\lim_{j \to \infty} \tau_j = T.$$

Dies erreicht man beispielsweise mit $\text{Extrapol}(\tau_1, \tau_2) = \frac{1}{2}(\tau_1 + \tau_2)$. Dann ist $\tau_{j+1}^R - \tau_{j+1}^L = \frac{1}{2}(\tau_j^R - \tau_j^L)$.

- Forderung an Interpol: Werden unendlich viele Interpolationsschritte durchgeführt, so gilt

$$\lim_{j \to \infty} \left(\tau_j^R - \tau_j^L\right) = 0.$$

Hierzu kann man wie beim Extrapolationsschritt beispielsweise die Anpassung $\text{Interpol}(\tau_1, \tau_2) = \frac{1}{2}(\tau_1 + \tau_2)$ benutzen; in diesem Fall ist $\gamma_I = \frac{1}{2}$.

Um ein Stopp-Kriterium und Kriterien für die Durchführung eines Abstiegs- oder Nullschritts zu erhalten, sei im Folgenden τ der aktuelle Wert des Trust-Region-Parameters, $(v(\tau)), d(\tau))$ sei die Lösung von $(\mathrm{DP})_{k,\tau}$, und $\beta(\tau)$ sei der zugehörige Lagrange-Multiplikator. Weiter sei $y^{(k,+)} = x^{(k)} + d(\tau)$ und $s^{(k,+)} \in \partial f(y^{(k,+)})$.

8.4.2 Ein Abbruchkriterium

Im Hinblick auf ein Abbruchkriterium zeigen wir:

Lemma 8.4.1: *Ist $\tau > 0$ und $v(\tau) = 0$, dann ist $x^{(k)}$ Lösung von* (PU).　　　　◇

Beweis: Nach (8.1) gilt

$$(1) \qquad v(\tau) = -\tau \left\| \sum_{i=1}^{l} \beta(\tau)_i s^i \right\|^2 - \sum_{i=1}^{l} \beta(\tau)_i \alpha_i^k.$$

Wegen $\tau > 0$, $v(\tau) = 0$, $\beta(\tau) \geq 0$ und $\alpha_i^k \geq 0$, $i = 1, \ldots, l$, muss dann

$$\alpha := \sum_{i=1}^{l} \beta(\tau)_i \alpha_i^k = 0, \quad z := \sum_{i=1}^{l} \beta(\tau)_i s^i = 0_n$$

sein. Wegen $\sum_{i=1}^{l} \beta(\tau)_i = 1$ (siehe Lemma 8.1.2) folgt mit (6.6)

$$z = 0_n \in \partial_\alpha f(x^{(k)}) = \partial f(x^{(k)})$$

und damit die Behauptung.　　　　　　　　　　　　　　　　　　　　　　　　□

Das Lemma legt nahe, als Abbruchkriterium für ein implementierbares Verfahren mit einem vorgegebenen $\eta > 0$ die Bedingung

$$|v(\tau)| = -v(\tau) \leq \eta$$

zu testen. Diese Bedingung ist erfüllt, wenn mit

$$(8.13) \qquad \tilde{\alpha}_k = \sum_{i=1}^{l} \beta(\tau)_i \alpha_i^k, \quad \tilde{s}^{(k)} = \sum_{i=1}^{l} \beta(\tau)_i s^i$$

die beiden Bedingungen (vgl. (1) in obigem Beweis)

$$(8.14) \qquad \tilde{\alpha}_k \leq \eta, \quad \|\tilde{s}^{(k)}\| \leq \eta$$

erfüllt sind. In diesem Fall gilt wegen $\tilde{s}^{(k)} \in \partial_{\tilde{\alpha}_k} f(x^{(k)})$ (siehe (6.6))

$$f(y) \geq f(x^{(k)}) + \langle \tilde{s}^{(k)}, y - x^{(k)} \rangle - \tilde{\alpha}_k \geq f(x^{(k)}) - \|\tilde{s}^{(k)}\| \, \|y - x^{(k)}\|\rangle - \tilde{\alpha}_k$$
$$\geq f(x^{(k)}) - \eta \|y - x^{(k)}\| - \eta \quad \forall y \in \mathbb{R}^n,$$

was der Bedingung (7.1) entspricht. Weiter ist die Optimalitätsbedingung $0_n \in \partial f(x^{(k)})$ approximativ erfüllt.

8.4.3 Kriterien für einen Abstiegsschritt

Einen Abstiegsschritt führen wir dann durch, wenn mit der Richtung $d(\tau)$ ein hinreichend großer Abstieg der Zielfunktion erreicht wird und wenn sich zusätzlich das Modell f_k der Zielfunktion durch Hinzunahme des Subgradienten $s^{(k,+)} \in \partial f(y^{(k,+)})$ zum Bundle hinreichend ändert.

Zum Test auf hinreichenden Abstieg vergleicht man den Abstieg der Modellfunktion $-f_k(d(\tau))$ mit dem Abstieg der Zielfunktion $f(x^{(k)}) - f(x^{(k)} + d(\tau))$, wobei nach (8.3) $f_k(d(\tau)) = v(\tau)$ ist. Je näher

$$r_k = \frac{f(x^{(k)}) - f(x^{(k)} + d(\tau))}{-f_k(d(\tau))} = \frac{f(x^{(k)}) - f(x^{(k)} + d(\tau))}{-v(\tau)}$$

bei 1 liegt, umso mehr vetraut man dem Modell. Zu einem entsprechenden Test gibt man eine Zahl $0 < m_1 < 1$ vor und fordert $r_k > m_1$, d. h.

$$(8.15) \qquad f(x^{(k)} + d(\tau)) - f(x^{(k)}) < m_1 v(\tau).$$

Bei Hinzunahme von $s^{(k,+)}$ zum Bundle und mit $y^{(k,+)}$ als neuem Iterationspunkt ist der zugehörige Linearisierungsfehler $\alpha^{(k,+)} = 0$, da $s^{(k,+)} \in \partial f(y^{(k,+)})$ ist.

Als Kriterium dafür, dass sich das Modell f_k hinreichend ändert, fordern wir, dass $(v(\tau)), d(\tau))$ keine Lösung des resultierenden Problems $(\text{DP})_{(k,+),\tau}$ ist. Diese Forderung ist erfüllt, wenn $(v(\tau)), d(\tau))$ für dieses Problem nicht zulässig ist. Dazu testen wir mit einer vorgegebenen Zahl $0 < m_2 < 1$ die Bedingung

$$(8.16) \qquad -\alpha^{(k,+)} + \langle s^{l+1}, d(\tau)) \rangle = \langle s^{(k,+)}, d(\tau)) \rangle \geq m_2 \, v(\tau) \,.$$

Ist die Abstiegsbedingung (8.15) erfüllt, die Bedingung (8.16) aber nicht erfüllt, dann vergrößert man den Trust-Region-Parameter versuchsweise; dies ist für die Konvergenz des Bundle-Trust-Region-Verfahrens zwar nicht erforderlich, aber im Hinblick auf eine mögliche Verbesserung des Modells sinnvoll. Dabei muss aber noch genügend Spielraum zur Vergrößerung vorhanden sein; dies ist auch für die Konvergenz des Verfahrens zur Anpassung des Trust-Region-Parameters erforderlich (vgl. Beweis von Satz 8.4.3). Mit einer kleinen Zahl $\bar{\tau} > 0$ erweitern wir den Test (8.16) daher zu

$$(8.17) \qquad \langle s^{(k,+)}, d(\tau)) \rangle \geq m_2 \, v(\tau) \quad \text{oder} \quad \tau_j \geq T - \bar{\tau} \,.$$

Damit erhalten wir die folgende Vorgehensweise: Sind beide Bedingungen (8.15), (8.17) erfüllt, dann setzen wir $t_k = \tau$ und führen einen Abstiegsschritt durch, d. h., wir setzen $x^{k+1)} = x^{(k)} + d(t_k)$; ist (8.15) erfüllt, aber (8.17) nicht erfüllt, dann vergrößern wir den Trust-Region-Parameter, ist (8.15) nicht erfüllt, dann versuchen wir einen Nullschritt.

8.4.4 Kriterien für einen Nullschritt

Ist die Abstiegsbedingung (8.15) nicht erfüllt, d. h. gilt

$$(8.18) \qquad f(x^{(k)} + d(\tau)) - f(x^{(k)}) \geq m_1 \, v(\tau) \,,$$

dann testen wir, ob ein Nullschritt sinnvoll ist. Bei einem Nullschritt setzen wir $x^{(k+1)} = x^{(k)}$ und versuchen, das Modell f_k zu verbessern. Bei Hinzunahme des Subgradienten $s^{(k,+)} \in \partial f(y^{(k,+)})$ zum Bundle mit $x^{(k+1)} = x^{(k)}$ gilt für die Linearisierungsfehler $\alpha_i^{k+1} = \alpha_i^k$, $i = 1, \ldots, l$ (vgl. hierzu auch Abschnitt 6.3). Weiter ist der Linearisierungsfehler zu $y^{(k,+)}$

$$(8.19) \qquad \begin{aligned} \alpha^{(k,+)} &= f(x^{(k)}) - f(y^{(k,+)}) - \langle s^{(k,+)}, x^{(k)} - y^{(k,+)} \rangle \\ &= f(x^{(k)}) - f(x^{(k)} + d(\tau)) - \langle s^{(k,+)}, d(\tau) \rangle \,. \end{aligned}$$

Zusammen mit (8.18) folgt

$$-\alpha^{(k,+)} + \langle s^{(k,+)}, d(\tau) \rangle \geq m_1 \, v(\tau) \,.$$

Wenn wir m_1, m_2 so wählen, dass $0 < m_1 < m_2 < 1$ gilt, dann folgt weiter

$$(8.20) \qquad -\alpha^{(k,+)} + \langle s^{(k,+)}, d(\tau) \rangle \geq m_2 \, v(\tau) \,,$$

was der Testbedingung (8.16) entspricht. Wie wir im letzten Abschnitt gezeigt haben, verbessert in diesem Fall die Hinzunahme von $s^{(k,+)}$ zum Bundle das Modell f_k. Da wir mit der Richtung $d^{(k)}$ aber keinen hinreichend großen Abstieg erzielt haben, fordern wir hier zusätzlich, dass $s^{(k,+)} \in \partial_\alpha f(y^{(k,+)})$ mit einem kleinen α ist. Wegen $s^{(k,+)} \in \partial_{\alpha^{(k,+)}} f(y^{(k,+)})$ fordern wir dazu mit einer vorgegebenen Zahl $0 < m_3 < 1$

$$(8.21) \qquad \alpha^{(k,+)} \leq m_3 \tilde{\alpha}_k \,,$$

wobei $\tilde{\alpha}_k$ durch (8.13) definiert ist. Ist die Bedingung (8.18) erfüllt, aber (8.21) nicht erfüllt, dann ist das durch Hinzunahme von $s^{(k,+)}$ zum Bundle erhaltene Modell zu schlecht, d. h., man traut dem Modell nicht mehr und möchte den Trust-Region-Parameter verkleinern. Um die Konvergenz des Verfahrens zu sichern (siehe Lemma 8.6.6), darf man dies aber nur tun, wenn der Abstieg der Zielfunktion $f(x^{(k)}) - f(x^{(k)} + d(\tau))$ größer als $\|\tilde{s}^{(k-1)}\| + \tilde{\alpha}_{k-1}$ ist, wobei $\tilde{s}^{(k-1)}$ und $\tilde{\alpha}_{k-1}$ durch (8.13) definiert sind. Wir erweitern den Test (8.21) daher zu

$$(8.22) \quad \alpha^{(k,+)} \leq m_3 \tilde{\alpha}_k \quad \text{oder} \quad f(x^{(k)}) - f(x^{(k)} + d(\tau)) \leq \|\tilde{s}^{(k-1)}\| + \tilde{\alpha}_{k-1} \,.$$

Damit erhalten wir die folgende Vorgehensweise: Sind beide Bedingungen (8.18), (8.22) erfüllt, dann setzen wir $t_k = \tau$ und führen einen Nullschritt durch, d. h., wir setzen $x^{(k+1)} = x^{(k)}$; ist (8.22) nicht erfüllt, dann verkleinern wir den Trust-Region-Parameter.

8.4.5 Berechnung des Trust-Region-Parameters

Zusammenfassend erhalten wir das folgende Verfahren, mit dem wir in jedem Iterationsschritt des Bundle-Trust-Region-Verfahrens den Trust-Region-Parameter t_k berechnen:

Verfahren 8.4.2: Berechnung des Trust-Region-Parameters
Vorgegeben seien $x^{(k)}$, $\tilde{s}^{(k-1)}$, $\tilde{\alpha}_{k-1}$, $0 < m_1 < m_2 < 1$, $0 < m_3 < 1$, $T > 0$, $0 < \gamma_I \leq \frac{1}{2}$, $\underline{\tau} > 0$ und $\bar{\tau} > 0$. Weiter sei $\tau_0^L := 0$, $\tau_0^R := T$. Wähle einen Startwert $\underline{\tau} \leq \tau_0 < T$ und setze $j := 0$.

1. Berechne die Lösung $(v(\tau_j), d(\tau_j))$ von $(DP)_{k,\tau_j}$ mit dem zugehörigen Multiplikator $\beta(\tau_j)$. Berechne $y^{(k,+)} = x^{(k)} + d(\tau_j)$, einen Subgradienten $s^{(k,+)} \in \partial f(y^{(k,+)})$ und entsprechend (8.13)

$$\tilde{\alpha}_k = \sum_{i=1}^{l} \beta(\tau_j)_i \alpha_i^k \,, \quad \tilde{s}^{(k)} = \sum_{i=1}^{l} \beta(\tau_j)_i s^i \,.$$

2. Falls das Abbruchkriterium (8.14),

$$\tilde{\alpha}_k \leq \eta, \quad \|\tilde{s}^{(k)}\| \leq \eta,$$

erfüllt ist: Setze $t_k := \tau_j$ und stoppe mit Ausgang (ST).

3. Falls die Abstiegsbedingungen (8.15),

$$f(x^{(k)} + d(\tau_j)) - f(x^{(k)}) < m_1\, v(\tau_j),$$

und (8.17),

$$\langle s^{(k,+)}, d(\tau_j)) \rangle \geq m_2\, v(\tau_j) \quad \text{oder} \quad \tau_j \geq T - \bar{\tau},$$

erfüllt sind: Setze $t_k := \tau_j$, $\alpha^{(k,+)} = 0$ und stoppe mit Ausgang (AS).

4. Falls (8.15) erfüllt und (8.17) nicht erfüllt ist:
   Vergrößere τ_j, d. h. setze $\tau_j^L := \tau_j$; ist $\tau_j^R = T$, dann führe die Extrapolation (8.12) aus, andernfalls die Interpolation (8.11).
   Setze $\tau_{j+1}^L := \tau_j^L$, $\tau_{j+1}^R := \tau_j^R$, $j := j + 1$ und gehe zu 1.

5. Berechne $\alpha^{(k,+)} = f(x^{(k)}) - f(x^{(k)} + d(\tau_j)) - \langle s^{(k,+)}, d(\tau_j) \rangle$ nach (8.19).
   Falls die Bedingungen (8.18),

$$f(x^{(k)} + d(\tau)) - f(x^{(k)}) \geq m_1\, v(\tau),$$

und (8.22),

$$\alpha^{(k,+)} \leq m_3 \tilde{\alpha}_k \quad \text{oder} \quad f(x^{(k)}) - f(x^{(k)} + d(\tau)) \leq \|\tilde{s}^{(k-1)}\| + \tilde{\alpha}_{k-1},$$

erfüllt sind: Setze $t_k := \tau_j$ und stoppe mit Ausgang (NS).

6. Falls (8.18) erfüllt und (8.22) nicht erfüllt ist:
   Verkleinere τ_j, d. h., setze $\tau_j^R := \tau_j$ und führe die Interpolation (8.11) aus.
   Setze $\tau_{j+1}^L := \tau_j^L$, $\tau_{j+1}^R := \tau_j^R$, $j := j + 1$ und gehe zu 1. $\diamond$

Bemerkung: In Iterationsschritt 0 des Bundle-Trust-Region-Verfahrens 8.3.1 bzw. der implementierbaren Variante 8.5.1 ist $S_0 = \{s^1\}$. Wir setzen entsprechend (8.1) $d(t) = -ts^1$. Den Trust-Region-Parameter t_0 berechnet man mit einem Schrittenweitenverfahren analog zum Verfahren 6.2.2. In den folgenden Iterationsschritten des Bundle-Trust-Region-Verfahrens kann man dann das Verfahren 8.4.2 zur Berechnung des Trust-Region-Parameters benutzen und mit $\tau_0 = t_{k-1}$ starten. $\diamond$

Ähnlich wie beim Schrittweitenverfahren 6.2.2 kann man den folgenden Konvergenzsatz beweisen (vgl. Satz 6.2.4, Schramm [37], Satz 6.2).

Satz 8.4.3: *Das Verfahren 8.4.2 stoppt nach endlich vielen Iterationen mit einem Parameter $t_k > 0$ und einem der Ausgänge* (AS), (NS) *oder* (ST). $\diamond$

Beweis: Aus den Regeln zur Anpassung des Trust-Region-Parameters folgt, dass der berechnete Parameter $t_k > 0$ ist, falls das Verfahren nach endlich vielen Schritten stoppt.

Im Folgenden sei $x = x^{(k)}$. Wir nehmen an, dass das Verfahren nicht nach endlich vielen Iterationen stoppt, und führen dies zu einem Widerspruch. Es sind 3 Fälle möglich:

(a) $\tau_j^R = T$ für alle $j \in \mathbb{N}$;

(b) $\tau_j^L = 0$ für alle $j \in \mathbb{N}$;

(c) es gibt ein $m \in \mathbb{N}$ mit $\tau_j^L > 0$ und $\tau_j^R < T$ für $j \geq m$.

Zu (a): Im Fall (a) wird in jeder Iteration ein Extrapolationsschritt zur Vergrößerung der Schrittweite durchgeführt, d. h., es muss die Abstiegsbedingung (8.15),

$$(1) \qquad f(x + d(\tau)) - f(x) < m_1 v(\tau) \quad \forall j \in \mathbb{N}$$

gelten. Weiter ist nach Voraussetzung an Extrapol $\lim_{j \to \infty} \tau_j = T$. Für hinreichend großes j ist daher auch die zweite Bedingung in (8.17) erfüllt, so dass das Verfahren im Widerspruch zur Annahme in Schritt 3 stoppt.

Zu (b): In diesem Fall wird in jeder Iteration in Schritt 6 die Interpolation

$$\tau_{j+1} := \mathrm{Interpol}(0, \tau_j^R) = \mathrm{Interpol}(0, \tau_j)$$

durchgeführt. Nach Voraussetzung an Interpol gilt dann $\lim_{j \to \infty} \tau_j = 0$, $\tau_j > 0$ für alle $j \in \mathbb{N}$, und damit nach (8.7) $\lim_{j \to \infty} d(\tau_j) = 0_n$. Für hinreichend großes j ist daher der 2. Teil der Bedingung (8.22) erfüllt. Da in Verfahrensschritt 6 auch (8.18) gilt, stoppt dann das Verfahren im Widerspruch zur Annahme in Verfahrensschritt 5.

Zu (c): Für $j \geq m$ werden nur noch Interpolationsschritte durchgeführt. Aus den Voraussetzungen an Interpol folgt

$$0 < \tau_m^L \leq \tau_j^L < \tau_{j+1} < \tau_j^R \leq \tau_m^R < T \quad \forall j \geq m$$

und

$$\tau_j^L \leq \tau_{j+1}^L < \tau_{j+1}^R \leq \tau_j^R \quad \forall j \geq m.$$

Daher ist $\{\tau_j^L\}_{j \geq m}$ beschränkt und monoton wachsend und $\{\tau_j^R\}_{j \geq m}$ beschränkt und monoton fallend. Wegen der Voraussetzung $\lim_{j \to \infty} (\tau_j^R - \tau_j^L) = 0$ an Interpol gibt es ein $\bar{\tau} > 0$ mit

(2)
$$\lim_{j\to\infty} \tau_j^L = \bar\tau = \lim_{j\to\infty} \tau_j^R = \lim_{j\to\infty} \tau_j\,.$$

Wie im Beweis von Satz 6.2.4 folgt

(3) $\quad f(x + d(\tau_j^L)) - f(x) < m_1 v(\tau_j^L)\,, \quad f(x + d(\tau_j^R)) - f(x) \geq m_1 v(\tau_j^R)$

für alle $j \geq m$, und wegen der Stetigkeit von f und $(v(\cdot), d(\cdot))$ (Lemma 8.2.1) ist

(4)
$$f(x + d(\bar\tau)) - f(x) = m_1 v(\bar\tau)\,.$$

Wegen der ersten Ungleichung in (3), (4) und $\tau_j^L \uparrow \bar\tau$ muss $\tau_j^L < \bar\tau$ für alle $j \in \mathbb{N}$ gelten. Daher muss in Verfahrensschritt 4 der Wert τ_j^L unendlich oft vergrößert werden, um $\tau_j^L \uparrow \bar\tau$ zu erhalten. Ist $j \geq m$ ein Iterationsschritt, in dem die Anpassung $\tau_j^L := \tau_j$ durchgeführt wird, dann folgt mit $s^+ = s^{(k,+)} \in \partial f(x + d(\tau_j^L))$ aus der Subgradientenungleichung

$$f(x) \geq f(x + d(\tau_j^L)) + \langle s^+, x - x - d(\tau_j^L)\rangle = f(x + d(\tau_j^L)) - \langle s^+, d(\tau_j^L)\rangle$$

und damit
$$\langle s^+, d(\tau_j^L)\rangle \geq f(x + d(\tau_j^L)) - f(x)\,.$$

Wegen (2) und (4) konvergiert die rechte Seite für $j \to \infty$ gegen $m_1 v > m_2 v$. Daher gibt es ein $j_0 \geq m$, so dass für $j \geq j_0$ gilt

$$\langle s^+, d(\tau_j^L)\rangle \geq m_2 v \quad \text{und} \quad f(x + d(\tau_j^L)) - f(x) < m_1 v(\tau_j^L)\,,$$

wobei die letzte Ungleichung wegen (3) erfüllt ist. Dann waren für τ_j aber die beiden Abbruchkriterien in Verfahrensschritt 3 erfüllt, und das Verfahren hätte in Iterationsschritt j stoppen müssen. $\qquad\qquad\square$

8.4.6 Konstruktion des Bundles

Bei der Konstruktion des Bundles gehen wir analog zu Abschnitt 6.3 vor. Zum Start des Verfahrens 8.3.1 (bzw. einer implementierbaren Variante) wählen wir einen Vektor $x^{(0)} \in \mathbb{R}^n$ und berechnen einen Subgradienten $s^1 \in \partial f(x^{(0)})$. Weiter setzen wir $S_0 := \{s^1\}$, $l := 1$ und $\alpha_1^0 := 0$.

Im k-ten Iterationsschritt des Bundle-Trust-Region-Verfahrens sei das aktuelle Bundle $S_k = \{s^1, \ldots, s^l\}$ mit der Indexmenge $I_k = \{1, \ldots, l\}$. Nach Berechnung des Trust-Region-Parameters t_k mit dem Verfahren 8.4.2 ist

(8.23)
$$\tilde\alpha_k = \sum_{i=1}^{l} \beta(t_k)_i \alpha_i^k\,, \quad \tilde s^{(k)} = \sum_{i=1}^{l} \beta(t_k)_i s^i\,.$$

Weiter ist beim Ausgang (AS)

$$(8.24) \qquad \alpha^{(k,+)} = 0$$

und beim Ausgang (NS)

$$(8.25) \qquad \alpha^{(k,+)} = f(x^{(k)}) - f(x^{(k)} + d(t_k)) - \langle s^{(k,+)}, d(t_k) \rangle \,.$$

In Abschnitt 6.3 war $\tilde{s}^{(k)}$ der Vektor kleinster Norm in $S_{k,\varepsilon}$. Aufgrund von Lemma 8.1.1 ist dies auch hier richtig, wenn wir $\varepsilon = \tilde{\alpha}_k$ definieren, weshalb wir diesen Vektor im Hinblick auf das Abbruchkriterium (8.14) dem neuen Bundle hinzufügen. Bei einem Abstiegsschritt ist $x^{(k+1)} = y^{(k,+)}$, so dass es wegen $s^{(k,+)} \in \partial f(y^{(k,+)})$ sinnvoll erscheint, dass der Vektor $s^{(k,+)}$ im neuen Bundle S_{k+1} enthalten ist; für einen Nullschritt haben wir uns in Abschnitt 8.4.4 überlegt, dass der Vektor $s^{(k,+)}$ zur Verbesserung des Bundles benutzt werden kann. Wie beim Bundle-Verfahren 7.2.1 fügen wir also im k-ten Iterationsschritt die Vektoren $\tilde{s}^{(k)}$ und $s^{(k,+)}$ zum neuen Bundle hinzu. Die erforderlichen Updateformeln für die Linearisierungsfehler haben wir bereits in Abschnitt 6.3 hergeleitet.

Um die Konvergenz des Bundle-Trust-Region-Verfahrens zu sichern, muss der Vektor s^κ mit $\kappa = \max\{i \in I_k \mid \alpha_i^k = 0\}$ im neuen Bundle enthalten sein. Für die maximale Bundlegröße muss daher $\bar{l} \geq 3$ gelten. Damit erhalten wir das folgende Verfahren zur Aktualisierung des Bundles im k-ten Iterationsschritt:

Verfahren 8.4.4: Aktualisierung des Bundles
Gegeben seien das Bundle $S_k = \{s^1, \dots, s^l\}$ mit $I_k = \{1, \dots, l\}$, die Zahlen α_i^k, $i = 1, \dots, l$, und der vom Verfahren 8.4.2 berechnete Trust-Region-Parameter $t_k > 0$ mit $y^{(k,+)} = x^{(k)} + d(t_k)$, $s^{(k,+)} \in \partial f(y^{(k,+)})$, $\alpha^{(k,+)}$ entsprechend (8.24), (8.25) und $\tilde{\alpha}_k$, $\tilde{s}^{(k)}$ nach (8.23). Berechne $\kappa = \max\{i \in I_k \mid \alpha_i^k = 0\}$.

Bu1: Einfügen von $\tilde{s}^{(k)}$ und $s^{(k,+)}$ in das aktuelle Bundle: Setze $s^{l+1} := \tilde{s}^{(k)}$, $s^{l+2} := s^{(k,+)}$ und $S_{k+1} = \{s^1, \dots, s^{l+2}\}$.
Nullschritt: Definiere $\alpha_i^{k+1} = \alpha_i^k$, $i = 1, \dots, l$, $\alpha_{l+1}^{k+1} = \tilde{\alpha}_k$ und $\alpha_{l+2}^{k+1} = \alpha^{(k,+)}$.
Abstiegsschritt: Definiere $\alpha_{l+2}^{k+1} = 0$ und berechne die α_i^{k+1}, $i = 1, \dots, l+1$, nach (6.32).

Bu2: Anpassung der Größe des Bundles: Ist $l = \bar{l}-1$, dann lösche einen Subgradienten s^i mit $i \in I_k \setminus \{\kappa\}$ aus S_{k+1}; ist $l = \bar{l}$, dann lösche zwei Subgradienten s^i, s^j mit $i, j \in I_k \setminus \{\kappa\}$ aus S_{k+1}. Nummeriere die verbleibenden Vektoren des Bundles und die Linearisierungsfehler wieder mit $1, \dots, l$. $\Diamond$

Bei der neuen Nummerierung der verbleibenden Vektoren des Bundles lässt man die alte Reihenfolge der Vektoren unverändert, so dass die Nummerierung der Reihenfolge entspricht, in der Vektoren in das Bundle eingefügt wurden.

8.5 Das Bundle-Trust-Region-Verfahren

Mit den Resultaten des letzten Abschnitts können wir jetzt eine implementierbare Version des Bundle-Trust-Region-Verfahrens zur Minimierung einer konvexen Funktion $f\colon \mathbb{R}^n \to \mathbb{R}$ angeben. Dazu sei die Voraussetzung (S1) aus Abschnitt 3.2 erfüllt. Weiter seien vorgegeben:

- die Parameter $0 < m_1 < m_2 < 1$, $0 < m_3 < 1$, $T > 0$, $0 < \gamma_I \leq \frac{1}{2}$, $\underline{\tau} > 0$ und $\bar{\tau} > 0$ für das Verfahren 8.4.2 zur Berechnung des Trust-Region-Parameters;

- eine Abbruchschranke $\eta > 0$.

Verfahren 8.5.1: Bundle-Trust-Region-Verfahren
Wähle einen Startpunkt $x^{(0)} \in \mathbb{R}^n$. Berechne einen Vektor $s^1 \in \partial f(x^{(0)})$, definiere $S_0 = \{s^1\}$, $l := 1$, $\alpha_1^0 := 0$, $\tilde{s}^0 = s^1$ und $\tilde{\alpha}_0 = 0$; setze $k := 0$.

1. Berechne mit dem Verfahren 8.4.2 den Trust-Region-Parameter t_k, sowie die Lösung $(v(t_k)), d(t_k))$ von $(\text{DP})_{k,t_k}$ mit dem zugehörigen Multiplikator $\beta(t_k)$, $y^{(k,+)} = x^{(k)} + d(t_k)$, einem Subgradienten $s^{(k,+)} \in \partial f(y^{(k,+)})$, $\alpha^{(k,+)}$ entsprechend (8.24), (8.25) und $\tilde{\alpha}_k$, $\tilde{s}^{(k)}$ nach (8.23).

2. Bei Ausgang (ST) des Verfahrens 8.4.2: Stoppe das Bundle-Trust-Region-Verfahren.

3. Bei Ausgang (AS) des Verfahrens 8.4.2: $x^{(k+1)} := y^{(k,+)}$ (Abstiegsschritt). Bei Ausgang (NS) des Verfahrens 8.4.2: $x^{(k+1)} := x^{(k)}$ (Nullschritt).

4. Aktualisierung des Bundles mit dem Verfahren 8.4.4; setze $k := k + 1$ und gehe zu 1. ◇

Für die maximale Bundlegröße wählt man $\bar{l} \approx 10$ bis $\bar{l} \approx 50$. Bei praktisch relevanten Problemen ist in der Regel die Anzahl n der Variablen größer als $\bar{l}$. Das Problem $(\text{DP})_{k,t}$ hat $n + 1$ Variablen und $l \leq \bar{l}$ Ungleichungsrestriktionen. Nach Lemma 8.1.2 können wir auch das duale Problem $(\text{QP})_{k,t}$ benutzen, um $v(t)$ und $d(t)$ zu berechnen. Das duale Problem hat $l \leq \bar{l}$ Variablen und Vorzeichenbedingungen und eine Ungleichungsrestriktion. Ist $\bar{l} < n$, dann ist es also günstiger, das duale Problem zu lösen.

Die beim implementierbaren ε-Abstiegsverfahren 6.4.1 und beim Bundle-Verfahren 7.2.1 empfohlenen Werte $m_1 = m_3 = 0.1$, $m_2 = 0.2$ für die Schrittweitenberechnung haben sich auch bei der Fortran-Implementierung bt des Bundle-Trust-Region-Verfahrens 8.5.1 in Schramm [37] zur Berechnung des Trust-Region-Parameters bewährt. Zur Lösung der Probleme $(\text{DP})_{k,t}$ und $(\text{QP})_{k,t}$ kann man das

Verfahren QPSOL von Gill et al. [10, 11] benutzen. Zur Lösung von $(QP)_{k,t}$ kann man auch wie beim Bundle-Verfahren das Verfahren von von Kiwiel [20, 21] benutzen.

8.6 Konvergenz des Verfahrens

Für die folgenden Konvergenzuntersuchungen benutzen wir die Voraussetzungen und Bezeichnungen des letzten Abschnitts und setzen $\eta = 0$. Wir benötigen insbesondere (8.23),

$$(8.26) \qquad \tilde{\alpha}_k = \sum_{i=1}^{l} \beta(t_k)_i \alpha_i^k, \quad \tilde{s}^{(k)} = \sum_{i=1}^{l} \beta(t_k)_i s^i,$$

und die nach (8.1) geltenden Beziehungen

$$(8.27) \qquad d(t_k) = -t_k \tilde{s}^{(k)}, \quad v(t_k) = -t_k \|\tilde{s}^{(k)}\|^2 - \tilde{\alpha}_k.$$

Stoppt das Bundle-Trust-Region-Verfahren 8.5.1 in Iterationsschritt k, dann gilt $v(t_k) = 0$, und nach Lemma 8.4.1 ist $x^{(k)}$ Minimalpunkt von f.

Wir setzen im Folgenden generell voraus, dass das Verfahren nicht nach endlich vielen Iterationen abbricht. Unter der Voraussetzung, dass die Lösungsmenge

$$(8.28) \qquad X^* = \{x^* \in \mathbb{R}^n f(x^*) \le f(x) \, \forall x \in \mathbb{R}^n\}$$

nichtleer ist, zeigen wir, dass die berechnete Folge $\{x^{(k)}\}$ gegen ein $x^* \in X^*$ konvergiert. Einige Beweisideen findet man bereits in Kiwiel [20], wo ein ähnliches Verfahren behandelt wird, bei dem allerdings der Parameter $t_k = 1$ gesetzt, also nicht variiert wird. Wir übernehmen die Konvergenzresultate mit kleineren Modifikationen aus Schramm [37], Kapitel 7.

Wie bei den Konvergenzbetrachtungen für das ε-Abstiegsverfahren 6.4.1 benötigen wir die Beschränktheit der Folgen $\{x^{(k)}\}$, $\{s^{(k,+)}\}$ und $\{d(t_k)\}$. Dazu müssen wir voraussetzen:

$$(8.29) \qquad \text{Es gibt ein } x^* \in \mathbb{R}^n \text{ mit } f(x^*) \le f(x^{(k)}) \text{ für alle } k \ge 0.$$

Wir beginnen mit einem Hilfsresultat.

Lemma 8.6.1: *Mit*

$$\delta_k := \begin{cases} 1, & \textit{bei Ausgang (AS) des Verfahrens 8.4.2,} \\ 0, & \textit{bei Ausgang (NS) des Verfahrens 8.4.2,} \end{cases}$$

gilt unter der Voraussetzung (8.29)

$$(8.30) \quad \sum_{k=0}^{\infty} \delta_k \left(t_k \| \tilde{s}^{(k)} \|^2 + \tilde{\alpha}_k \right) < \infty, \ \sum_{k=0}^{\infty} \left(\| x^{(k+1)} - x^{(k)} \|^2 + 2\delta_k t_k \tilde{\alpha}_k \right) < \infty. \quad \diamond$$

Beweis: Nach einem Abstiegsschritt ist $f(x^{(k+1)}) - f(x^{(k)}) \leq m_1 v(t_k)$. Da nach einem Nullschritt $x^{(k+1)} = x^{(k)}$ ist, folgt

$$f(x^{(k+1)}) - f(x^{(k)}) \leq \delta_k m_1 v(t_k) \quad \forall k \geq 0.$$

Damit erhalten wir für $l > 0$

$$f(x^{(0)}) - f(x^{(l)}) = f(x^{(0)}) - f(x^{(1)}) + f(x^{(1)}) - \ldots + f(x^{(l-1)}) - f(x^{(l)})$$
$$\geq -m_1 \sum_{k=0}^{l-1} \delta_k v(t_k),$$

und für $l \to \infty$

$$\infty > f(x^{(0)}) - f(x^*) \geq -m_1 \sum_{k=0}^{\infty} \delta_k v(t_k) = m_1 \sum_{k=0}^{\infty} \delta_k \left(t_k \| \tilde{s}^{(k)} \|^2 + \tilde{\alpha}_k \right).$$

Damit folgt die erste Ungleichung in (8.30). Mit $\delta_k t_k \| \tilde{s}^{(k)} \|^2 = \delta_k t_k^{-1} \| d(t_k) \|^2 = t_k^{-1} \| x^{(k+1)} - x^{(k)} \|^2$ erhalten wir

$$\infty > m_1 \sum_{k=0}^{\infty} \left(t_k^{-1} \| x^{(k+1)} - x^{(k)} \|^2 + \delta_k \tilde{\alpha}_k \right).$$

Wegen $t_k \leq T$, $k = 0, 1, \ldots$, (siehe Verfahren 8.4.2) folgt damit die zweite Ungleichung in (8.30). $\qquad \square$

Bemerkung: Wird in Iteration k ein Nullschritt durchgeführt, dann ist der k-te Summand in (8.30) $\| x^{(k+1)} - x^{(k)} \|^2 + 2\delta_k t_k \tilde{\alpha}_k = 0$. $\qquad \diamond$

Mit Lemma 8.6.1 können wir die Beschränktheit der Folge $\{ x^{(k)} \}$ zeigen.

Lemma 8.6.2: *Unter der Voraussetzung (8.29) gibt es zu jedem $\delta > 0$ ein $n(\delta) \in \mathbb{N}$, so dass für alle $k \geq m \geq n(\delta)$*

$$(8.31) \qquad \| x^* - x^{(k+1)} \|^2 \leq \| x^* - x^{(m)} \|^2 + \delta$$

gilt, insbesondere ist die Folge $\{ x^{(k)} \}$ beschränkt. $\qquad \diamond$

Beweis: Nach (6.6) ist $\tilde{s}^{(k)} \in \partial_{\tilde{\alpha}_k} f(x^{(k)})$ und daher

$$f(x^*) - f(x^{(k)}) \geq \langle \tilde{s}^{(k)}, x^* - x^{(k)} \rangle - \tilde{\alpha}_k,$$

wegen $f(x^*) - f(x^{(k)}) \leq 0$ also

$$(1) \qquad \langle \tilde{s}^{(k)}, x^* - x^{(k)} \rangle \leq \tilde{\alpha}_k \, .$$

Mit den Zahlen δ_k aus Lemma 8.6.1 gilt $x^{(k+1)} - x^{(k)} = \delta_k d(t_k) = -\delta_k t_k \tilde{s}^{(k)}$ für $k \geq 0$. Mit (1) folgt

$$-\langle x^* - x^{(k)}, x^{k+1} - x^{(k)} \rangle = \delta_k t_k \langle x^* - x^{(k)}, \tilde{s}^{(k)} \rangle \leq \delta_k t_k \tilde{\alpha}_k \, ,$$

und damit

$$\begin{aligned}
\|x^* - x^{(k+1)}\|^2 &= \|x^* - x^{(k)}\|^2 + \|x^{(k+1)} - x^{(k)}\|^2 - 2\langle x^* - x^{(k)}, x^{(k+1)} - x^{(k)} \rangle \\
&\leq \|x^* - x^{(k)}\|^2 + \|x^{(k+1)} - x^{(k)}\|^2 + 2\delta_k t_k \tilde{\alpha}_k \, .
\end{aligned}$$

Für ein beliebiges $m \in \mathbb{N}$ und $k \geq m$ folgt weiter

$$(2) \qquad \|x^* - x^{(k+1)}\|^2 \leq \|x^* - x^{(m)}\|^2 + \sum_{i=m}^{k} \left(\|x^{(i+1)} - x^{(i)}\|^2 + 2\delta_i t_i \tilde{\alpha}_i \right) \, .$$

Wegen (8.30) wird die Summe in (2) beliebig klein, wenn wir m hinreichend groß wählen, was (8.31) zeigt. $\qquad\square$

Mit Lemma 8.6.2 kann man auch die Konvergenz der Folge $\{x^{(k)}\}$ zeigen.

Lemma 8.6.3: *Unter der Voraussetzung (8.29) konvergiert die Folge $\{x^{(k)}\}$ gegen einen Punkt $\bar{x}$ mit*

$$(8.32) \qquad f(\bar{x}) \leq f(x^{(k)}) \quad k = 0, 1, \ldots . \qquad\qquad \Diamond$$

Beweis: Nach Lemma 8.6.2 ist die Folge $\{x^{(k)}\}$ beschränkt und besitzt somit einen Häufungspunkt $\bar{x}$. Die Folge $\{f(x^{(k)})\}$ ist nach Konstruktion monoton fallend. Daher gilt (8.32). Nach Lemma 8.6.2 gibt es zu beliebigem $\delta > 0$ ein $n(\delta) \in \mathbb{N}$ mit

$$(1) \qquad \|\bar{x} - x^{(k+1)}\|^2 \leq \|\bar{x} - x^{(m)}\|^2 + \delta \quad \forall k \geq m \geq n(\delta) \, .$$

Da $\bar{x}$ Häufungspunkt von $\{x^{(k)}\}$ ist, gibt es ein $l(\delta) \geq n(\delta)$ mit $\|\bar{x} - x^{(l(\delta))}\|^2 \leq \delta$. Mit (1) folgt $\|\bar{x} - x^{(k+1)}\|^2 \leq 2\delta$ für alle $k \geq l(\delta)$. Da $\delta > 0$ beliebig war, zeigt dies $\lim_{k \to \infty} x^{(k)} = \bar{x}$. $\qquad\square$

Wir wollen zeigen, dass $\bar{x}$ Minimalpunkt von f ist. Dazu benötigen wir noch einige Hilfsresultate. Für das folgende Resultat definieren wir

$$(8.33) \qquad w_k = \frac{1}{2}\|\tilde{s}^{(k)}\|^2 + \frac{1}{t_k}\tilde{\alpha}_k \, , \quad k = 0, 1, \ldots .$$

Wegen (8.26) ist w_k der Optimalwert des Problems $(QP)_{k,t_k}$. Mit (8.27) sieht man leicht

$$(8.34) \qquad w_k = -\frac{1}{t_k}\left(v(t_k) + \frac{1}{2t_k}\|d(t_k)\|^2 \right).$$

Lemma 8.6.4: *Unter der Voraussetzung* (8.29) *sind auch die Folgen* $\{w_k\}$, $\{\tilde{s}^{(k)}\}$, $\{\tilde{\alpha}_k\}$, $\{s^{(k,+)}\}$, $\{y^{(k,+)}\}$ *und* $\{d(t_k)\}$ *beschränkt.* $\Diamond$

Beweis: Nach (8.33) ist $w_k \geq 0$ und mit (8.34) und (8.2) folgt

$$0 \geq -w_k = \frac{1}{t_k}\left(\max_{i \in I_k}\{-\alpha_i^k + \langle s^i, d(t_k)\rangle\} + \frac{1}{2t_k}\|d(t_k)\|^2\right).$$

Es sei $i(k) \in I_k$ so gewählt, dass $\alpha_{i(k)}^k = 0$ ist (ein solcher Index existiert nach Konstruktion des Verfahrens 8.4.4). Dann ist

$$0 \geq -w_k \geq \frac{1}{t_k}\left(\langle s^{i(k)}, d(t_k)\rangle + \frac{1}{2t_k}\|d(t_k)\|^2\right) \geq \frac{1}{t_k}\min_{d \in \mathbb{R}^n}\left\{\langle s^{i(k)}, d\rangle + \frac{1}{2t_k}\|d\|^2\right\}.$$

Das Minimum wird für $d := -t_k s^{i(k)}$ angenommen. Damit folgt

(1)
$$0 \geq -w_k \geq -\frac{1}{2}\|s^{i(k)}\|^2.$$

Wegen $\alpha_{i(k)}^k = 0$ ist $s^{i(k)} \in \partial f(x^{(k)})$. Da die Folge $\{x^{(k)}\}$ beschränkt ist (Lemma 8.6.2), folgt aus Satz 5.1.11, dass die Menge

$$S := \{s \in \mathbb{R}^n \mid s \in \partial f(x^{(k)}) \text{ für ein } k \in \mathbb{N}\}$$

beschränkt ist. Wegen $s^{i(k)} \in S$ ist insbesondere die Folge $\{s^{i(k)}\}$ beschränkt. Aus (1) folgt dann die Beschränktheit der Folge $\{w_k\}$. Aus der Definition (8.33) der Zahlen w_k und der Beschränktheit der Folge t_k ($0 \leq t_k \leq T$) erhalten wir die Beschränktheit der Folgen $\{\tilde{s}^{(k)}\}$ und $\{\tilde{\alpha}_k\}$. Mit (8.27) und der Beschränktheit der Folge $\{t_k\}$ erhalten wir die Beschränktheit der Folge $\{d(t_k)\}$. Wegen $y^{(k,+)} = x^{(k)} + d(t_k)$ ist die Folge $\{y^{(k,+)}\}$ beschränkt. Damit zeigt man analog zur Beschränktheit von $\{s^{i(k)}\}$ die Beschränktheit der Folge $\{s^{(k,+)}\}$. $\Box$

Bemerkung 8.6.5: Da im k-ten Iterationsschritt nur die Vektoren $\tilde{s}^{(k)}$ und $s^{(k,+)}$ zum Bundle hinzugefügt werden und die entsprechenden Folgen beschränkt sind, ist auch die Menge $\mathcal{B} = \{s \in \mathbb{R}^n \mid s \in S_k \text{ für ein } k \in \mathbb{N}\}$ beschränkt. $\Diamond$

Unser nächstes Ziel ist zu zeigen, dass es eine Folge $\{k(j)\}$ mit

(8.35)
$$\lim_{j \to \infty} \tilde{s}^{(k(j))} = 0_n, \qquad \lim_{j \to \infty} \tilde{\alpha}_{k(j)} = 0$$

gibt. Wir betrachten als erstes den Fall, dass 0 Häufungspunkt der Folge $\{t_k\}$ ist.

Lemma 8.6.6: *Ist 0 Häufungspunkt der Folge* $\{t_k\}$, *dann gibt es eine Folge* $\{k(j)\}$ *mit* (8.35). $\Diamond$

Beweis: Wir nehmen an, dass ein $\delta > 0$ existiert mit

$$\text{(1)} \qquad \|\tilde{s}^{(k)}\| + \tilde{\alpha}_k \geq \delta \quad \forall k \in \mathbb{N}.$$

Mit $d_k(t) = -t\tilde{s}^{(k)}(t)$ bezeichnen wir die Lösung des Trust-Region-Problems $(\text{TP})_{k,t}$ für $t > 0$. Ist $0 < \bar{t} \leq T$, dann folgt aus der Beschränktheit der Menge $\mathcal{B}$ (siehe Bemerkung 8.6.5) wie Beweis von Lemma 8.6.4, dass es ein $C > 0$ mit $\|\tilde{s}^{(k)}(t)\| \leq C$ für alle $t \in]0, \bar{t}]$ und alle $k \in \mathbb{N}$ gibt. Aufgrund der Lipschitz-Stetigkeit von f (Korollar 2.7.4) und der Beschränktheit der Folge $\{x^{(k)}\}$ (Lemma 8.6.2) gibt es eine Konstante $L > 0$ mit

$$|f(x^{(k)} + d_k(t)) - f(x^{(k)})| \leq L\|d_k(t)\| \leq tL\|\tilde{s}^{(k)}(t)\| \leq tLC$$

für alle $t \in]0, \bar{t}]$ und alle $k \in \mathbb{N}$. Ist $\bar{t}$ hinreichend klein, dann folgt mit (1)

$$|f(x^{(k)} + d_k(t)) - f(x^{(k)})| \leq \delta \leq \|\tilde{s}^{(k-1)}\| + \tilde{\alpha}_{k-1}.$$

Damit ist die zweite Bedingung in (8.22) erfüllt, wenn im Verfahren 8.4.2 $\tau_j \leq \bar{t}$ ist. Das Verfahren 8.4.2 endet also mit $t_k = \tau_j$ und dem Ausgang (NS), wenn die Abstiegsbedingung nicht erfüllt ist. Andernfalls wird τ_j vergrößert und das Verfahren kann mit dem Ausgang (AS) stoppen. In beiden Fällen ist $t_k \geq \gamma_I \min\{\underline{\tau}, \bar{t}\}$ im Widerspruch zur Voraussetzung. $\qquad \square$

Wir müssen (8.35) jetzt noch für den Fall zeigen, dass die Folge $\{t_k\}$ durch ein $\underline{t} > 0$ nach unten beschränkt ist.

Lemma 8.6.7: *Die Folge* $\{t_k\}$ *sei durch ein* $\underline{t} > 0$ *nach unten beschränkt. Dann gibt es eine Folge* $\{k(j)\}$ *mit* (8.35). $\qquad \Diamond$

Beweis: Werden unendlich viele Abstiegsschritte durchgeführt, dann seien $k(j)$, $j = 0, 1, \ldots$, die Nummern der Abstiegsschritte. Nach Lemma 8.6.1 gilt dann

$$\sum_{j=0}^{\infty} \left(t_{k(j)} \|\tilde{s}^{(k(j))}\|^2 + \tilde{\alpha}_{k(j)} \right) = \sum_{k=0}^{\infty} \delta_k \left(t_k \|\tilde{s}^{(k)}\|^2 + \tilde{\alpha}_k \right) < \infty.$$

Wegen $t_k \geq \underline{t} > 0$, $k = 0, 1 \ldots$, folgt daraus (8.35).

Werden nur endlich viele Abstiegsschritte durchgeführt, dann gibt es ein $\bar{k} \in \mathbb{N}$, so dass für $k \geq \bar{k}$ nur noch Nullschritte durchgeführt werden. Wir zeigen, dass in diesem Fall die Folge $\{w_k\}_{k \geq \bar{k}}$ gegen 0 konvergiert. Aus der Definition (8.33) der Zahlen w_k folgt dann $\lim_{k \to \infty} \tilde{s}^{(k)} = 0_n$ und wegen $t_k \geq \underline{t} > 0$, $k = 0, 1 \ldots$, auch $\lim_{k \to \infty} \tilde{\alpha}_k = 0$.

Für festes $k \geq \bar{k}$ sei die Funktion $Q\colon [0,1] \to \mathbb{R}$ durch

$$Q(\nu) := \frac{1}{2}\|(1-\nu)\tilde{s}^{(k)} + \nu s^{(k,+)}\|^2 + (1-\nu)\frac{1}{t_{k+1}}\tilde{\alpha}_k + \nu \frac{1}{t_{k+1}}\alpha^{(k,+)}$$

definiert. Wegen $\tilde{s}^{(k)}, s^{(k,+)} \in S_{k+1}$ gilt auch $(1-\nu)\tilde{s}^{(k)} + \nu s^{(k,+)} \in S_{k+1}$ für alle $\nu \in [0,1]$. Für den Optimalwert w_{k+1} des Problems $(QP)_{k+1,t_{k+1}}$ gilt daher

$$w_{k+1} \leq \min_{\nu \in [0,1]} Q(\nu) =: \tilde{w}.$$

Wir wollen $\tilde{w}$ durch w_k nach oben abschätzen. Es ist

$$\begin{aligned}
Q(\nu) &= \frac{1}{2}\|\tilde{s}^{(k)} + \nu(s^{(k,+)} - \tilde{s}^{(k)})\|^2 + \frac{1}{t_{k+1}}\tilde{\alpha}_k + \frac{1}{t_{k+1}}\nu\left(\alpha^{(k,+)} - \tilde{\alpha}_k\right) \\
&= \frac{1}{2}\nu^2\|\tilde{s}^{(k)} - s^{(k,+)}\|^2 + \nu\left(\langle \tilde{s}^{(k)}, s^{(k,+)}\rangle - \|\tilde{s}^{(k)}\|^2\right) + \frac{1}{2}\|\tilde{s}^{(k)}\|^2 \\
&\quad + \frac{1}{t_{k+1}}\tilde{\alpha}_k + \frac{1}{t_{k+1}}\nu\left(\alpha^{(k,+)} - \tilde{\alpha}_k\right) \\
&= \frac{1}{2}\nu^2\|\tilde{s}^{(k)} - s^{(k,+)}\|^2 + \nu\left(\langle \tilde{s}^{(k)}, s^{(k,+)}\rangle - \|\tilde{s}^{(k)}\|^2\right) + w_k \\
&\quad + \frac{1}{t_{k+1}}\nu\left(\alpha^{(k,+)} - \tilde{\alpha}_k\right) + \left(\frac{1}{t_{k+1}} - \frac{1}{t_k}\right)\tilde{\alpha}_k.
\end{aligned}$$

Da bei einem Nullschritt (8.20) erfüllt ist, gilt

$$\begin{aligned}
-\alpha^{(k,+)} + \langle s^{(k,+)}, d(t_k)\rangle &= -\alpha^{(k,+)} + \langle s^{(k,+)}, -t_k\tilde{s}^{(k)}\rangle \\
&\geq m_2\, v(t_k) = m_2\left(-t_k\|\tilde{s}^{(k)}\|^2 - \tilde{\alpha}_k\right),
\end{aligned}$$

und daher

$$\langle s^{(k,+)}, \tilde{s}^{(k)}\rangle \leq -\frac{1}{t_k}\alpha^{(k,+)} + m_2\left(\|\tilde{s}^{(k)}\|^2 + \frac{1}{t_k}\tilde{\alpha}_k\right).$$

Damit folgt weiter

$$\begin{aligned}
Q(\nu) &\leq \frac{1}{2}\nu^2\|\tilde{s}^{(k)} - s^{(k,+)}\|^2 + \nu\left(-\frac{1}{t_k}\alpha^{(k,+)} + m_2\|\tilde{s}^{(k)}\|^2 + m_2\frac{1}{t_k}\tilde{\alpha}_k - \|\tilde{s}^{(k)}\|^2\right) \\
&\quad + w_k + \frac{1}{t_{k+1}}\nu\left(\alpha^{(k,+)} - \tilde{\alpha}_k\right) + \left(\frac{1}{t_{k+1}} - \frac{1}{t_k}\right)\tilde{\alpha}_k \\
&= \frac{1}{2}\nu^2\|\tilde{s}^{(k)} - s^{(k,+)}\|^2 - \nu(1-m_2)\left(\frac{1}{t_k}\tilde{\alpha}_k + \|\tilde{s}^{(k)}\|^2\right) + w_k \\
&\quad - \frac{1}{t_k}\nu\left(\alpha^{(k,+)} - \tilde{\alpha}_k\right) + \frac{1}{t_{k+1}}\nu\left(\alpha^{(k,+)} - \tilde{\alpha}_k\right) + \left(\frac{1}{t_{k+1}} - \frac{1}{t_k}\right)\tilde{\alpha}_k \\
&\leq \frac{1}{2}\nu^2\|\tilde{s}^{(k)} - s^{(k,+)}\|^2 - \nu(1-m_2)\,w_k + w_k \\
&\quad + \nu\left(\frac{1}{t_{k+1}} - \frac{1}{t_k}\right)\left(\alpha^{(k,+)} - \tilde{\alpha}_k\right) + \left(\frac{1}{t_{k+1}} - \frac{1}{t_k}\right)\tilde{\alpha}_k =: q(\nu).
\end{aligned}$$

Wegen der Beschränktheit der Folgen $\{\tilde{s}^{(k)}\}$, $\{s^{(k,+)}\}$, $\{\tilde{\alpha}_k\}$ (Lemma 8.6.4) und wegen $t_k \geq \underline{t} > 0$, $k = 0, 1 \ldots$, gibt es eine Konstante C mit

$$C \geq \max\{\|\tilde{s}^{(k)}\|, \|s^{(k,+)}\|, t_k^{-1}\tilde{\alpha}_k, 1\}$$

für alle $k \geq \bar{k}$. Zusammen mit $\|\tilde{s}^{(k)} - s^{(k,+)}\|^2 \leq (\|\tilde{s}^{(k)}\| + \|s^{(k,+)}\|)^2$ folgt dann

$$Q(\nu) \leq q(\nu) \leq 2\nu^2 C^2 - \nu(1 - m_2)w_k + w_k$$
$$+\nu(\frac{1}{t_{k+1}} - \frac{1}{t_k})(\alpha^{(k,+)} - \tilde{\alpha}_k) + (\frac{1}{t_{k+1}} - \frac{1}{t_k})\tilde{\alpha}_k =: \bar{q}(\nu)$$

für alle $\nu \in [0, 1]$. Mit dem speziellen Wert

$$0 < \bar{\nu} := \frac{(1 - m_2)w_k}{4C^2} \leq (1 - m_2)\frac{\frac{1}{2}C^2 + C}{4C^2} = (1 - m_2)\left(\frac{1}{8} + \frac{1}{4C}\right) < 1$$

ist

$$(1) \quad \begin{aligned} w_{k+1} \leq \tilde{w} \leq \bar{q}(\bar{\nu}) &= w_k - (1 - m_2)^2\frac{w_k^2}{8C^2} \\ &+ (1 - m_2)\frac{w_k}{4C^2}\left(\frac{1}{t_{k+1}} - \frac{1}{t_k}\right)(\alpha^{(k,+)} - \tilde{\alpha}_k) + \left(\frac{1}{t_{k+1}} - \frac{1}{t_k}\right)\tilde{\alpha}_k. \end{aligned}$$

Da die Folge $\{w_k\}_{k\geq\bar{k}}$ beschränkt ist (Lemma 8.6.4), hat sie mindestens einen Häufungspunkt $\bar{w} \geq 0$. Da die Folge $\{t_k\}_{k\geq\bar{k}}$ monoton fallend ist und da $t_k \geq \underline{t} > 0$, $k = 0, 1 \ldots$, ist, gilt

$$\lim_{k\to\infty}\left(\frac{1}{t_{k+1}} - \frac{1}{t_k}\right) = 0.$$

Für einen beliebigen Häufungspunkt $\bar{w}$ von $\{w_k\}_{k\geq\bar{k}}$ folgt damit aus (1)

$$\bar{w} \leq \bar{w} - (1 - m_2)^2\frac{\bar{w}^2}{8C^2},$$

was äquivalent zu

$$(1 - m_2)^2\frac{\bar{w}^2}{8C^2} \leq 0$$

ist. Wegen $\bar{w} \geq 0$, $C > 0$ und $0 < m_2 < 1$ muss $\bar{w} = 0$ sein. Daher ist $\bar{w} = 0$ der einzige Häufungspunkt von $\{w_k\}_{k\geq\bar{k}}$ und $\lim_{k\to\infty} w_k = 0$. $\qquad\square$

Mit den obigen Resultaten erhalten wir in einfacher Weise einen Konvergenzsatz für das Bundle-Trust-Region-Verfahren, wenn die durch (8.28) definierte Lösungsmenge X^* nichtleer ist.

Satz 8.6.8: *Hat das Problem* (PU) *eine Lösung und ist* $\eta = 0$, *dann konvergiert die vom Verfahren 8.5.1 berechnete Folge* $\{x^{(k)}\}$ *gegen eine Lösung* x^* *von* (PU). ◇

Beweis: Für beliebiges $x^* \in X^*$ ist (8.29) erfüllt. Nach Lemma 8.6.3 konvergiert die Folge $\{x^{(k)}\}$ gegen einen Punkt $\bar{x}$, und nach Lemma 8.6.6 und Lemma 8.6.7 gibt es eine Folge $\{k(j)\}$ mit

$$(1) \qquad \lim_{j \to \infty} \tilde{s}^{(k(j))} = 0_n \,, \qquad \lim_{j \to \infty} \tilde{\alpha}_{k(j)} = 0 \,.$$

Wegen $\tilde{s}^{(k(j))} \in \partial_{\tilde{\alpha}_{k(j)}} f(x^{(k(j))})$, (siehe (6.6)) gilt für beliebige Punkte $x \in \mathbb{R}^n$

$$f(x) \geq f(x^{(k(j))}) + \langle \tilde{s}^{(k(j))}, x - x^{(k(j))} \rangle - \tilde{\alpha}_{k(j)} \,, \quad j = 0, 1, \dots .$$

Da $x \in \mathbb{R}^n$ beliebig war, folgt für $j \to \infty$ mit (1)

$$f(x) \geq f(\bar{x}) \quad \forall x \in \mathbb{R}^n,$$

was $x^* := \bar{x} \in X^*$ zeigt. □

Hat das Problem (PU) eine Lösung, dann gibt nach obigem Beweis eine Folge $\{k(j)\}$ mit (1). Gibt man ein $\eta > 0$ vor, dann ist also nach endlich vielen Iterationsschritten

$$\|\tilde{s}^{(k(j))}\| \leq \eta \quad \text{und} \quad \tilde{\alpha}_{k(j)} \leq \eta \,.$$

Dies zeigt, dass bei Durchführung des Bundle-Trust-Region-Verfahrens mit einer Abbruchschranke $\eta > 0$ nach endlich vielen Iterationsschritten das Abbruchkriterium (8.14) erfüllt ist. Da die Folge $\{x^{(k)}\}$ gegen eine Lösung x^* von (PU) konvergiert, ist es sinnvoll, als zusätzliches Abbruchktiterium die Bedingung

$$\|x^{(k+1)} - x^{(k)}\| \leq \tilde{\eta}$$

mit einem vorgegebenen $\tilde{\eta} > 0$ zu benutzen.

Ergänzend zeigen wir noch ein Konvergenzresultat für den Fall $X^* = \emptyset$.

Satz 8.6.9: *Hat das Problem* (PU) *keine Lösung, dann konvergiert die vom Verfahren 8.5.1 berechnete Folge* $\{f(x^{(k)})\}$ *gegen* $\inf f(x) \in [-\infty, \infty[$. ◇

Beweis: Die Folge $\{f(x^{(k)})\}$ ist monoton fallend. Wir nehmen an, dass die Behauptung falsch ist. Dann gibt es ein $\bar{x}$ mit $f(\bar{x}) \leq f(x^{(k)}, k = 0, 1, \dots .$ Wie im Beweis von Satz 8.6.8 zeigt man dann, dass die Folge $\{x^{(k)}\}$ gegen ein $x^* \in X^*$ konvergiert, im Widerspruch zur Voraussetzung $X^* = \emptyset$. □

8.7 Numerische Beispiele

Zum Vergleich mit den numerischen Resultaten beim Subgradientenverfahren (Abschnitt 4.3) und beim Bundle-Verfahren (Abschnitt 7.3) testen wir die Fortran-Implementierung bt des Bundle-Trust-Region-Verfahrens aus Schramm [37] mit der Wolfe-Funktion (1.4) und der Maxq-Funktion aus Beispiel 2.9.4.

Bei der Wolfe-Funktion hat bt mit dem Startpunkt $(5,4)^\mathsf{T}$ nach 26 Iterationen mit 37 Funktions- und Subgradientenauswertungen die auf 5 Stellen genaue Näherungslösung

$$x^{(26)} = (-1.0000056, 0.10269563 \cdot 10^{-14})^\mathsf{T}$$

berechnet. Abb. 8.1 zeigt den Ablauf der Iteration.

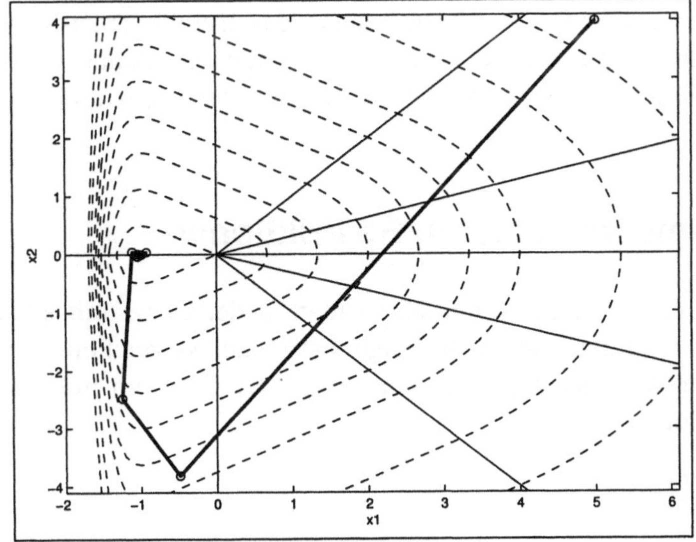

Abbildung 8.1: Bundle-Trust-Region-Verfahren für Wolfe-Funktion

Bei der Zielfunktion Maxq wählen wir wieder $n = 20$, als ersten Startpunkt $u \in \mathbb{R}^{20}$ mit $u_i = i$, $i = 1, \ldots, 10$, $u_i = -i$, $i = 11, \ldots, 20$, und als zweiten Startpunkt $v \in \mathbb{R}^{20}$ mit $v_i = i$, $i = 1, \ldots, 20$. Mit dem Startpunkt u ist bei bt nach 183 Funktions- und Subgradientenauswertungen der Funktionswert im aktuellen Iterationspunkt $2.4575574 \cdot 10^{-10}$. Mit dem Startpunkt v ist bei bt nach 206 Funktions- und Subgradientenauswertungen der Funktionswert im aktuellen Iterationspunkt $2.122628 \cdot 10^{-9}$.

Für einen weiteren Test mit der Maxq-Funktion wählen wir $n = 50$ und die Startpunkte

- u mit $u_i = 1$, $i = 1, \ldots, 50$,

- v mit $v_i = 0.1\,i$, $i = 1, \ldots, 50$,
- w mit $w_i = i$, $i = 1, \ldots, 50$.

Mit dem Startpunkt u hat optim nach 53 Funktions-und Subgradientenauswertungen den Zielfunktionswert $4.544 \cdot 10^{-28}$ erreicht; bt hat nach 113 Funktions- und Subgradientenauswertungen erst den Wert $0.36827376 \cdot 10^{-6}$ erreicht. Mit dem Startpunkt v hat optim nach 3140 Funktions-und Subgradientenauswertungen den Zielfunktionswert 0.0131585 erreicht; bt hat nach 321 Funktions-und Subgradientenauswertungen den Wert $0.96064700 \cdot 10^{-6}$ erreicht. Mit dem Startpunkt w hat optim nach 3108 Funktions-und Subgradientenauswertungen den Zielfunktionswert 95.107601 erreicht; bt hat nach 451 Funktions-und Subgradientenauswertungen den Wert $0.13160707 \cdot 10^{-6}$ erreicht.

Diese Resultate bestätigen die umfangreichen Testergebnisse in Schramm [37]. Im Vergleich zum Bundle-Verfahren braucht das Bundle-Trust-Region-Verfahren nur in Ausnahmefällen mehr Funktions- und Subgradientenauswertungen. In der Regel ist das Bundle-Trust-Region-Verfahren aber schneller und vor allem zuverlässiger.

8.8 Probleme mit linearen Restriktionen

Bei Vorliegen linearer Restriktion startet man in der Regel mit einem zulässigen Startpunkt $x^{(0)}$ und berechnet eine Folge $\{x^{(k)}\}$ zulässiger Punkte. Wir schildern die prinzipielle Vorgehensweise an dem folgenden Problem mit linearen Ungleichungsrestriktionen:

$$\text{(PLU)} \quad \min_{x \in \mathbb{R}^n} f(x)$$

$$\text{Nb.} \quad \langle g^j, x \rangle \le r_j, \quad j = 1, \ldots, p,$$

wobei $f : \mathbb{R}^n \to \mathbb{R}$ eine konvexe Funktion ist. Wie beim Problem (PL) (siehe Abschnitt 3.4) bezeichnen wir mit G die $p \times n$-Matrix mit den Zeilenvektoren g^j, $j = 1, \ldots, p$. Dann ist $C = \{\, x \in \mathbb{R}^n \mid Gx \le r \,\}$ die zulässige Menge.

Zur Lösung von (PLU) nehmen wir an, dass ein Startpunkt $x^{(0)} \in C$ zur Verfügung steht. Diese Annahme bedeutet keine Einschränkung, denn wenn C nichtleer ist, dann können wir einen zulässigen Startpunkt durch Lösen des konvexen, unrestringierten Problems $\min_x \max_{1 \le i \le p} \langle g_i, x \rangle - r_i$ berechnen.

Ausgehend von einem zulässigen Punkt $\{x^{(k)}\}$ fordern wir im k-ten Iterationsschritt des Bundle-Trust-Region-Verfahrens, dass der neu berechnete Iterationspunkt $x^{(k)} + d^{(k)}$ wieder zulässig ist, d. h., dass $G(x^{(k)} + d^{(k)}) \le r$ ist. Dazu fordert man bei der Lösung des Problems $\text{(DP)}_{k, \tau_j}$ die zusätzliche Nebenbedingung

$Gd \leq r - Gx^{(k)}$. Die Konvergenzaussagen für den unrestringierten Fall können auf das so modifizierte Verfahren übertragen werden (vgl. Schramm [37], Kap. 9).

Eine andere Methode, die auch bei allgemeineren Restriktionen anwendbar ist, benutzt einen *Penalty-Ansatz*. Dabei löst man anstelle von (PLU) das unrestringierte Problem

$$\text{(PLU)}_\rho \quad \min_{x \in \mathbb{R}^n} f_\rho(x) = f(x) + \rho \sum_{j=1}^{p} \max \left\{ \langle g^j, x \rangle - r_j, 0 \right\}$$

mit einem *Penaltyparameter* $\rho > 0$. Hierbei wird zur Zielfunktion ein *Penaltyterm* addiert, der das Verletzen einer Restriktion „bestraft". Diese Vorgehensweise wird durch das folgende Resultat abgesichert.

Satz 8.8.1: *Gilt für die Lösung x^* von (PLU) und den Multiplikator $\mu \in \mathbb{R}^p$*

$$(8.36) \qquad \rho \geq \max_{j \in J(x^*)} \mu_j = \max_{j=1,\dots,p} \mu_j \,,$$

dann ist x^* auch Lösung von (PLU)$_\rho$. $\qquad\qquad\qquad\qquad\qquad\qquad\qquad$ $\diamond$

Beweis: Wir diskutieren zunächst die Optimalitätsbedingung für x^* als Lösung von (PLU). Es gilt $\mu_j \geq 0$, $j = 1, \dots, p$, und

$$0_n \in \partial f(x^*) + \sum_{j \in J(x^*)} \mu_j g^j \,.$$

Daher ist

$$s = - \sum_{j \in J(x^*)} \mu_j g^j \in \partial f(x^*) \,.$$

Nach Definition des Subdifferentials folgt damit

$$f(x) \geq f(x^*) + \langle s, x - x^* \rangle = f(x^*) - \sum_{j \in J(x^*)} \mu_j \langle g^j, x - x^* \rangle \ \forall x \in \mathbb{R}^n \,.$$

Wählt man ρ wie oben angegeben, so folgt (wegen $\mu_j \geq 0$)

$$f(x) \geq f(x^*) - \rho \sum_{j \in J(x^*)} \langle g^j, x - x^* \rangle \quad \forall x \in \mathbb{R}^n \,,$$

d. h., es gilt

$$(1) \qquad \tilde{s} = -\rho \sum_{j \in J(x^*)} g^j \in \partial f(x^*) \,.$$

Dies ist gerade die Optimalitätsbedingung für x^* als Lösung des Problems $(PLU)_\rho$ ist, denn nach Satz 2.8.15, Beispiel 2.8.16 und Korollar 2.9.5 gilt

$$\partial f_\rho(x^*) = \partial f(x^*) + \rho \sum_{j \in J(x^*)} g^j \,.$$

Daher ist $0_n \in \partial f_\rho(x^*)$ und damit x^* Lösung von $(PLU)_\rho$, genau dann wenn (1) gilt. □

Eine Schwierigkeit bei der Anwendung dieser Methode ist die geeignete Wahl von ρ. Da man den Multiplikator μ nicht kennt, kann man (8.36) praktisch nicht auswerten.

Verfahren für nicht konvexe Probleme

Die für die Konvergenz des Bundle-Verfahrens und des Bundle-Trust-Region-Verfahrens entscheidende Eigenschaft konvexer Funktionen ist die lokale Lipschitz-Stetigkeit (siehe Satz 2.7.3). Für lokal Lipschitz-stetige, aber nicht notwendig konvexe Funktionen kann man entsprechend der Richtungsableitung und dem Subdifferential konvexer Funktionen eine verallgemeinerte Ableitung und ein verallgemeinertes Subdifferential definieren. Die theoretischen Grundlagen hierzu findet man in Clarke [6].

Erweiterungen von Bundle-Verfahren für lokal Lipschitzstetige Funktionen findet man in Kiwiel [20], Lemaréchal [24] und Lemaréchal/Strodiot/Bihain [26], Erweiterungen des Bundle-Trust-Region-Verfahrens in Schramm [37].

Übungsaufgaben

Aufgaben zu Kapitel 1

Aufgabe 1.1: Wie in Beispiel 1.1.3 seien $x \in \mathbb{R}^n$ und $r > 0$ gegeben; $\|\cdot\|$ bezeichne eine beliebige Norm auf dem $\mathbb{R}^n$. Man zeige, dass die Kugeln $B(x, r)$ und $\overline{B}(x, r)$ konvexe Mengen sind. $\diamond$

Aufgabe 1.2: Man zeige, dass die Funktion

$$f\colon \mathbb{R}^n \to \mathbb{R}, \quad x \mapsto \sum_{i=1}^{n} x_i^2 = \|x\|^2$$

strikt konvex auf dem $\mathbb{R}^n$ ist, und dass die Funktionen $f_1(x)$ und $f_\infty(x)$ aus Beispiel 1.2.15 konvex, aber nicht strikt konvex sind. $\diamond$

Aufgabe 1.3: Man zeige, dass die Funktion $f\colon \mathbb{R}^n \to \mathbb{R}$ mit $f(x) = \|x\|$, wobei $\|\cdot\|$ eine beliebige Norm auf dem $\mathbb{R}^n$ bezeichnet, konvex ist. Ist die Funktion auch strikt konvex? $\diamond$

Aufgabe 1.4: Um das praktische Verhalten von Optimierungsverfahren für differenzierbare Funktionen bei der Minimierung nichtglatter Funktionen zu testen, soll die Matlab-Funktion `fminunc` (siehe [29]) benutzt werden. Diese Funktion implementiert u.a. das Gradienten- und das BFGS-Verfahren (Details hierzu findet man in Alt [4], Kapitel 4).

Benutzen Sie die Matlab-Funktion `fminunc`, um mit dem Gradientenverfahren (Parameter `HessUpdate` muss auf den Wert `steepdesc` gesetzt werden) oder dem BFGS-Verfahren (Parameter `HessUpdate` muss auf den Wert `bfgs` gesetzt werden) und dem Startpunkt $(5, 4)^{\mathsf{T}} \in S$ zu versuchen, das Minimum der Wolfe-Funktion zu berechnen. $\diamond$

Aufgabe 1.5: Zum Test eines Optimierungsverfahrens, das keine Ableitungen benutzt, soll das Nelder-Mead-Verfahren (Details hierzu findet man in Alt [4], Kapitel 4) mit der Matlab-Funktion `fminsearch`, benutzt werden.

- Testen Sie das Verfahren mit der Wolfe-Funktion und dem Startpunkt $(5, 4)^{\mathsf{T}}$.

- Testen Sie das Verfahren mit der Maxq-Funktion und den in Abschnitt 4.3 angegebenen Startpunkten. $\diamond$

Aufgaben zu Kapitel 2

Aufgabe 2.1: (Beweis von Satz 2.1.3) Man zeige, dass eine Menge $C \subset \mathbb{R}^n$ genau dann konvex ist, wenn sie alle Konvexkombinationen von Punkten in C enthält. $\diamond$

Aufgabe 2.2: Die Funktion $\varphi\colon [a,b] \to \mathbb{R}$ sei monoton steigend und integrierbar. Die Funktion $f\colon [a,b] \to \mathbb{R}$ sei definiert durch

$$f(x) = \int_a^x \varphi(t)\, dt\,.$$

Man zeige, dass f auf $[a,b]$ konvex ist. $\hfill \diamond$

Aufgabe 2.3: (Beweis von Lemma 2.1.6) Zeigen Sie, dass ein Kegel $K \subset \mathbb{R}^n$ genau dann konvex ist, wenn $K + K \subset K$ ist. $\hfill \diamond$

Aufgabe 2.4: Die Menge $C \subset \mathbb{R}^n$ sei nichtleer, abgeschlossen und konvex. Zeigen Sie, dass das Problem

$$\min_{x \in C} \|x - z\|$$

genau eine Lösung hat, und dass $\hat{x}$ genau dann Lösung des Problems ist, wenn

$$\langle \hat{x} - z, x - \hat{x} \rangle \geq 0 \quad \forall x \in C$$

gilt. $\hfill \diamond$

Aufgabe 2.5: Die Menge $C \subset \mathbb{R}^n$ sei nichtleer, abgeschlossen und konvex. Man zeige, dass der Projektionsoperator P_C genau dann linear ist, wenn C ein Unterraum des $\mathbb{R}^n$ ist. $\hfill \diamond$

Aufgabe 2.6: Zeigen Sie, dass dom f für $f \in \operatorname{Conv} \mathbb{R}^n$ konvex ist. $\hfill \diamond$

Aufgabe 2.7: (Beweis von Lemma 2.4.5) Zeigen Sie, dass eine Funktion $f\colon \mathbb{R}^n \to \overline{\mathbb{R}}$ mit dom $f \neq \emptyset$ genau dann konvex auf $\mathbb{R}^n$ ist, wenn ihr Epigraph konvex ist. $\diamond$

Aufgabe 2.8: Beweisen Sie die Ungleichung von Jensen (siehe Satz 2.4.6). $\hfill \diamond$

Aufgabe 2.9: Zeigen Sie, dass das Subdifferential der Funktion $f(x) = |x|$ im Punkt $x = 0$ die Menge $[-1, 1]$ ist. $\hfill \diamond$

Aufgabe 2.10: Die Funktion $f\colon \mathbb{R}^n \to \mathbb{R}$ sei definiert durch $f(x) = \|x\|$, wobei $\|\cdot\|$ die euklidische Norm ist. Berechnen Sie $\partial f(0_n)$. $\hfill \diamond$

Aufgabe 2.11: Zeigen Sie, dass für eine Funktion $f \in \operatorname{Conv} \mathbb{R}^n$ das Subdifferential von f monoton ist, d. h., dass für alle $x_1, x_2 \in \operatorname{dom} f$

$$\langle s_1 - s_2, x_1 - x_2 \rangle \geq 0 \quad \forall s_1 \in \partial f(x_1), \; \forall s_2 \in \partial f(x_2)$$

gilt. $\diamond$

Aufgabe 2.12: (Beweis von Lemma 2.5.1) Es seien $f_1, \ldots, f_m \in \operatorname{Conv} \mathbb{R}^n$ und $t_1, \ldots, t_m$ positive, reelle Zahlen, und für ein $\bar{x} \in \mathbb{R}^n$ sei $f_j(\bar{x}) < +\infty$, $j = 1, \ldots, m$. Zeigen Sie, dass die Funktion $f := \sum_{j=1}^m t_j f_j \in \operatorname{Conv} \mathbb{R}^n$ ist. $\diamond$

Aufgabe 2.13: (Beweis von Korollar 2.7.4) Man zeige, dass eine Funktion $f \in \operatorname{Conv} \mathbb{R}^n$ auf einer konvexen und kompakten Menge $S \subset \operatorname{int}(\operatorname{dom} f)$ Lipschitz-stetig ist, d. h., es gibt es ein $L = L(S) \geq 0$, so dass

$$|f(x) - f(y)| \leq L \, \|x - y\| \quad \forall x, y \in S$$

gilt. $\diamond$

Aufgabe 2.14: Zeigen Sie, dass für eine Funktion $g \colon \mathbb{R}^n \to \overline{\mathbb{R}}$ folgendes gilt:

(a) g ist positiv homogen $\Leftrightarrow$ epi g ist ein Kegel in $\mathbb{R}^n \times \mathbb{R}$.

(b) g ist sublinear $\Leftrightarrow$ epi g ist ein konvexer Kegel in $\mathbb{R}^n \times \mathbb{R}$. $\diamond$

Aufgabe 2.15: Die Funktion $f \colon \mathbb{R}^n \to \mathbb{R}$ sei konvex. Zeigen Sie, dass die Menge

$$\operatorname{graph} \partial f := \{ (x, s) \mid x \in \mathbb{R}^n, \, s \in \partial f(x) \}$$

eine abgeschlossene Teilmenge von $\mathbb{R}^n \times \mathbb{R}^n$ ist. $\diamond$

Aufgabe 2.16: Die folgenden Funktionen werden häufig als Testfunktionen für Optimierungsverfahren benutzt:

1. Rosen/Suzuki, $n = 4$

$$\text{Funktion} \quad f(x) = \max\{ f_1(x), \; f_1(x) + 10 f_2(x), \; f_1(x) + 10 f_3(x),$$
$$f_1(x) + 10 f_4(x) \}$$

$$\text{mit} \quad f_1(x) = x_1^2 + x_2^2 + 2x_3^2 + x_4^2 - 5x_1 - 5x_2 - 21x_3 + 7x_4,$$
$$f_2(x) = x_1^2 + x_2^2 + x_3^2 + x_4^2 + x_1 - x_2 + x_3 - x_4 - 8,$$
$$f_3(x) = x_1^2 + 2x_2^2 + x_3^2 + 2x_4^2 - x_1 - x_4 - 10,$$
$$f_4(x) = x_1^2 + x_2^2 + x_3^2 + 2x_1 - x_2 - x_4 - 5,$$

$$\text{Optimalwert} \quad -44, \text{ Minimalpunkt } x^* = (0, 1, 2, -1)^{\mathsf{T}}.$$

2. Goffin, $n = 50$

    Funktion $\qquad f(x) = 50 \max\limits_{1 \le i \le 50} x_i - \sum_{i=1}^{50} x_i,$

    Optimalwert   0.

3. Hilbert, $n = 50$ mit Hilbertmatrix A, $a_{ij} = 1/(i + j + 1)$, $i, j = 1, \ldots, n$,

    und Vektor $e = (1, \ldots, 1)^{\mathsf{T}}$

    Funktion $\qquad f(x) = (x - e)^{\mathsf{T}} A(x - e),$

    Optimalwert   0.

Zeigen Sie, dass die Funktionen konvex sind und berechnen Sie für gegebenes x einen Subgradienten $s \in \partial f(x)$. $\hfill \Diamond$

Aufgabe 2.17: (Testfunktion CB2)
Die Funktion $f \colon \mathbb{R}^2 \to \mathbb{R}$ mit

$$f(x_1, x_2) = \max\{x_1^2 + x_2^4, (2 - x_1)^2 + (2 - x_2)^2, 2e^{-x_1 + x_2}\}$$

hat ein Minimum im Punkt $\tilde{x} = (1.1390\ldots, 0.8996\ldots)^{\mathsf{T}}$ mit $f(\tilde{x}) \approx 1.952$. Zeigen Sie, dass f konvex ist und berechnen Sie zu gegebenem x einen Subgradienten $s \in \partial f(x)$. $\hfill \Diamond$

Aufgabe 2.18: (Testfunktion Maxquad, Lemaréchal [24])
Für $i = 1, \ldots, 5$ seien A^i symmetrische, positiv semi-definite 10×10-Matrizen und $b^i \in \mathbb{R}^{10}$. Die Funktion $f \colon \mathbb{R}^{10} \to \mathbb{R}$ sei durch $f(x) = \max_{1 \le i \le 5} f_i(x)$ definiert, wobei die Funktionen $f_i \colon \mathbb{R}^{10} \to \mathbb{R}$ durch $f_i(x) = \langle A^i x, x \rangle - \langle b^i, x \rangle$ definiert sind. Zeigen Sie, dass f konvex ist und berechnen Sie zu gegebenem x einen Subgradienten $s \in \partial f(x)$. $\hfill \Diamond$

Aufgaben zu Kapitel 3

Aufgabe 3.1: Es sei $C \subset \mathbb{R}^n$ konvex und $x \in C$. Zeigen Sie, dass dann $K(C, x)$ konvex ist. $\hfill \Diamond$

Aufgabe 3.2: Zeigen Sie, dass für eine Menge $C \subset \mathbb{R}^n$ mit $x \in C$ der Normalenkegel $N(C, x)$ konvex und abgeschlossen ist und dass im Fall $x \in \operatorname{int} C$ gilt: $N(C, x) = \{0_n\}$. $\hfill \Diamond$

Aufgabe 3.3: Zeigen Sie, dass der Dualkegel K^* zu einem konvexen Kegel K konvex und abgeschlossen ist und dass im Fall $0_n \in \operatorname{int} K$ gilt: $K^* = \{0_n\}$. $\hfill \Diamond$

Aufgabe 3.4: Es sei $C = \{x = (x_1, \ldots, x_n)^{\mathsf{T}} \in \mathbb{R}^n \mid x_i \geq 0,\, i = 1, \ldots, n\}$. Zeigen Sie, dass für $x \in C$ gilt

$$N(C, \tilde{x}) = \{s \in \mathbb{R}^n \mid s_i \leq 0,\, \text{falls } \tilde{x}_i = 0,\, s_i = 0,\, \text{falls } \tilde{x}_i > 0\}. \qquad \Diamond$$

Aufgabe 3.5: Die Zielfunktion des Problems (PL) sei durch $f(x) = \frac{1}{2}\langle Qx, x\rangle + \langle q, x\rangle$ definiert, wobei Q eine positiv definite, symmetrische $n \times n$-Matrix und $q \in \mathbb{R}^n$ ist. Zeigen Sie:

    (i) Ist die zulässige Menge nichtleer, dann hat das Problem (PL) eine Lösung $\tilde{x}$, und die Lösung ist eindeutig bestimmt.

    (ii) Sind die Vektoren a^i, $i = 1, \ldots, m$, und g^j, $j \in J(\tilde{x})$ linear unabhängig, dann sind die Lagrange-Multiplikatoren $(\lambda, \mu) \in \mathbb{R}^m \times \mathbb{R}^p$ zu $\tilde{x}$ eindeutig bestimmt. $\qquad \Diamond$

Aufgaben zu Kapitel 4

Aufgabe 4.1: Versuchen Sie mit dem Subgradienten-Verfahren das Minimum der Funktionen aus Aufgabe 2.16 und aus Aufgabe 2.17 zu berechnen. $\qquad \Diamond$

Aufgabe 4.2: Bei der Testfunktion Maxquad aus Aufgabe 2.18 sei speziell

$$a_{jk}^i = a_{kj}^i = e^{\frac{j}{k}} \sin(jk)\sin(i), \quad 1 \leq j < k \leq 10,$$
$$a_{jj}^i = \tfrac{j}{10}\sin(i) + \textstyle\sum_{k \neq j} a_{jk}^i, \quad 1 \leq j \leq 10,$$
$$b_j^i = e^{\frac{j}{i}}\sin(ji), \quad\quad\quad\quad 1 \leq j \leq 10.$$

Dann hat f in $\tilde{x} = (-0.1263\ldots, \ldots, 0.0835\ldots)^{\mathsf{T}}$ ein Minimum mit $f(\tilde{x}) \approx -0.8414084$. Versuchen Sie mit dem Subgradienten-Verfahren das Minimum von f zu berechnen. $\qquad \Diamond$

Aufgaben zu Kapitel 5

Aufgabe 5.1: Wir betrachten die Funktion $f(x) = |x|$. In Beispiel 5.1.2 haben wir skizziert, wie man zu $\varepsilon > 0$ das ε-Subdifferential $\partial_\varepsilon f(x)$ berechnet. Geben Sie einen vollständigen Beweis für die folgende Beziehung an:

$$\partial_\varepsilon f(x) = \begin{cases} [-1, -1 - \varepsilon/x], & \text{falls } x < -\varepsilon/2, \\ [-1, +1], & \text{falls } -\varepsilon/2 \leq x \leq \varepsilon/2, \\ [1 - \varepsilon/x, 1], & \text{falls } x > \varepsilon/2. \end{cases} \qquad \Diamond$$

Aufgabe 5.2: Die affine Funktion $f\colon \mathbb{R}^n \to \mathbb{R}$ sei mit $a \in \mathbb{R}^n$ und $r \in \mathbb{R}$ definiert durch $f(x) = \langle a, x \rangle + r$. Zeigen Sie, dass $\partial_\varepsilon f(x) = \{a\}$ für alle $\varepsilon \geq 0$ ist. $\diamond$

Aufgabe 5.3: (Beweis von Lemma 5.2.4) Zeigen Sie, dass für $f \in \operatorname{Conv} \mathbb{R}^n$, $x \in \operatorname{int}(\operatorname{dom} f)$ und $\varepsilon \geq 0$ die Abbildung $f'_\varepsilon(x, \cdot)\colon \mathbb{R}^n \to \mathbb{R}$, $d \mapsto f'_\varepsilon(x, d)$, positiv homogen ist. $\diamond$

Aufgabe 5.4: (Beweis von Satz 5.2.5) Man zeige, dass für $f \in \operatorname{Conv} \mathbb{R}^n$, $x \in \operatorname{int}(\operatorname{dom} f)$ und $\varepsilon \geq 0$ gilt:

$$\partial_\varepsilon f(x) = \{ s \in \mathbb{R}^n \mid \langle s, d \rangle \leq f'_\varepsilon(x, d) \text{ für alle } d \in \mathbb{R}^n \}.   \diamond$$

Aufgabe 5.5: (Beweis von Satz 5.3.3) Man zeige, dass für eine konvexe Funktion $f\colon \mathbb{R}^n \to \mathbb{R}$ und $\tilde{x} \in \mathbb{R}^n$ die folgenden Aussagen äquivalent sind:

(i) $\tilde{x}$ ist ε-Lösung von (P);

(ii) $0_n \in \partial_\varepsilon f(x^*)$;

(ii) $f'_\varepsilon(\tilde{x}, d) \geq 0$ für alle $d \in \mathbb{R}^n$. $\diamond$

Aufgabe 5.6: (Beweis von Satz 5.4.3) Es sei $s^{(k)} \neq 0_n$ die eindeutig bestimmte Projektion von 0_n auf $\partial_\varepsilon f(x^{(k)})$. Zeigen Sie, dass dann $d^{(k)} := -s^{(k)}/\|s^{(k)}\|$ eine ε-Abstiegsrichtung von f in $x^{(k)}$ und dass gilt

$$f'_\varepsilon(x^{(k)}, d^{(k)}) = -\|s^{(k)}\|, \quad f'_\varepsilon(x^{(k)}, -s^{(k)}) = -\|s^{(k)}\|^2 .   \diamond$$

Aufgaben zu Kapitel 6

Aufgabe 6.1: (vgl. Beispiel 2.2.2) Es sei $f\colon \mathbb{R}^n \to \mathbb{R}$ eine Funktion, und für den Punkt $\tilde{x} \in \mathbb{R}^n$ gelte

$$\partial f(\tilde{x}) = \operatorname{co}\{s^1, \ldots, s^p\}$$

mit $s^j \in \mathbb{R}^n$, $j = 1, \ldots, p$, was beispielsweise der Fall ist, wenn f Maximum endlich vieler differenzierbarer Funktionen ist (vgl. Korollar 2.9.3). Dann ist $\tilde{x}$ Lösung des unrestringierten Minimierungsproblems $\min_{x \in \mathbb{R}^n} f(x)$, genau dann, wenn

$$0_n \in \partial f(\tilde{x}) = \operatorname{co}\{s^1, \ldots, s^p\}$$

ist, also genau dann, wenn es ein $\alpha = (\alpha_1, \ldots, \alpha_p)^\mathsf{T} \in \mathbb{R}^p$ gibt mit

$$\text{(OS)} \quad \alpha_j \geq 0, \, j = 1, \ldots, p, \quad \sum_{j=1}^{p} \alpha_j = 1, \quad \sum_{j=1}^{p} \alpha_j s^j = 0 .$$

Um das System (OS) zu lösen, betrachten wir das Optimierungsproblem

$$(QS) \quad \min_{\alpha \in \mathbb{R}^p} \ F(\alpha) = \frac{1}{2} \| \sum_{j=1}^{p} \alpha_j s^j \|^2$$

$$\text{Nb.} \ \sum_{j=1}^{p} \alpha_j = 1, \quad \alpha_j \geq 0, \ j = 1, \ldots, p.$$

Man zeige:

(i) Das Problem (QS) ist ein konvexes Optimierungsproblem und hat mindestens eine Lösung.

(ii) Sind die Vektoren s^j, $j = 1, \ldots, p$, linear unabhängig, so hat das System (OS) höchstens eine Lösung $\tilde{\alpha}$.

(ii) Sind die Vektoren s^j, $j = 1, \ldots, p$, linear unabhängig, so hat das Problem (QS) genau eine Lösung $\tilde{\alpha}$. Weiter ist $\tilde{\alpha}$ Lösung des Systems (OS) genau dann, wenn $F(\tilde{\alpha}) = 0$ ist. $\diamond$

Aufgabe 6.2: Wir betrachten das in Abschnitt 6.1.2 definierte Problem $(QS)_{k,\varepsilon}$. Die zulässige Menge sei nichtleer. Zeigen Sie, dass das Problem eine Lösung hat, wenn die zulässige Menge nichtleer ist, und dass die Lösung eindeutig bestimmt ist, wenn die Vektoren $s^1, \ldots, s^l$ linear unabhängig sind. $\diamond$

Aufgabe 6.3: Verfahren zur Minimierung nichtglatter Funktionen werden in der Regel so implementiert, dass der Benutzer für die zu minimierende Funktion ein Unterprogramm schreiben muss, das die Eingabe-Parameter

`indic` int, n int, x double mit Dimension n

und die Ausgabeparameter

`f` double, `g` double mit Dimension n

hat. Aufgabe des Unterprogramms ist es, zu gegebenem x den Wert $f(x)$ zu berechnen und in `f` zu speichern. Falls `indic` > 0 ist, soll außerdem ein Subgradient $g \in \partial f(x)$ berechnet werden. Schreiben Sie solche Unterprogramme für die Funktionen aus den Aufgaben 2.16, 2.17 und 2.18. $\diamond$

Aufgabe 6.4: Implementieren Sie das ε-Abstiegsverfahren und testen Sie das Verfahren mit den Funktionen aus den Aufgaben 2.16, 2.17 und 2.18.

$\diamond$

Aufgabe 6.5: Zeigen Sie, dass für die in Abschnitt 6.1.1 zur Approximation von f benutzte Funktion $\bar{f} = \max\{\, \bar{f}_i \mid i \in I_k \,\}$ gilt

$$\partial_\varepsilon \bar{f}(x^{(k)}) = \Big\{ \sum_{i\in I_k} \beta_i s^i \mid \beta_i \geq 0,\ i \in I_k,\ \sum_{i\in I_k} \beta_i = 1,\ \sum_{i\in I_k} \beta_i \bar{\alpha}_i^k \leq \varepsilon \Big\},$$

wobei die Zahlen $\bar{\alpha}_i^k$ durch (6.1) definiert sind. $\diamond$

Aufgaben zu Kapitel 7

Aufgabe 7.1: Implementieren Sie das Bundle-Verfahren und testen Sie das Verfahren mit den Funktionen aus den Aufgaben 2.16, 2.17 und 2.18. Verwenden Sie dabei die folgenden in der Literatur häufig benutzten Startpunkte:

Rosen/Suzuki	$x^{(0)} = (0,0,0,0)^\mathsf{T}$,
Goffin	$x_i^{(0)} = i - 25.5,\ i = 1,\ldots,50$,
Hilbert	$x^{(0)} = 0_{50}$,
CB2	$x^{(0)} = (1,-0.1)^\mathsf{T}$,
Maxquad	$x^{(0)} = (0,\ldots,0)^\mathsf{T}$ oder $x^{(0)} = (1,\ldots,1)^\mathsf{T}$.

$\diamond$

Aufgabe 7.2: Testen Sie die Scilab-Funktion `optim` mit den Funktionen aus Aufgabe 7.1 und den dort angegebenen Startpunkten. $\diamond$

Aufgaben zu Kapitel 8

Aufgabe 8.1: Beweisen Sie Lemma 8.1.2 und Lemma 8.2.2. $\diamond$

Aufgabe 8.2: Implementieren Sie das Bundle-Trust-Region-Verfahren und testen Sie das Verfahren mit den Funktionen und Startpunkten aus Aufgabe 7.1. $\diamond$

Literaturverzeichnis

[1] ACHTZIGER, W.: *Optimierung von einfach und mehrfach belasteten Stabwerken*, Bd. 46 d. Reihe *Bayreuther Mathematische Schriften*. Universität Bayreuth, 1993.

[2] ACHTZIGER, W.: *Topology Optimization of Discrete Structures: An Introduction in View of Computational and Nonsmooth Aspects*. In: ROZVANY, G. (Hrsg.): *Topology Optimization in Structural Mechanics*, Bd. 384 d. Reihe *CISM Courses and Lectures*, S. 57–100. Springer, Berlin, 1997.

[3] ACHTZIGER, W. und K.-H. ZIMMERMANN: *Finding Quadratic Schedules for Affine Recurrence Equations Via Nonsmooth Optimization*. Journal of VLSI Signal Processing, 25:235–260, 2000.

[4] ALT, W.: *Nichtlineare Optimierung — Eine Einführung in Theorie, Verfahren und Anwendungen*. Vieweg, Braunschweig, 2002.

[5] BONNANS, J. F., J. C. GILBERT, C. LEMARÉCHAL und C. SAGASTIZÁBAL: *Numerical Optimization — Theoretical and Practical Aspects*. Springer, Berlin, 2003.

[6] CLARKE, F. H.: *Optimization and Nonsmooth Analysis*. Classics in Applied Mathematics. SIAM, Philadelphia, 1990.

[7] DEMYANOV, V. F. und V. N. MALOZEMOV: *Introduction to Minimax*. John Wiley, New York, 1974.

[8] EKELAND, I. und R. TEMAM: *Convex Analysis and Variational Problems*. North Holland, Amsterdam, 1976.

[9] GEIGER, C. und C. KANZOW: *Theorie und Numerik restringierter Optimierungsaufgaben*. Springer, Berlin, 2002.

[10] GILL, P. E. und W. MURRAY: *Numerically stable methods for quadratic programming*. Mathematical Programming, 14:349–372, 1978.

[11] GILL, P. E., W. MURRAY, M. A. SAUNDERS und M. H. WRIGHT: *User's Guide for SOL/QPSOL: A Fortran Package for Quadratic Programming*. Report SOL 82-6, Department of Operations Research, Stanford University, California, 1982.

[12] GILL, P. E., W. MURRAY und M. H. WRIGHT: *Practical Optimization*. Academic Press, London, 1981.

[13] GOMEZ, C. (Hrsg.): *Engineering and Scientific Computing with Scilab*. Birkhäuser, Basel, 1998.

[14] GROSSMANN, C. und J. TERNO: *Numerik der Optimierung*. Teubner, Stuttgart, 1997.

[15] HELMBERG, C. und F. OUSTRY: *Bundle Methods to Minimize the Maximum Eigenvalue Function*. In: WOLKOWICZ, H., R. SAIGAL und L. VANDERBERGHE (Hrsg.): *Handbook of Semidefinite Programming*, S. 307–337. Kluwer, Boston, 2000.

[16] HIRIART-URRUTY, J.-B. und C. LEMARÉCHAL: *Convex Analysis and Minimization Algorithms I*. Springer, Berlin, 1993.

[17] HIRIART-URRUTY, J.-B. und C. LEMARÉCHAL: *Convex Analysis and Minimization Algorithms II*. Springer, Berlin, 1993.

[18] HIRIART-URRUTY, J.-B. und C. LEMARÉCHAL: *Fundamentals of Convex Analysis*. Springer, Berlin, 2001.

[19] JARRE, F. und J. STOER: *Optimierung*. Springer, Berlin, 2004.

[20] KIWIEL, K. C.: *Methods of Descent for Nondifferentiable Optimization*. Springer, Berlin, 1985.

[21] KIWIEL, K. C.: *A Method for Solving Certain Quadratic Programming Problems Arising in Nonsmooth Optimization*. IMA Journal of Numerical Analysis, 6:137–152, 1986.

[22] KLATTE, D. und B. KUMMER: *Nonsmooth Equations in Optimization*. Kluwer, Dordrecht, 2002.

[23] LEMARÉCHAL, C.: *Nonlinear programming and nonsmooth optimization: a unification*. Rapport Laboria 332, INRIA, 1978.

[24] LEMARÉCHAL, C.: *Extensions diverses des méthodes de gradient et applications*. Thèse d'Etat, Paris, 1980.

[25] LEMARÉCHAL, C. und M. B. IMBERT: *Le Module M1FC1*. Le Chesnay, 1985.

[26] LEMARÉCHAL, C., J.-J. STRODIOT und A. BIHAIN: *On a Bundle Algorithm for Nonsmooth Optimization*. In: MANGASARIAN O. L., MEYER R. R., R. S. M. (Hrsg.): *Nonlinear Programming 4*. Academic Press, New York, 1981.

[27] LINDIG, D.: *Der Bundle-Algorithmus: Theoretische Grundlagen und Implementierung in Java*. Diplomarbeit, Institut für Angewandte Mathematik, Friedrich-Schiller-Universität Jena, 1999.

[28] LOEWEN, P. D.: *Optimal Control via Nonsmooth Analysis*. CRM Proceedings & Lecture Notes. American Mathematical Society, 1993.

[29] MATLAB: *Optimization Toolbox, User's Guide*. The MathWorks Inc., 2000.

[30] NESTEROV, Y.: *Introductory Lectures on Convex Optimization*. Kluwer, Boston, 2004.

[31] NOCEDAL, J. und S. J. WRIGHT: *Numerical Optimization*. Springer, New York, 1999.

[32] OUTRATA, J., M. KOČVARA und J. ZOWE: *Nonsmooth Approach to Optimization Problems with Equilibrium Constraints*. Kluwer, Dordrecht, 1998.

[33] PETROSCHKA, P.: *Subgradientenverfahren für konvexe Optimierungsprobleme: Theoretische Grundlagen und Implementierung in Java*. Diplomarbeit, Institut für Angewandte Mathematik, Friedrich-Schiller-Universität Jena, 2000.

[34] ROCKAFELLAR, R. T.: *Convex Analysis*. Princeton University Press, Princeton, New Jersey, 1970.

[35] ROCKAFELLAR, R. T.: *The Theory of Subgradients and its Applications to Problems of Optimization. Convex and Nonconvex Functions*. Research and Education in Mathematics. Heldermann, Berlin, 1981.

[36] SCHRAMM, H.: *Der Bundle-Algorithmus – ein Verfahren zur Minimierung nichtglatter Funktionen*. Diplomarbeit, Mathematisches Institut, Universität Bayreuth, 1983.

[37] SCHRAMM, H.: *Eine Kombination von Bundle- und Trust-Region-Verfahren zur Lösung nichtdifferenzierbarer Optimierungsprobleme*, Bd. 30 d. Reihe *Bayreuther Mathematische Schriften*. Universität Bayreuth, 1989.

[38] SCHRAMM, H. und J. ZOWE: *A Combination of the Bundle Approach and the Trust Region Concept*. In: LOMMATZSCH, K., M. VLACH und Z. K. (Hrsg.): *Advances in Mathematical Optimization and Related Topics*, NATO ASI Series. Akademie-Verlag, Berlin, 1988.

[39] SCHRAMM, H. und J. ZOWE: *A Version of the Bundle Idea for Minimizing a Nonsmooth Function: Conceptual Idea, Convergence Analysis, Numerical Results*. SIAM Journal Optimization, 2:121–152, 1992.

[40] SCHRÖDER, A.: *Abstiegsverfahren zur Lösung nichtglatter Optimierungsprobleme*. Diplomarbeit, Institut für Angewandte Mathematik, Friedrich-Schiller-Universität Jena, 2000.

[41] SCILAB: *Homepage:* www.scilab.org. INRIA, Rocquencourt.

[42] SHOR, N. Z.: *Minimization Methods for Nondifferentiable Functions*. Springer, Berlin, 1985.

[43] SPELLUCCI, P.: *Numerische Verfahren der nichtlinearen Optimierung*. Birkhäuser, Basel, 1993.

[44] WERNER, J.: *Optimization Theory and Applications*. Vieweg, Braunschweig, 1984.

[45] WERNER, J.: *Numerische Mathematik 2*. Vieweg, Braunschweig, 1992.

[46] WOLFE, P.: *A Method of Conjugate Subgradients for Minimizing Nondifferentiable Convex Functions*. Mathematical Programming Study, 3:145–173, 1975.

[47] ZOWE, J.: *Nondifferentiable Optimization — A Motivation and a Short Introduction into the Subgradient- and the Bundle-Concept*. In: SCHITTKOWSKI, K. (Hrsg.): *Computational Mathematical Programming*, Bd. F15 d. Reihe *NATO ASI Series*. Springer, Berlin, 1985.

[48] ZOWE, J., W. ACHTZIGER, H. HÖRNLEIN, M. KOČVARA und J. OBERNDORFER: *Automatisiertes Design von Stabwerken, Bauteilen und Materialien*. In: HOFFMANN, K.-H., W. JÄGER, T. LOHMANN und H. SCHUNCK (Hrsg.): *Mathematik – Schlüsseltechnologie für die Zukunft, Verbundprojekte zwischen Universität und Industrie*, S. 525–536. Springer, Berlin, 1997.

[49] ZOWE, J., M. KOČVARA und M. BENDSØE: *Free Material Optimization via Mathematical Programming*. Mathematical Programming B, 79:445–466, 1997.